中国核工业集团公司核电培训教材

核电厂人员培训

唐锡文　编著

中国原子能出版社

图书在版编目(CIP)数据

核电厂人员培训 / 唐锡文编著. —北京:中国原子能出版社,2017.6(2024.3 重印)

ISBN 978-7-5022-8162-5

Ⅰ.①核… Ⅱ.①唐… Ⅲ.①核电厂—技术培训—教材 Ⅳ.①TM623

中国版本图书馆 CIP 数据核字(2017)第 145824 号

核电厂人员培训

出版发行 中国原子能出版社(北京市海淀区阜成路 43 号 100048)
责任编辑 侯茸方
装帧设计 崔 彤
责任校对 冯莲凤
技术编辑 潘玉玲
责任印制 赵 明
印 刷 北京天恒嘉业印刷有限公司
经 销 全国新华书店
开 本 787 mm×1092 mm 1/16
印 张 14.25
字 数 356 千字
版 次 2017 年 6 月第 1 版 2024 年 3 月第 2 次印刷
书 号 ISBN 978-7-5022-8162-5 **定 价** **72.00 元**

网址:http://www.aep.com.cn **E-mail:atomep123@126.com**
发行电话:010-68452845

《核电厂人员培训》
编　委　会

总　序

核工业作为国家高科技战略性产业，是国家安全的重要基石、重要的清洁能源供应，以及综合国力和大国地位的重要标志。

1978年以来，我国核工业第二次创业。中国核工业集团公司走出了一条以我为主发展民族核电的成功道路。在长期的核电设计、建造、运行和管理过程中，积累了丰富的实践和理论经验，在与国际同行合作过程中，实现了技术和管理与国际先进水平相接轨，取得了骄人的业绩。

中国核工业集团公司在三十多年的核电建设中，经历了起步、小批量建设、快速发展三个阶段。我国先后建成了秦山、大亚湾、田湾三大核电基地，实现了我国大陆核电"零"的突破、国产化的重大跨越、核电管理与国际接轨，走出了一条以我为主，发展民族核电的成功之路。在最近几年中，发展尤为迅猛。截至2008年底，核电运行机组11台，装机容量907.82万千瓦，全部稳定运行，态势良好。

进入新世纪，党中央、国务院和中央军委对核工业发展高度重视、极为关怀，对核工业做出了新的战略决策。胡锦涛总书记指出："无论从促进经济社会发展看，还是从保障国家安全看，我们都必须切实把我国核事业发展好"。发展核电是优化能源结构、保障能源安全、满足经济社会发展需求的重要途径。2007年10月，国务院正式颁布了《核电中长期发展规划(2005—2020年)》。核电进入了快速、规模化、跨越式发展的新阶段。

在中国核电大发展之际，中国核工业集团公司继续以"核安全是核工业的生命线"的核安全文化理念和"透明、坦诚和开放"的企业管理心态，以推动核电又好又快又安全发展为己任，为加速培养核电发展所需的各类人才，组织核电领域专家，全面系统地对核电设计、工程建造、电站调试、生产准备和生产运营等各阶段的知识进行了梳理，构造了有逻辑性、系统性的核电知识体系，形成了覆盖核电各阶段的核电工程培训系列教材。

这套教材作为培养核电人才的重要工具，是国内目前第一套专业化、体系化、公开出版的核电人才培养系列教材，有助于开展培训工作，提高培训质量、节约培训成本，夯实核电发展基础。它集中了全集团的优势，突出高起点、实用性强，是集团化、专业化运作的又一次实践，是中国核工业50余年知识管理的积淀，是中国核工业10万人多年总结和实践经验的结晶。

21世纪是“以人为本”的知识经济时代，拥有足够的优秀人才是企业持续发展的重要基础。中国核工业集团公司愿以这套教材为核电发展开路，为业界理论探讨、实践交流提供参考。

我们要继续以科学发展观为指导，认真贯彻落实党中央、国务院的指示精神，积极推进核电产业发展。特别是要把总结核电建设经验作为一项长期的工作来抓，不断更新和完善人才教育培训体系。

核电培训系列教材可广泛用于核电厂人员培训，也可用于核电管理者的学习工具书，对于有针对性地解决核电厂生产实践和管理问题具有重要的参考价值。

中国核工业集团公司总经理 孙勤

2009年9月9日

目　　录

第1章　引　言

第2章　核电培训相关法规与标准体系

第3章 核电厂培训体系

第4章 培训管理体系

第5章 培训方法体系

第 6 章 培训资源体系

参考文献

附录 复习题答案

索 引

第1章 引 言

1.1 目 的

保证核电厂安全可靠地运行和检修的至关重要的条件之一就是要有足够的,能够全面胜任岗位工作的合格人员。经验表明,为了保证核电厂运行的安全性和可靠性,除了设计和设备的质量之外,最为重要的是还要有一大批高素质的合格人员。

编者通过深入了解我国培训相关法规、导则、行业标准,和对 WANO、IAEA、INPO 的核电厂评估绩效标准、准则对核电厂人员培训的要求;同时,对 IAEA 发布的"核电厂人员培训及其评估(TRS-380)"进行的深入分析及研究;结合对我国各核电厂现行培训体系的充分调研和与美国核电厂对标,构建了堂氏—培训体系。堂氏—培训体系由培训管理、培训方法和培训资源三个分体系构成。

培训管理体系明确培训的主体,制定培训的制度、管理流程和要求。同时,对培训进行整体监管,该分体系为培训的规范化、标准化运作提供保障。

培训方法体系是培训体系的核心,也是培训项目运作的平台。通过该体系,对核电关键岗位人员基于岗位任务建立起培训大纲。然后,实施该培训大纲。最后,通过评估及反馈来维护培训大纲,以保证培训的有效性,使核电厂人员能力要求紧跟核电厂变化,以满足核电厂安全、稳定和高效运行对人员的需求。

培训资源体系是核电厂培训的前提,它要求有合格的教员,完整的课程体系,详尽的培训资料和完备的培训设施。

构成堂氏—培训体系的三个分体系是相互联系、相互依存,培训方法体系是培训项目实施的平台,也是培训体系的核心;培训管理体系为培训制定管理规定,提供管理保障;培训资源体系为培训提供所必需的各类资源,是培训实施的前提。核电厂只有建立起完备的培训体系并有效运作,才能够保证核电人员全面工作能力紧跟核电厂安全、稳定和高效运行对人员的需求。

堂氏—培训体系跟核电厂培训需求紧密结合,通过培训体系有效运转和持续改进,不断为核电厂培养出完全能够胜任岗位工作的各类人员,保证核电厂的安全、稳定和高效运行。堂氏—培训体系不但适用于核电厂人员的培训,也适用于培训需求比较复杂的其他大、中型企业的人员培训。

本书主要围绕核电厂培训体系的构成、具体内容来进行阐述,有益于核电厂规范化的、标准化的培训体系构建及完善;同时,也可以作为核电厂培训相关人员提升培训专业理论知识的重要教材。

1.2 核电培训相关法规、标准及规定

核电培训相关法规与标准涉及核安全法规(HAF)、核安全导则(HAD)、核工业标准(EJ)、国家能源局规定和核电企业自己建立的标准。在法规中,对核电厂人员,特别是跟电厂建造质量相关人员提出了资格和培训要求;对核电厂运行,跟安全相关人员的资格提出了原则要求,基于这些资格要求,对相关人员的培训提出了要求建立培训大纲,并建议采用系统化培训方法(SAT)进行培训;在核工业标准(EJ)中,对核电厂培训体系的建立做了原则规定;对操纵人员的资格要求、考核方式和范围、考核的组织和实施等方面的内容进行了规定;在国家能源局规定中,对压水堆核电厂操纵人员培训和复训大纲的开发和审查作出了原则性的规定;在企业自己制定的标准中(主要是管理程序),明确了跟安全相关岗位人员的培训课程、课时和考核要求等。它们一起构成了一个完整的核电培训相关法规与标准体系,指导和规范着核电厂的整个人员培训。

1.3 核电厂培训体系

核电厂培训体系是根据核安全法规对核电厂人员的资格要求,并根据核电厂的培训政策所明确的内容来进行构建。一个完善的核电厂培训体系应该由作为培训体系的核心和运作主体的培训组织机构体系,保证培训工作规范化、制度化的培训管理程序体系,保证培训培训满足法规、标准要求的培训监管体系,保证培训项目有效运作和人员培训质量不断改善,以满足电站安全、稳定和高效运行需要的培训方法体系;以及保证核电厂培训工作得以顺利实施的培训教员体系、培训课程体系、培训资料体系和培训设施体系构成。核电厂只有建立起了完备的培训体系并得到有效运转,才能保证核电厂不断培养出满足法规要求的、完全胜任岗位工作的合格人员,从而实现核电厂的安全、稳定和高效运行。

1.4 系统化培训方法(SAT)

SAT 是一种培训工作方法,它针对某个特定的岗位,从提出人员全面工作能力要求开始,然后设计、开发并实施培训大纲。最后,对整个环节进行评估和反馈的逻辑过程。

SAT 在世界核电领域范围内受到了普遍重视并得到广泛应用。因为,基于岗位任务和业绩提升的培训需求分析,使得培训相对于基于经验的传统培训更加具有针对性;同时,它对人员培训不仅强调了技术方面的知识和技能,还强调了人因绩效方面的知识、技能和态度(KSA),使得人员的能力更加全面;而且 SAT 还能通过评估进行反馈,实现培训从需求分析到大纲设计,再到培训课程开发及培训实施的动态管理流程,保证了人员培训质量的持续改进和提高,能够很好满足并保持核电厂对人员资格的全面需求;从而,对核电厂的安全、稳定和高效运行提供保障。

1.5 培训大纲

核电厂需要为安全相关人员基于岗位任务建立培训大纲，培训大纲的建立基于岗位对核电厂安全的重要程度，可以是基于某个特定岗位（如：操纵员、高级操纵员）或某类岗位（如：机械维修人员、保健物理人员等），培训大纲是核电厂人员培训的企业标准，它明确相关人员需要培训的课程、课时、培训方式和考核要求等内容；同时，培训大纲需要定期维护，保证其有效性，从而才能保证相关人员获得相应的资格授权和资格的延续。

关键生产岗位人员培训大纲的建立需要基于SAT，其他生产岗位人员培训大纲建立基于经验。这是因为基于SAT的培训需要花费更多的人力、物力，在核电厂培训资源有限的情况下，需要有选择性地安排那些岗位的培训大纲需要采用SAT进行培训，以此来保证培训的针对性、有效性和培训的质量。

1.6 核电厂人员培训质量

核电厂人员培训的质量关系到核电厂是否能够培养出足够能够胜任核电厂岗位工作的合格人员；也关系到核电厂是否能够长期安全、稳定和高效运行。因此，核电厂培训需要建立起完善的人员培训质量保证体系，在此基础上对人员培训的一些关键环节实施质量控制，这样，才能有效地控制培训质量；并实现培训质量的持续改进和提高。

第2章　核电培训相关法规与标准体系

2.1　概　述

核安全法规是规定核安全目标和基本安全要求的规章——即通常所称的HAF系列法规。核安全法规主要由国家核安全监管部门——即国家核安全局(NNSA)制定。在这些法规中,部分直接与核电厂人员培训相关,它们作为核电厂人员培训的上游指导性文件,明确了核电厂培训体系的建立原则、核电厂的培训政策、建议采用的培训方法、质保大纲的制定、生产相关人员培训大纲的建立要求、培训实施管理要求、员工基本安全授权及岗位授权要求等方面的内容。

针对核电厂的培训管理层,只有全面、熟练掌握这些规定和要求,才能保证建立起全面规范的培训体系,从而保证核电厂人员培训的质量;并随电厂的不断改进,使人员的岗位全面工作能力得到维持和持续改进和提升。

我国核电培训相关法规与标准还处于建设过程中。就目前的情况,可以分为核安全法规、核安全导则、核行业标准和核电企业自己的标准。可供参考的资料主要有IAEA和WANO推荐使用的技术文件等。

2.2　核电培训相关法规与标准体系的构成

与核电企业人员培训相关的法规与标准体系可以划分为四个层次,分别是法规、导则、行业标准和企业标准。行业标准包括核工业标准和国家能源局标准。详见图2.2-1和表2.2-1。

2.2.1　核安全法规

与核电厂人员培训相关的核安全法规包括以下三个:

1) 中华人民共和国民用核设施安全监督管理条例(HAF 001)[1]。

2) 核电厂质量保证安全规定(HAF 003)[2]。

3) 核电厂运行安全规定(HAF 103)[3]。

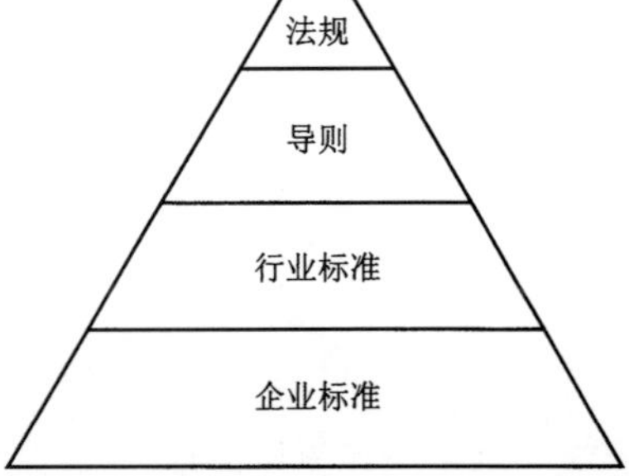

图2.2-1　核电培训相关法规与标准体系

表 2.2-1　核电厂培训相关法规、标准清单

序号	法规与标准	编号/说明
一、法规与导则		
1	中华人民共和国国民用核设施安全监督管理条例	HAF 001(1986 年国务院发布)
2	核电厂安全许可证件的申请和颁发	HAF 001/01
3	核电厂质量保证安全规定	HAF 003
4	核电厂质量保证大纲的制定	HAD 003/01
5	核电厂质量保证组织	HAD 003/02
6	核电厂质量保证记录制度	HAD 003/04
7	核电厂运行安全规定	HAF 103
8	核电厂人员的配备、招聘、培训和授权	HAD 103/05
9	核电厂安全运行管理	HAD 103/06
二、核工业标准		
10	核电厂培训体系要求	EJ/T 1208—2006
11	核电厂培训领域业绩目标和评估准则	EJ/T 1209—2006
12	核电厂操纵人员的执照考核	EJ/T 1043—2004
13	核电厂操纵员培训模拟器	EJ 442—89
三、行业规定		
14	压水堆核电厂操纵人员培训和复训大纲的开发和审查规范	国家能源局,2009 年 6 月
四、企业标准		
15	质量保证大纲(设计、建造、调试或运行阶段)	核电厂大纲文件
16	培训工作大纲	部门大纲文件
17	核电厂人员培训大纲	部门管理程序
18	核电厂人员资格与授权管理	部门管理程序
五、IAEA 和 WANO 文件		
19	建立并保持核电厂人员资格和能力的导则	IAEA-TECDOC-525
20	系统化培训方法在核电厂人员培训中的经验	IAEA-TECDOC-1057
21	核电厂人员系统化培训方法-分析阶段	IAEA-TECDOC-1170
22	评估和改进核电厂人员培训效果的方法	IAEA-TECDOC-1358
23	核行业人员工作能力评估	IAEA,Pub1236
24	核电厂人员培训及其评估	IAEA, TRS-380
25	培训和资格认证实施导则	WANO GL 2005-01
26	维修人员的培训及资格评定导则	WANO GL 2005-02
27	现场操作员的培训及资格评定导则	WANO GL 2006-01
28	优良核安全文化的原则	WANO GL 2006-02
29	工程人员的培训及资格评定导则	WANO GL 2007-01
30	在岗培训及评估导则	WANO GL 2007-02
31	模拟机培训导则	WANO GL 2008-02

2.2.2 核安全导则

与核电厂人员培训相关的核安全导则，分别是核安全法规 HAF 003 和 HAF 103 对应的导则，共有 5 个，它们分别是：

1）核电厂质量保证大纲的制定（HAD 003/01）[4]。

2）核电厂质量保证组织（HAD 003/02）[5]。

3）核电厂质量保证记录制度（HAD 003/03）[6]。

4）核电厂人员的配备、招聘、培训和授权（HAD 103/05）[7]。

5）核电厂安全运行管理（HAD 103/06）[8]。

2.2.3 核工业标准

与核电厂人员培训相关的核工业标准主要有以下三个：

1）核电厂培训体系要求（EJ/T 1208—2006）[9]。

2）核电厂培训领域业绩目标和评估准则（EJ/T 1209—2006）[10]。

3）核电厂操纵员培训模拟器（EJ 442—1998）[11]。

2.2.4 国家能源局标准

1）压水堆核电厂操纵人员培训和复训大纲的开发和审查规范，国家能源局，2009 年 6 月[12]。

2）核电厂操纵人员执照考核（NB/T 20257—2013）[13]。

2.2.5 企业标准

与企业人员培训相关企业程序主要有：

1）质量保证大纲（设计、建造、调试或运行阶段）。

2）培训工作大纲。

3）核电厂人员培训大纲。

4）核电厂人员资格与授权管理。

2.2.6 IAEA 和 WANO 文件

国际原子能机构（IAEA）和世界核电运营者协会（WANO）是两个核电领域的国际组织。1989 年 IAEA 编辑出版了 Tecdoc-525《建立和保持核电厂人员资格和能力指南》，着重提倡 SAT 方法。1996 年 IAEA 集世界各国在核电厂人员培训领域的最新经验，组织专家编辑出版了导则 TRS-380《核电厂人员培训及其评估》，推荐各国在核电厂人员培训领域采用 SAT 方法。以后，IAEA 和 WANO 又陆续出版了如下一些指导性文件供参考。

1）IAEA-TECDOC-525，建立和维护核电厂运行人员资格和能力培训的导则。

2）IAEA-TECDOC-1057，系统化培训方法在核电厂人员培训中的经验。

3）IAEA-TECDOC-1170，核电厂人员系统化培训方法-分析阶段。

4）IAEA-TECDOC-1358，评估和改进核电厂人员培训效果的方法。

5）IAEA，Pub1236，核行业人员工作能力评估。

6）IAEA，TRS-380，核电厂人员培训及其评估。

7）WANO GL 2005-01，培训和资格授权实施导则。

8）WANO GL 2005-02，维修人员的培训及资格评定导则。

9）WANO GL 2006-01，现场操作员的培训及资格评定导则。

10）WANO GL 2006-02，优良核安全文化的原则。

11）WANO GL 2007-01，工程人员的培训及资格评定导则。

12）WANO GL 2007-02，在岗培训及评估导则。

13）WANO GL 2008-02，模拟机培训导则等。

这些文件对于我国核电厂基于自身的特点建立生产人员培训体系，和培训活动的组织、实施起到了积极的支持和推动作用。

2.3　核电培训相关法规及导则

2.3.1　中华人民共和国民用核设施安全监督管理条例（HAF 001）

本条例是为了在民用核设施的建造和运营中保证安全，保障工作人员和群众的健康，促进核能事业的发展而制定。在该条例的第十四条对操纵员、高级操纵员获得执照，分别提出了以下方面的条件要求：

1）操纵员

- 身体健康，无职业禁忌症。
- 具有中专以上文化程度或同等学历，核电厂操纵人员应具有大专以上文化程度或同等学历。
- 经过运行操作培训，并经考核合格。

2）高级操纵员

具备下列条件的，方可批准发给高级操纵员执照。

- 身体健康，无职业禁忌症。
- 具有大专以上文化程度或同等学历。
- 经过运行操作培训，并经考核合格。
- 担任操纵员两年以上，成绩优秀者。

从中可以看出，该条例对操纵员、高级操纵员要获得执照，一方面，提出了身体条件方面的要求；另一方面，还提出了学历和培训要求。针对高级操纵员获得执照，还提出了两年以上岗位工作经历要求并是成绩优秀者。

2.3.2　核电厂质量保证安全规定（HAF 003）

本规定对陆上固定式热中子反应堆核电厂的质量保证提出了必须满足的原则和要求。这些原则和要求除适用于核电厂外，也适用于其他核设施。

为了保证核电厂的安全，必须制定和有效地实施核电厂质量保证总大纲和每一种工作（例如厂址选择、设计、制造、建造、调试、运行和退役）的质量保证分大纲。本规定对制定和实施这些大纲提出了原则和目标。各种质量保证大纲所遵循的原则是相同的。

本规定是针对核电厂建设阶段提出的质量保证方面的纲领性文件，提出核电厂质保方面的原则和目标。

2.3.2.1 质量保证大纲

1）定义

质量保证：为使物项或服务与规定的质量要求相符合；并提供足够的置信度所必须的一系列有计划的、系统化的活动。

质量保证大纲：为保证质量而规定的，和需要完成的全部工作综合在一起就构成了质量保证大纲。它包括管理性工作和技术性工作两类。

• 管理性工作

包括大纲的制定，以及在核电厂整个设计、采购、制造、建造、调试、运行和退役期间大纲的管理。

• 技术性工作

包括设计、采购、制造、建造、检验、试验、调试、运行和退役等活动。

2）质保大纲的建立

为了保证核电厂的安全，必须制定和有效地实施核电厂质量保证总大纲和每一种工作（例如厂址选择、设计、制造、建造、调试、运行和退役）的质量保证分大纲。该大纲章节2.1.6、2.1.7和2.1.8分别对影响质量的活动的控制条件、对从事影响质量活动的人员的培训和大纲的评估和修订进行了规定。

• 章节2.1.6：所有大纲必须为完成影响质量的活动规定合适的控制条件，这些规定要包括为达到要求的质量所需要的适当的环境条件、设备和技能等。

• 章节2.1.7：所有大纲还必须规定对从事影响质量活动的人员的培训。

• 章节2.1.8：必须定期地对所有大纲进行评估和修订。

3）程序的开发和升版

章节2.2.1对影响核电厂质量的活动的完成，规定了程序、细则或图纸的使用；章节2.2.2规定从事各项活动的单位，必须有计划地分阶段制定实施质保大纲的程序；并对程序内容、审查和修订提出了要求。

• 章节2.2.1：所有大纲必须规定，凡影响核电厂质量的活动（包括核电厂运行期间的活动）都必须按适用于该活动的书面程序、细则或图纸来完成。为确定各种重要的活动是否已得到满意完成，程序、细则和图纸必须包括相应的定性和（或）定量的验收准则。

• 章节2.2.2：从事各项活动的单位，必须有计划、系统地制定实施核电厂工程各个阶段的质量保证大纲的程序并形成文件。编写的程序必须便于使用，包括所需的专业技能，内容清楚、准确。必须根据需要定期对程序进行审查和修订，以便保证所有影响质量的活动都得到考虑而无遗漏。

4）（质量保证）记录

• 必须在质量保证大纲实施中编写足够使用的质量保证记录。

• 必须按书面程序和细则建立并执行质量保证记录制度。该制度必须能保存足够的记录，以便提供影响质量的活动的证据和说明物项运行前状况的基准数据；必须为记录的鉴别、收集、编入索引、归档、贮存、保管和处置做出规定。

5）人员配备与培训

章节 3.3.1 对挑选和培训从事影响质量的活动的人员，明确了必须制订相应的计划，以及对计划内容的要求。章节 3.3.2 对所有从事影响质量的活动的人员规定了必须制定培训大纲和程序，以便确保这些人员达到并保持足够的业务熟练程度。

章节 3.3.1：为了挑选和培训从事影响质量的活动的人员，必须制订相应的计划。该计划必须反映出工作进度，以便留出充足的时间，用以指定、挑选，及培训所需要的人员。

章节 3.3.2：必须根据从事特定任务所要求的学历、经验和业务熟练程度，对所有从事影响质量的活动的人员进行资格考核。必须制定培训大纲和程序，以便确保这些人员达到并保持足够的业务熟练程度。在某些情况下，必须酌情颁发资格证书，以证明达到和保持的业务水平。核安全导则 HAD 003/02 列有执行本安全规定这一部分要求的可行方法。

6）跟 HAF 003 相关的涉及培训的导则

- HAD 003/01，核电厂质量保证大纲的制定。
- HAD 003/02，核电厂质量保证组织。
- HAD 003/04，核电厂质量保证记录制度。

2.3.2.2　核电厂质量保证大纲的制定(HAD 003/01)

本导则根据《核电厂质量保证安全规定（HAF 003）》中提出的原则和目标，叙述核电厂质量保证大纲的制定。

1）定义

总大纲：是由与核电厂有关的所有质量保证工作所构成，并由参与制定和实施一部分质量保证大纲的任何部分工作的所有单位的共同努力进行制定和实施。

分大纲：总大纲的各个组成部分，不论是由营运单位亲自制定和实施，还是委托给每一个较低层次参加方来制定或实施，均称为分大纲。

2）总大纲的指导方针和程序

在一个新的核电厂工程的开始，必须制定质量保证总大纲的指导方针和程序。它们必须包括方针的阐述、目标的确定、对要求的承诺、组织和完成质量保证工作的责任和权力的划分，以及各参加单位间相互关系程序的确定等内容。

3）分大纲的指导方针和程序

制定分大纲按与制定总大纲类似的方式进行。分大纲是总大纲的一部分，它应能实现所划分的特定工作的预定目标。分大纲必须列出承担的工作，这些工作必须按规定的要求来完成。

4）大纲程序

对核电厂质量有影响的工作必须遵循适当的书面程序。这些程序是管理性的，它们必须对质量保证大纲概述中所提出的指导方针和计划的工作做进一步的阐述，并列有如何完成这些工作的细节。细节的详细程度视完成该工作人员的经验和训练水平而定。程序必须能向相应的合格人员提供行使其职责所必须的资料。

5）与培训工作的关系

根据 HAD 003/01 的要求，核电厂针对工程项目制定了《质量保证大纲（设计、建造、调试或生产阶段）》，培训工作作为核电厂工作的一个领域，在该大纲中规定了培训工作的任务，更为详细的要求在分大纲——即《培训工作大纲》中进行规定。为了保证现有大纲的有效性，需要定期进行审查和验证。

2.3.3 核电厂质量保证组织(HAD 003/02)

1) 质量保证组织要求

本导则中对从事质量活动的组织提出：为了管理、指导和实施质量保证大纲，必须建立一个有明文规定的组织机构；并明确规定其职责、权限等级及内外联络渠道。在考虑组织机构和职能分工时，必须明确实施质量保证大纲的人员既包括活动的从事者；也包括验证人员，而不是单一方面的责任范围。

2) 分大纲单位的人员配备

所有负责对质量有影响的工作的人员必须根据其特定任务所要求的学历、经验和业务熟练程度等方面进行资格考核。为确保有足够数量的合格人员可供使用，必须制定人员配备计划。该计划必须反映工作进度；并必须留出充足的时间，用以对所需人员进行挑选、定职和培训。

2.3.4 核电厂质量保证记录制度(HAD 003/04)

HAF 003 中对质量保证记录提出了原则和目标，在 HAD 003/04 中是专门对核电厂质量保证记录制度进行叙述。包括记录制度的建立、记录分类、记录制度、记录的贮存、保管、保卫和检查。

1) 记录的目的(见 HAD 103/05)

给 NNSA 提供所有从事安全相关工作人员的合格证明和授权证据。为审查培训计划和纠正行动提供必要的资料。

2) 记录的保存(见 HAD 103/05)

营运单位必须保存个人的培训计划、成绩和颁发的授权记录。记录必须按相应的质量保证要求收集和保管(详见核安全导则 HAD 003/04)。

2.3.5 核电厂运行安全规定(HAF 103)

本规定提出了确保陆上固定式热中子反应堆核动力厂运行所必须满足的基本安全要求，以保护人员、社会、环境免受危害。在人员培训方面对人员的资格和培训提出了以下方面的具体要求。

2.3.5.1 执行能影响安全任务的人员资格要求

本规定的章节 3.1 规定：营运单位必须规定执行能影响安全任务的人员的资格和经验要求；并按有关规定报送国家核安全监管部门。必须挑选合格的人员并给予必要的培训和指导，使他们能在核动力厂各种运行状态和事故工况下，按照运行规程或应急规程正确地履行职责。承担特定安全重要职能的人员按规定必须持有国家核安全监管部门颁发的证书。

2.3.5.2 核电厂安全相关人员的身体要求

章节 3.2 规定：其职责能影响安全的所有人员，在任用时必须进行体格检查；并在以后的工作中按要求定期进行体格检查，以保证其健康状况能胜任所承担的职责。

2.3.5.3 核电厂安全相关人员培训大纲要求

章节 3.3 规定：必须制定并贯彻培训大纲，以对将要分配到与安全相关岗位上的人员进行培训。培训必须强调在核动力厂运行中，坚持安全第一的原则。应利用调试活动的有利条件，为核动力厂人员提供进一步的培训；并使其获得第一手经验。培训大纲的有关文件必须可供国家核安全监管部门查阅。

2.3.5.4　人员培训要求

章节 3.4 规定：营运单位必须保证所有要执行安全相关任务的人员充分了解核动力厂及其安全设施；并具有相关能力（例如监督管理能力），以正确地执行其任务并对安全给予应有的注意。

章节 3.5 规定：营运单位必须保证执行安全相关任务的外部人员的资格和培训充分适合其所履行的职责。

2.3.5.5　核电厂管理高层对人员资格的责任

章节 3.7 规定：核动力厂管理层（厂长或经理）对核动力厂人员的资格负责，并必须以必要的资源和设施支持培训部门。中层管理者和值长必须对其下属人员的能力负责。在决定培训需求和保证培训要考虑运行经验方面，他们必须参与意见。管理层和值长必须保证生产的需要不会妨碍培训大纲的实施。

2.3.5.6　为核电厂各类人员建立初始培训和复训大纲

章节 3.8 规定：根据其工作任务及职责，对各类人员必须制定好相应的初始培训和复训大纲，培训大纲的内容应当是系统的。培训大纲必须促进受培训人员注意安全问题。

2.3.5.7　教员及培训设施要求

章节 3.9 规定：培训教员必须在指定其负责的领域中具有相应的技术能力和必要的教学技能。

章节 3.10 规定：必须为课堂培训和单独学习提供适当的设施。必须提供合适的培训教材，以促进受培训人员了解核动力厂及其系统。

章节 3.11 规定：必须使用有代表性的模拟装置来进行培训。模拟机培训必须把运行状态和事故工况的培训结合起来。

2.3.5.8　对运行人员应急知识要求

章节 3.12 规定：核动力厂人员必须接受处理超设计基准事故的教育。对运行人员的培训必须保证他们熟悉超设计基准事故征兆和事故管理规程。

2.3.5.9　培训大纲有效性维护

章节 3.13 规定：必须制定评估和改进培训大纲的管理程序。此外，必须制定及时改进和更新培训设施和培训教材的制度，以保证培训设施和教材能准确地反映核动力厂当前的状况。

2.3.5.10　运行经验反馈

章节 3.14 规定：必须制定管理程序来保证该核动力厂运行事件的经验以及其他核动力厂的有关运行事件的经验已经纳入培训大纲中。此管理程序必须保证培训是针对事件的根本原因、纠正行动的确定与实施，以防止事件再次发生。

2.3.6 核电厂人员的配置、招聘、培训和授权(HAD 103/05)

本导则是对核电厂运行安全规定(HAF 103)中核电厂营运单位的组织机构,运行管理者和运行人员等条款的说明和补充。

为保证核电厂的安全运行,需要对有关的组织机构做出清晰的规定,并选拔和配备在安全方面熟悉技术和管理,对安全文化持积极态度的胜任的管理层和合格的工作人员。

1) 目的及范围

该核安全导则的目的在于提出需要考虑的各种因素,以便保证营运单位有足够数量合格的和有积极性的核电厂人员。

本导则适用于核电厂的组织机构、待招聘人员的学历和经历要求;招聘、培训和复训计划,以及向直接承担安全有关责任的人员的授权。

2) 人员资格要求及招聘、培训和复训

章节 2.2.2 规定:个人资格要求及招聘、培训和复训的安排应根据每一岗位职责加以确定。详见核安全导则 HAD 103/06。

3) 培训部门的职责

章节 2.4.13 规定:培训部门的职责是制定和执行一套完整的培训大纲,该培训大纲包括直接涉及安全重要活动的所有人员的培训。

4) 资格和培训要求

营运单位负责其职工的招聘和培训,以及资格、能力水平的确定。必须将安全重要的职能仅委派给合格人员。必须在营运单位组织机构中清楚地指明这些职能及其相应的职责,一般来说,对以下方面人员有资格要求:

- 专业管理层。
- 操纵人员。
- 技术人员。
- 技术工人。

5) 安全相关人员需要以下方面的资格要求

- 基本的教育水平(如:高等院校的毕业证书)。
- 过去的经历。
- 培训和复训。
- 体检合格。
- 必要时授权。

6) 安全重要岗位人员培训

章节 4.1.3 规定:对营运单位每一安全重要岗位,必须制定一系列的培训和复训的要求.这些要求需随具体岗位、责任的轻重和所要求的具体能力而定;并应由胜任核电厂运行和在培训方面具有经验的人员来制定。

7) 培训制度

章节 4.2.1 规定:为了达到各岗位的资格要求,推荐营运单位在员工初始培训和复训中采用 SAT。

章节 4.2.2 规定:应该分别制订和实施针对每个部门工作人员的初始培训和复训大纲。

为了提供和提高在各种情况下执行具体任务和职能的必要知识、技能和态度，应该制订岗位的专门培训和资格要求。

章节 4.2.3 规定：对于核电厂大多数岗位的培训大纲，应包含在岗培训，以保证受训者能在实际工作条件下获得必须的与岗位有关的知识和技能。在岗培训能提供传授经验的机会，使受训者熟悉核电厂的日常工作。在岗培训并不只是在合格人员的监护下进行岗位上的工作，而是要明确学习目的、合格准则和受训者的评估。应该由指定的合格人员在工作环境下进行这种培训，并由他们做出评估。

章节 4.2.4 规定：对每个主要工作组，应当规划、制订和实施基于岗位任务分析，旨在提高岗位绩效的培训大纲，该大纲包含以下要点：

• 确定每个工作组的所有任务。

• 分析这些任务，确定完成这些任务所需要的知识、技能和态度。

• 以书面形式明确学习目标。

• 确定学员的基础教育和经历要求，并挑选学员。

• 培训大纲的详细描述和计划。

• 准备培训教材和设备。

• 以相互衔接的方式为课堂培训、模拟机培训、专题讨论会；以及在岗培训做出进度安排。

• 学习结果的验证。

• 大纲的实施和改进。

章节 4.2.5 规定：第一步是对安全相关岗位的任务分析，然后，确定培训的必要性。经过分析，确定所需知识、技能和态度；培训结果要确保工作人员有能力胜任所有的预期任务，和避免不当操作。

章节 4.2.6 规定：在制订培训大纲时，应该列出必须达到的各项目标，从而规定预期的操作能力、条件和标准；并确定培训活动和方法。

章节 4.2.12 规定：培训部门的工作人员应当适当地参加培训，特别是关于营运单位的政策、核安全管理要求和质量保证方面的培训。

章节 4.2.13 规定：厂内外的培训教员在他们负责的教学领域应有足够的技术知识。教员应当熟悉成人教育的特点；并有适当的教学技巧。应当给他们必要的时间，通过工作实践和复训来保持他们的技术知识和教学能力。

章节 4.2.14 规定：培训进度必须经过审评并形成文件。受训者的成绩评定应包括笔试、口试和操作能力演示。

章节 4.2.15 规定：笔试和口试相结合对于体现知识和操作能力最为恰当。模拟机培训的成绩评定应利用准备好的考核单以示公平。

章节 4.2.16 规定：必须定期审查、修订培训大纲、培训设施和教材。这种审查必须包含培训的恰当性和有效性，其中要充分考虑受训者在其岗位上的实践效果；还必须就法规修改、设施变更和从工业活动中所得到的教训来检查培训的需求，必要的培训大纲、培训设施和教材。这种审查应该由非直接负责培训工作的人员进行。

8）培训大纲

• 新员工培训大纲

章节 4.2.16 规定：对所有从事核电工作的新员工必须以一种系统性统一的方式引导他们到工作环境中去。一般培训大纲必须使新员工基本了解他们的职责和安全工作守则。

• 专业管理层、控制室操纵员和高级操纵员培训大纲

章节 4.3.1.2 规定：受训人员需要对核技术、核安全和辐射防护的基本原理、设计思想和假设，以及核电厂活动的基础理论有一个全面的了解。现操、技术人员和技术工人培训大纲应当在讲解理论和安全有关事项的同时，使受训人员有更多的实践机会。

章节 4.3.1.3 规定：除辐射防护人员外，所有可能在电离辐射环境下工作的人员都必须接受有关辐射风险、预防过量辐射和实施合理、可能、尽量低的原则所需要的技术和行政管理措施的培训。

章节 4.3.2 规定了运行人员的培训：

——必须接受一般员工的培训和与专业管理层类别所进行培训可以相比的全面运行培训。

——操作人员的正式培训必须包括履行其职责所需水平的各种技术领域，必须对他们进行核电厂各种系统的功能、布置及运行理论和实践知识的全面教育。培训的重点应放在具有重大安全作用的系统上；应该强调维持核电厂运行限值和工况的重要性及偏离这些限值的后果。

——操纵员应该在核电厂诊断、操作控制、值内工作，和行政管理任务等方面获得广泛的经验。对值长应进行监护方法和联络技术方面的附加培训；与其他操作人员的培训相比，操纵员和值长的培训一般应更为广泛。

——操纵员的培训应包含课堂培训、专题讨论、在岗培训和模拟机培训。应对在岗培训做出计划和实施管理，以保证完成培训期间必修的全部专门课程；模拟机培训应该详细计划和组织，以确保适当覆盖有关专题。这种练习应包括预先的简要介绍和跟踪评估。

——对于实时处理核电厂行为的直接后果和可能遇到的不能用核电厂实物来演示的低概率异常工况而言，操纵员在有代表性的全范围模拟机上培训是头等重要的。必须将操纵员看成一个整体来培训，使他们作为一个运行值的成员，在相互协作中发挥作用。

——受训人员必须学习核电厂正常运行的日常工作；以及对核电厂各种变化（如果不进行人为干预，这种变化可能造成破坏性事故）的响应。大纲必须注意改进学员的诊断技能，必须包括正常运行和预计运行事件的运行程序以及设计基准事故和尽可能多的包含严重事故的响应行动。必须在模拟机上练习，以便让学员能够认识到错误操作或违反程序的不利后果。

——现场操作员除了要接受一般员工的培训外，还必须接受与其职责相当的全面运行培训。所有此类人员必须具备核电厂运行特点的详尽知识和现场操作经验。

• 维修人员培训大纲

章节 4.3.3 规定了维修人员的培训：

——对维修人员的初始培训，必须使其掌握核电厂布置和核电厂系统的一般特性和目的、质量保证和质量控制、维修程序和实践（包括监督和检查）及专门维修技能。

——维修人员的培训必须强调由于技术或程序错误所造成的潜在的安全后果，必须反复讲解由于以往错误所造成的故障和危害。

——应该建立控制措施，以确保合格人员在指定的设备上工作。这种资格要求以在设

备制造厂家进行的培训、设备模型上的培训和有经验人员监护下的在岗培训为基础。维修人员应当在培训模型上进行必须快速完成而又不能用实物演练的维修活动的培训。无论在什么地方进行维修培训，其培训的有效性仍然是核电厂经理的责任。应该在资格确定之前，对每个维修人员进行执行其指定维修活动的技能和知识评估。

• 技术人员的培训大纲

章节 4.3.4 规定了其他技术人员的培训：

——涉及化学、保健物理、核工程或其他专业的人员应当具备相应的资格和接受与其职责相应的培训。应当采用前面对操作人员和维修别人员培训所述的 SAT 来确定这类培训。

——可以指派这些技术人员到其它核电厂和设备供方工厂参加类似自身职能的工作。重点必须放在专门技能上，而课堂培训只限于基础知识。在某些情况下，为传授基本技能和专门技能，还必须建立实验室和专项模拟机。

——技术工人必须接受一般员工的培训和整个核电厂的某些方面的培训。其主要的目的是向他们传授并提高他们在已安装设备上工作所需要的基本技能和专门技能。派往设备和部件的供方和建造单位工作，可以作为达到此目的的一种方法。有条件的话，可以在专项模拟机的帮助下提高基本技能。

• 管理层的培训大纲

章节 4.3.5 规定了管理层的培训：

——除上述培训外，专业管理层可能需要掌握额外的技术知识、技能和管理技能。

——管理层应当通过基础培训和在核领域内长期的经历精通所在岗位的技术知识。他们应当通晓有关的标准、规定和法规；他们还应对核电厂及其系统有很好的全面的知识。在应急准备组织内负责岗位上的人员，应当接受有关其应急职责方面的专门培训。

——由于管理层处于核电厂机构的领导岗位，他们应获得一种特殊的本领，主要是靠典范作用去促使其下属在所有日常活动中时刻具有安全第一的自觉性。

——应当有管理发展规划，以保证有足够数量的合格人员可派往紧急需要的管理岗位。管理层和他们的后续人员的培训应当包括管理技能的课程和专题讨论。

• 应急培训大纲

章节 4.3.6 规定应急培训：

——对于所有指派负责应急计划的工作人员，必须接受一般员工的培训。对于要求在事故期间必须完成特定任务的人员，还必须进行附加培训。

——应当强调事故响应和管理方面的培训。这种培训包括核安全分析、适用的法规、规定和标准，核电厂安全裕度方面的数据资料，征兆定向程序和事故管理措施等。在培训计划中应包括核电厂概率安全评估的主要结果，而这种结果要用来表示核电厂各系统在防止损坏和严重事故中的重要性。

• 复训大纲

章节 4.3.7 规定了复训：

——复训是维持和增强核电厂工作人员的知识、技能和态度所必须的。其中，还可能包括对预选人员进行扩展专业知识的培训。因此，必须把复训看成是核电厂运行的组成部分。必要时，为了保持和提高人员的资格水准和工作能力，应进行以 SAT 为基础的复训。

——必须定期进行复训。建议按年度作进度安排。所有负责核电厂安全运行重要职能部门的工作人员都应该包括在这个计划内。

——全部厂内人员必须接受以应急方式执行其任务的复训。

——遭受职业性照射的人员，都必须接受关于辐射防护知识的定期复训。

——操纵人员应该定期地接受复训，在安排工作时应当考虑复训所需要的时间。主要是在模拟机上对操纵员进行复训；应当按年度、系统性地作出模拟机培训练习的安排。这种练习应当反映运行的过程，重点是那些不常出现的状况，如：启动、停堆、特殊瞬态和事故工况。对于维修部门的人员来说，应当就不经常实施的维修活动进行复习性质的复训。

——复训应当包括关于核电厂改进和程序修订、本厂或其它工业上得到的运行经验，以及工作发展的趋势等内容。

9）授权

章节 5.1.1 规定：为履行安全运行职责，营运单位必须制订程序，对控制或监督核电厂运行状态变化的人员或直接负有安全职责的人员，在履行其职责前，必须按此程序授权。

章节 5.1.2 规定：必须按此程序评估被授权人员的能力，这些能力必须包括对已颁布的安全法规有全面的理解并对所有核电厂及其安全问题有深入的理解。

章节 5.1.5 规定：在某些情况下，对安全有重要关系的其他（非国家核安全局授权）人员，尽管他们的工作不直接影响安全，但 NNSA 要求他们具有书面资格证书。

章节 5.1.6 规定：确保厂内外部门所有工作人员具有相应的资格是营运单位的责任，而与其他部门颁发的正式授权无关。

章节 5.1.7 规定：营运单位有责任为执行安全重要活动的厂内人员和外单位工作人员确定资格水平，要保证外单位人员在介入核电厂维修或其他支持活动之前要满足相应资格水准。

章节 5.1.8 规定：由外单位工作人员在构筑物、系统和部件上执行的工作，由营运单位的代表实施监督，该代表应接受过有关这些工作的培训并满足资格要求。

10）授权的岗位

章节 5.2 规定了需要授权的岗位。至少在下列岗位上工作的人员必须授权：

- 值长。
- 操纵员。

此外，应该考虑对下列人员授权：

- 被指派为核电厂经理的人。
- 运行部门和维修部门的负责人。
- 技术支持部门的负责人（如：保健物理部门的负责人等）。

章节 5.4 规定了重新授权

- 已授权人员调往另一座核电厂或同一核电厂需要授权的另一岗位时，在接受新岗位授权之前，必须满足指定的资格要求。
- 必须考虑定期重新授权的必要性，对于已授权的人员，由于长期未从事该授权岗位的工作，在恢复该岗位的工作时，需要进行重新授权。
- 一般过 2～3 年要对授权人员的能力进行复查，如果不再满足所要求的条件，可以取消或不再延长其授权。在任何情况下，恢复授权或延长授权期必须进行体格检查。

2.4　核工业相关标准

2.4.1　核电厂培训体系要求(EJ/T 1208—2006)

本标准规定了对核电厂培训体系的要求，涉及：培训政策、培训组织机构、培训制度与管理程序、培训大纲、培训资源管理、培训计划管理、培训过程控制、资格管理、培训体系有效性评估等有关的各项活动。本标准适用于中华人民共和国核电厂安全质量相关人员的培训工作。

2.4.1.1　培训政策

核电厂营运单位应采用 SAT，对核电厂培训体系进行策划、管理、实施、评估并持续改进。

核电厂营运单位应根据国家核安全法规及相关导则、核行业管理标准的要求，同时，结合国内外良好实践，以及本电厂的实际情况，制定并实施人员培训政策。在核电厂运行实践中严格遵守，定期审查并适时改进。

培训政策的内容包括(但不限于)下述方面：

- 培训目的。
- 适用范围。
- 培训原则。
- 管理责任。
- 培训监督。
- 培训方法。

2.4.1.2　培训组织机构

核电厂营运单位应设置培训组织机构，明确组织构成、职责、权限、接口关系和联络渠道，对人员培训相关工作进行宏观决策、整体协调和全面管理。培训组织机构的设置应与核电厂总体机构设置协调一致，并能体现营运单位对培训的高度重视。

2.4.1.3　培训制度与管理程序

核电厂营运单位应建立培训制度，制定并实施书面的培训管理程序，对人员培训的各项工作进行规范系统的管理。

培训管理程序应涉及(但不限于)下述方面：

- 培训政策和培训大纲。
- 培训策划、实施与过程控制。
- 人员资格管理。
- 培训材料、教员和培训设施管理。
- 培训记录控制。
- 培训有效性评估与反馈等。

应制定要求，对培训管理程序的开发、审核、批准、发布、分发和修改进行有效控制。核电厂高层管理者和培训部门的负责人应定期对培训管理程序的适用性进行审查，并适时修订。

2.4.1.4 培训大纲

1）对培训大纲的总要求

核电厂营运单位应根据核安全法规、导则、行业标准的要求及核电厂实际，对各岗位进行岗位任务分析和培训需求分析，提出培训要求，制定并实施各类人员的培训大纲，包括初始培训和复训，以确保核电厂工作人员满足所在岗位的基本要求，达到并保持足够的业务熟练程度。培训大纲应体现安全第一的方针，培训目标、内容和方式应与人员所承担工作的安全质量重要程度相适应。

核电厂人员使用部门的管理者对培训大纲的制定和有效实施负责，保证培训大纲内容适当，执行有效，能培养合格和专业的员工。核电厂培训部门的管理者负责各培训大纲的组织实施、总体协调和管理。核电厂管理层应对培训大纲实施的有效性进行定期审查和验证，并适时组织人员对培训大纲进行修订。

2）培训大纲的内容和结构

培训大纲应能向学员提供执行岗位任务所需的知识与技能。应将岗位任务分析结果、核电厂现行有效的程序和技术文件、核电厂及行业运行经验、现有岗位合格人员的培训实践等，作为制定培训大纲的重要输入，并用以验证培训大纲的内容是否完整、正确。

应针对各岗位对核电厂安全稳定运行的重要性和任务的复杂性，恰当划分培训阶段，确定每一阶段的培训目标、培训内容、培训方式、培训时间、培训先决条件和培训考核标准。只有在完成或等效完成前一阶段的培训，并通过考核、评估之后，方可进入后续阶段的培训。

初始培训大纲的内容应重在满足执行岗位任务所需的最低要求。复训大纲的内容则应重在保持和不断改进工作业绩，包括工作中的经验反馈、概率风险分析、正常运行时较少涉及的操作、事故处理、电厂修改、程序修改以及其它培训课程的复训等。

3）课程设计与培训方式选择

核电厂营运单位应根据所确定的培训目标、内容和要求，以及现有培训资源的状况，恰当进行课程设计，选择适合培训内容的培训方式，并体现在培训大纲中。

主要的培训方式有：

- 课堂培训。
- 实验室/车间培训。
- 模拟机培训。
- 专题研讨会。
- 自学和阅读相关材料。
- 计算机辅助教学。
- 在岗培训。

应根据需要选择一种或多种方式的组合，以达到预期的培训效果。

4）学员的选拔、考核与评估

培训大纲应明确规定学员的基本入门要求，包括最低学历、基础技能、经验、生理和心理状况对岗位的适应性等。

核电厂营运单位应建立人员选拔和培养流程，对重要岗位的候选人员要进行综合评估，并从中选拔有潜力的人员进行必要的后续培养。

培训大纲应明确规定培训考核标准，用以在培训大纲各阶段的培训任务完成以后，对人员进行考核与评估。

2.4.1.5　培训计划

1）中长期培训规划和年度培训计划

核电厂营运单位应根据其发展战略与目标，在研究分析核电厂中长期总体发展计划、核电厂现有的人力资源状况和培训状况、核电厂组织机构调整计划、人员招聘计划、人员发展计划、人员退休计划、核电厂的中长期预算计划等基础上，制定核电厂中长期人员培训规划。

典型的中长期培训规划包括：

- 核电厂的战略培训目标。
- 总体培训方向和重点。
- 中长期培训规划安排。
- 核电厂培训体系建设。
- 培训预算及安排等。

中长期培训规划应根据核电厂组织机构调整及核电厂内外环境的变化及时审核，适时修订。核电厂营运单位应根据中长期培训规划制定年度培训计划。

2）培训计划的开发、实施与跟踪

核电厂营运单位应制定人员培训计划，描述培训目标和具体的培训实施方案。培训计划应根据计划的实施情况和人员培训需求变化及时进行调整。

核电厂高层应提供人员培训所需的各项资源，包括预算安排，以确保各项培训工作的有效实施，实现培训目标。应跟踪由于工作安排变化或内外部环境影响而导致的计划培训课程的取消或拖延、参训人员或教员的变化、培训环境及设施的调整等，并评估其对核电厂安全运行的潜在有害影响。必要时，及时采取相应的纠正措施。

2.4.1.6　培训资源

1）培训教员的选拔、培养与聘用

核电厂营运单位管理层应重视教员的选拔和培养。核电厂营运单位应制定并实施培训教员的选拔、培养、考核与聘用程序，选择、培养并聘用合格的专、兼职教员实施培训，并对其进行有效管理和定期评估。通过学习和培训来保持和提高教员的知识、技能和教学质量。

模拟机培训教员应当持有或曾经持有操纵人员执照，或通过与操纵人员等同的培训和考核。

2）培训材料的开发与管理

核电厂营运单位应根据培训大纲的要求，对培训材料进行总体策划和协调。由合格的人员，按照培训要求选择和开发培训材料。培训材料在使用前应经过严格的审核。应结合核电厂经验反馈和核电厂的实际状况定期对培训材料的适用性进行审核并适时修订，以保证其能满足人员培训需要。

3）培训设施管理

核电厂营运单位应合理配置人员培训所需的各类培训设施，明确培训设施管理的责任，建立和维护培训设施档案；并制定书面程序对其使用、维护与更新进行有效管理。

核电厂人员培训设施一般包括：

- 培训教室。
- 各类模拟机、模拟体。
- 电教设施。
- 实验室。
- 教学模型。
- 培训信息管理系统等。

培训设施应尽可能反映核电厂的实际状况，并在必要时经过适当的验证。当现场设备和系统进行了改造，或在教学中发现培训设施存在偏差时，应对培训设施的配置变更进行有效管理，并适时对培训设施、相关培训材料及设施维修文件等进行必要的修改，以保持培训设施与核电厂配置的一致性。

2.4.1.7 培训过程控制

1）培训过程控制要求

核电厂营运单位应制定并实施书面程序，对培训准备、培训实施、培训考核、培训评估与反馈等方面进行有效的管理控制，以保证培训过程的有效性和一致性。培训过程应形成书面记录，以便于追溯和管理。

2）培训准备、实施与考核

培训教员应使用现行有效、组织良好的培训材料进行充分准备。应采用适合培训内容和培训目标的教学方法，充分利用培训设施，鼓励学员在学习过程中的积极参与和团队协作。模拟机复训应以核电厂的运行值为单位开展。

应依据规定的考核标准，适当选用一种或几种考核方法对学员进行考核，以测定学习目标是否达到。

通常采用的考核方法包括：

- 笔试。
- 口试。
- 模拟机/模拟体考试。
- 技能考核。
- 工作绩效评估等。

3）培训评估与反馈

应通过对学员考试、问卷调查、人员访谈、培训观察、文件审查、电厂业绩和人员绩效观察与分析等方式，来评估培训的有效性。

培训效果评估应包括（但不限于）：

- 培训目标的适当性。
- 培训课程与培训目标的符合性。
- 培训材料与培训设施的质量及充分性。
- 培训过程与规定要求的符合性。
- 培训教员的表现。
- 培训对电厂业绩和人员绩效的改进等。

应将评估结果及时反馈给相关部门和人员，以便确认、改进或修订培训大纲、培训材料、培训计划或培训设施。评估信息也应用于程序改进和电厂改进。

2.4.1.8　资格管理

核电厂营运单位应根据适用法律、法规、标准或规范的要求，制定并实施书面程序，对安全、质量重要岗位人员的资格考核、资格保持进行严格管理；并应作为工作授权的重要依据。

应适当保存人员资格记录，并进行动态管理，确保安全、质量重要岗位在岗人员的资格现行有效。

2.4.1.9　培训体系评估

1）评估要求

核电厂营运单位应制定并实施书面程序，对核电厂培训体系的符合性、有效性进行定期评估。评估应涉及与核电厂培训体系运作和培训活动实施有关的各个方面。核电厂营运单位应定期对评估结果进行收集、整理、归纳和分析，识别培训体系的薄弱环节，持续改进电厂的培训体系。

2）评估方式

- 核电厂的自我评估

核电厂营运单位应制定人员培训业绩指标，用于监测培训工作的质量以及培训体系的有效性，定期进行趋势分析，及时发现不良趋势并加以改进。

核电厂营运单位应组织自我评估小组，定期评估各项培训活动，确定培训体系的有效性、培训目标的实现情况，识别培训管理过程中的薄弱环节和妨碍实现培训业绩目标的障碍；并及时加以纠正。

- 核电厂的独立评估

核电厂营运单位应由独立部门对培训领域实施监督与监查，定期对核电厂培训工作进行独立评估，以确定各项工作的符合性、有效性。对监督监查中发现的问题应及时采取纠正措施。

- 同行评估

核电厂营运单位应定期接受国内外同行评估，在核电厂培训领域开展交流，学习借鉴国内外同行的良好实践，持续改进本电厂的培训工作。对同行评估中发现的问题，及时采取纠正措施。

2.4.1.10　记录控制

核电厂营运单位应制定并实施书面程序，对核电厂人员培训和考核活动中形成的各类记录进行有效管理。

培训记录应包括（但不限于）：

- 培训政策、制度及相关管理程序。
- 培训大纲及相关配套培训材料。
- 培训规划、培训计划及实施记录。
- 培训教员档案及相关记录。
- 培训设施档案及相关记录。
- 人员资格档案与培训授权记录。
- 培训实施、评估、总结与反馈记录。
- 培训体系评估记录等。

记录的收集、分类、整理、归档、索引、保管、使用、维护、修改和销毁应进行有效控制。

2.4.2 核电厂培训领域业绩目标和评估准则(EJ/T 1209—2006)

本标准规定了核电厂培训业绩和对培训实施进行专项评估的准则，适用于核电厂培训领域的同行评估和核电厂内的培训自评估。

培训领域进行专项评估的目的：是为了确认核电厂的人员培训和资格考核活动是否按照 SAT 来开展，是否满足培训领域各项业绩指标，每项业绩目标应有评估准则予以支持。

本评估准则包含：培训是为了改进绩效、培训过程与资源管理、初始培训与资格评定、复训、培训实施与学员评估和培训的有效性评估，共六大评估目标。

2.4.2.1 培训是为了改进绩效

1）目标

培训用作为战略性工具为电厂的安全、可靠运行和支持绩效改进提供高技能和知识型人才。

2）评估准则

• 电厂总体的战略目标强调培训和用来支持绩效和劳动力投放的资源，这些目标整个都结合到培训的计划和进度安排中。

• 部门经理明确完成绩效改进所必需的培训支持。

• 对培训需求进行了预计，培训材料得到开发；并且培训得到了按时进行来支持电厂活动。

• 控制人员及电厂的绩效，保证培训贡献于安全和电厂的可靠运行，识别培训机会，以及帮助达到预期绩效改进的解决办法。

• 使用自评和纠正行动过程来识别加强安全和可靠运行的培训解决办法。

• 在人员绩效问题原因分析期间，使用培训专门技巧来帮助识别和区分培训和非培训解决办法。

• 在开发培训前，对确定培训有效性的方法要进行考虑。

2.4.2.2 培训过程与资源管理

1）目标

管理层承诺并负责开发、维持满足电厂需求的培训大纲，培训过程使用的资源和基础设施保持跟培训需求一致，来支持培训大纲的持续性。

2）评估准则

• 培训实施政策规定 SAT 的使用，提供培训过程灵活性的程序和方法要跟工作的复杂性以及对核安全的重要性和可靠性相匹配。

• 资源（人员、设施、设备和材料）有效地支持培训活动，并提供一个专业的学习环境。

• 包括完成在岗培训和任务绩效评估的教员和评估员都具备完成他们指定职责的知识和技能，当使用专业工程师提供教学的时候，合格的培训人员提供支持来保证培训的有效性。

• 管理层和工作责任人参加课程的开发，培训大纲的有效性审查，来核实预计的培训结果的达到。

• 模拟机硬件和软件的配置控制过程使模拟机展现电厂部件和系统的运行特点。

• 管理层建立并加强对培训人员有关出勤、绩效、补考和及时补充的预期。

• 建立培训时间安排，支持电厂需求，和资源的有效使用。

• 对考试进行控制和管理，维持整体评估，避免折衷。

• 保持培训记录，对人员岗位任务安排资格评定进行成文，培训大纲文件支持管理层的信息需求。

2.4.2.3　初始培训与资格评定

1）目标

初始培训大纲使用系统性培训方法来提供给人员完成他们岗位任务所需要的知识和技能。

2）评估准则

• 初始培训大纲内容基于岗位绩效要求、标准，以及入门（entry-level）要求、工业指南和法规要求上的分析。

• 识别岗位绩效要求和必备的知识和技能，并形成学习目标的基础。恰当时，要包含高认知的对人因改进技术和其它管理层预期的岗位要求（如：分析和诊断活动），学习目标要得到开发。

• 维持岗位绩效要求和学习目标到当前状态，分析新的或修正绩效要求来识别要补充到培训大纲的知识和技能。

• 开发教学策略和培训材料来支持培训授课，培训材料在使用前要进行核实是当前状态。

• 评估从运行经验中学习到的东西，选择信息包含到培训材料中。

• 进入初始培训大纲的人员要满足入门要求。

• 在其他核电厂已经完成了一个认证培训大纲人员的资格评定基础包含在工作绩效要求中的一个类似性评估。

• 人员，包含合同人员及非电厂人员，在安排独立工作前，需要满足培训和资格要求。

2.4.2.4　复训

1）目标

复训使用系统性培训方法来翻新并改进知识和岗位相关技能的应用，并满足管理层对人员和电厂绩效的预期。

2）评估准则

• 复训大纲是基于对翻新知识、岗位相关技能、新的或修正的绩效要求、标准和法规要求的培训需求分析。

• 从运行经验学到的教训被包含在复训中来增加理解深度和对知识、岗位相关技能的应用。

• 复训学习目标提供信息来翻新和改进基础知识，岗位绩效技能，人因技巧。较高认知的学习目标被用于分析和诊断技能。

• 开发教学策略和培训材料来支持培训授课，培训材料在使用前，需要核实其保持当前状态。

• 复训的及时应用，如：选择岗位的即时(Just in Time)培训及评估，优化人员绩效、资源分配和风险管理。

2.4.2.5 培训实施与学员评估

1）目标

使用支持培训人员达到岗位相关知识和技能的培训方法和方式来进行培训，学习的成果用可靠而有效的评估方法来进行确认。

2）评估准则

• 培训需要按顺序并按照促进学习和培训人员达到学习目标的方式。

• 培训活动对亲自参加实践的知识、技能在学习环境中的应用提供机会。

• 控制室模拟机用于培训、评估各个持照操纵员和控制室班组的绩效。

• 使用批准的，基于岗位绩效所需要的知识和技能学习目标来进行培训。

• 培训及评估加强基础知识、人因绩效改进技巧和管理层预期在学习方式上的应用。

• 评估方法确定准备在生产部门预计的层面独立完成的人员。

• 培训及评估使用电厂程序、参考资料、工具、设备和在实际范围内反映实际工作条件的任务绩效。

• 使用可靠及有效的试验方法来评估学习目标的达到。

2.4.2.6 培训的有效性评估

1）目标

系统性使用培训方法来评估培训的有效性，并修正培训来改进人员和电厂的绩效。

2）评估准则

• 对培训大纲进行连续和周期性的自评，来弄清强项和弱项。

• 管理层监控、评估培训过程、授课来弄清培训大纲的强项和需要改进的领域。

• 培训期间的人员绩效及反馈是用于评估和修订培训大纲。

• 管理层及责任人参加培训后的评估来测量培训大纲有效性。培训有效性测量，如：岗位绩效、管理层的观察活动、趋势指标、来自主管、受训人员和岗位负责同行（支持这些不评估）。

• 影响培训和资格评定的变更。如：工作范围、电厂设计与设备、程序和法规都要求要评估，并掺入到初始及复训大纲。

2.4.3 核电厂操纵员培训模拟器(EJ 442—1998)

《核电厂操纵员培训及考试用模拟机》是 EJ 442—89《核电厂操纵员培训模拟器》的修订版。修订版考虑了国内外模拟机标准的使用情况，按照目前能够达到的较为先进的模拟机研制技术和工艺水平，对主要技术指标、参数、性能要求、试验方法、确认准则等进行了补充和调整。

本标准规定了用于操纵员培训及考试的压水堆核电厂控制室全范围模拟机的功能要求以及所模拟的控制室仪表和控制系统的模拟程序、性能和功能准则。本标准适用于压水堆核电厂全范围模拟机的验证确认、使用和软硬件维护管理。

2.4.3.1　总则

用于操纵员初始培训、复训以及考试的核电厂模拟机应以某一特定机组为参考机组。模拟范围应使操纵员在模拟机上使用参考机组的运行规程处理某一变化过程所采取的操作行动与在参考机组上采取的操作行动相同。模拟范围应允许处理本章所规定的全部变化过程，直到获得一个稳定的工况。模拟机应具备便于其性能确认及配置管理的功能。控制室设备、系统和运行的模拟应符合 3.4.1.1～3.4.1.4 中的规定。

（1）模拟机的功能

由操纵员的操作、非操纵员的操作、操纵员不适当的操作和参考机组自动控制和固有特性导致的模拟机响应应真实，不得违背质量、动量和能量守恒等定律，并且符合章节 3.4.2 规定的性能准则。

1）实时模拟

在处理本章规定的变化过程时，模拟机应能够实时运行。

2）模拟极限

为避免可能造成的负面培训，当模拟参数超出模拟范围或参考机组的预期状态时，应有自动的或专门的措施提示教员。

注：为了满足实时模拟的要求，有时需将物理过程的数学模型进行简化。这种简化可能会限制模拟机处理某些动态过程的能力。另外，也可能在模拟机上出现超出参考机组设计限值的模拟过程，此时模拟可能不正确。这种模拟过程事例包括安全壳失效和堆芯熔化。

3）正常运行

模拟机应能够在不需要改变数学模型或初始条件的情况下，连续地模拟参考机组的变化过程。模拟机应能够计算对应于特定工况下的系统参数，在相应的仪表上显示这些参数，同时给出正确的报警以及保护系统的动作。在操纵员进行正常操作的情况下，模拟机应至少正确地模拟下列变化过程：

- 从冷停堆升温至热备用。
- 机组从热备用启动到额定功率。
- 汽轮机/发电机启动和发电机同期并网。
- 操纵员进行安全级设备或系统的监督试验。
- 热备用运行操作。
- 负荷变动。
- 反应堆冷却剂系统非全流量情况下机组的启动、停止和功率运行。
- 机组从额定功率到热备用以及冷却至冷停堆工况。
- 用固定仪表进行的机组性能试验，包括热平衡、确定停堆深度、反应性系数和棒价值测量等试验。
- 停堆后恢复到额定功率。

4）故障

- 故障的确定

故障的类型和数量的确定应作为设计以操作技能为基础的操纵员培训大纲的系统性过程的一个部分。

故障选择过程中应使用：

——运行事件报告、重要事件报告和重要运行经验报告。

——概率风险评估研究结果。

——制造厂提供的设备可用率和可靠性数据，以及有关的技术手册。

——参考机组特点和特有的运行经验。

——NNSA 和核行业的规定和通报。

——参考机组的安全分析报告。

• 故障的类型

模拟机必须能够支持处理包括故障在内的异常和应急事件，以便展示参考机组的固有响应和自动控制功能。当操纵员的操作随事件的严重程度而变化时，模拟机应提供调节范围足够大的故障严重程度，以模拟参考机组可能的工况。在有运行经验或培训价值评估的保证时，应模拟由于操纵员的操作或辅助系统故障引起的系统和设备失效的情况。故障应包括：

——丧失反应堆冷却剂(蒸汽发生器传热管较大泄漏；安全壳内、外的泄漏；显示出多相流现象的大、小失水事故；稳压器安全阀和卸压阀故障)。

——仪表压缩空气系统全部失压，或可隔离部分失压，影响机组的静态或动态性能。

——电厂供配电系统失效，包括丧失厂外电源、丧失应急电源、应急发电机故障、机组配电母线失电、单条交流或直流仪表电源母线失电(这些母线向控制室仪表或机组控制系统供电)。

——单台或多台反应堆冷却剂泵故障，导致堆芯丧失强迫的冷却剂流动。

——丧失冷凝器真空，包括冷凝器水位控制故障。

——丧失全部或单个设备的重要厂用冷却水。

——丧失停堆冷却能力。

——丧失全部或单个设备的设备冷却水。

——丧失正常给水，或正常给水故障。

——丧失全部给水(包括正常及应急给水)。

——丧失一个保护系统通道。

——控制棒故障，包括卡棒、未耦合、滑棒、落棒和棒失步等。

——控制棒拒动。

——燃料包壳破损，导致冷却剂和废气比放高，并产生相应的高放射性报警。

——汽轮机异常停机。

——发电机异常停机。

——影响反应性控制和堆芯热能输出的自动控制系统的故障。

——反应堆冷却剂压力和容积控制系统故障。

——反应堆紧急停堆。

——主蒸汽和主给水管道安全壳内外破裂。

——核测仪表故障。

——过程仪表、报警和控制系统故障。

——设备被动故障，如专设安全设施或应急给水系统内的设备故障。

——自动停堆系统故障。

——主蒸汽旁路排放系统故障。

应按章节 3.4.2 规定的要求，将模拟机的响应与参考机组的实际响应或参考机组的最佳估算相比较。模拟机应支持操纵员进行恢复或缓解故障后果的操作。模拟范围应使模拟机能够获得稳定、可控和安全的工况，并能够运行到冷停堆工况或直到模拟极限，见本章节 2)。

(2) 模拟范围

1) 实体逼真度和人因

• 台盘

模拟机应包括各种操作和控制台盘，以便提供进行章节 3.4.1.1 中 3)规定的正常运行操作和 4)规定的故障处理所必须的控制、仪表、报警和其他人机接口。

• 仪表、控制、标识和操纵员辅助工具

模拟机应包括所在正常、异常和应急运行中需要使用的仪表、记录仪、开关、报警装置、控制器、电厂计算机人机接口和其他设备或显示器。

• 控制室环境

应模拟参考机组控制室在正常、异常和应急运行时的环境特性。应模拟指挥就地操作时所使用的通信系统，至少可通过适当的通信系统与教员进行联络。

• 控制室差异

模拟机控制台盘与参考机组控制台盘向操纵员提供的仪表和声音、视觉信号方面存在差异时，那些经过评估并且符合 3.4.2.2 中要求的差异可以保留。

2) 模拟的系统及其完整性

• 控制室监控的系统

模拟范围内所包含的参考机组系统的模拟应使操纵员能够进行 3.4.1.1 中 3)规定的正常运行操作和 3.4.1.1 中 4)规定的故障处理操作。这些系统应具有一定的完整性，使操纵员能够如同在参考机组上一样进行有关的操作和观察机组的响应。模拟范围应包含所模拟的系统之间的相互作用，以提供综合的机组响应。

• 控制室外监控的系统

应模拟在进行 3.4.1.1 中 3)规定的正常运行和 3.4.1.1 中 4)规定的故障处理操作时需要的控制室外操作或监督的系统。应使操纵员能够以参考机组上类似的方式处理就地操作。

(3) 模拟机培训性能

1) 初始条件

模拟机应能够储存支持 3.4.1.1 中 3)列出的正常运行的足够数量的初始条件。最少应有 10 组初始条件可运行，这些初始条件包括参考机组多种运行工况、裂变产物毒素浓度和各种不同的堆芯寿期。

2) 故障

模拟机应能够同时或按顺序引入数个故障。应能够引入和恰当地终止 3.4.1.1 中 4)中规定的故障。应有事件触发及时间触发的故障引入方式。故障的引入不得以任何有别于参考机组出现故障的方式提醒操纵员将要发生的事件。应有引力附加故障的能力。

3) 其他功能

模拟机应具有冻结、快拍和重新设置初始条件的功能。还应具有控制室台盘硬件超控、重演、慢速、快速、设备故障和回溯等功能。

4）教员接口

模拟机应允许教员能够进行支持 3.4.1.1 中 3)和 3.4.1.1 中 4)规定的在控制室以外的就地操作，例如：改变阀门、断路器等就地操作的设备和状态。此外，还可以采取一些措施，以增强教员对参考机组外部环境(如大气温度和循环水温度等)模拟的控制能力的其他特性。

2.4.3.2 模拟机测试

应提供确认模拟机响应的功能，以满足本条所规定的要求。模拟机应具有硬拷贝数据的能力，以图表或打印输出方式记录在 3.4.1.1 中 3)规定的正常运行的 3.4.1.1 中 4)规定的故障运行过程中要求的机组参数。这种监督功能应提供足够的参数精度和时间分辨率，以鉴定其符合第 4 章中规定的性能确认准则。

(1) 模拟机的测试和确认

制定下列性能测试和确认准则是为了在以参考机组控制室和系统为依据进行模拟机评估时，保证模拟机控制室与所模拟的系统不存在明显的差异。3.4.2.1～3.4.2.4.4 规定了模拟机各主要性能的评估要求。

(2) 模拟机性能准则

1）实时

应验证用以满足 3.4.1.1 要求的模拟机软件能在设计的时间间隔内完成执行。同时，应确认模拟机与参考机组之间在时基、顺序、持续时间、速率和加速度等方面不存在明显的对培训有负面影响的差异。

2）模拟极限

应确认模拟极限是模拟机设计数据库的一部分，在超出模拟极限时应有自动的或专门的措施提示教员。

3）正常运行

• 稳定工况运行

应验证模拟机能够在有完整的参考机组数据的三个功率水平上(如 25％、75％和 100％额定功率)准确地模拟参考机组的稳定响应。应进行连续的功率运行，以便获得进行验证所需的模拟机稳态功率水平。

应将各参数的计算值与参考机组的数据进行比较，确认其误差在下列允许的范围内。以下各条未列出的参数计算值的误差应在参考机组相应参数仪表量程的 10％以内。将模拟机计算值与参考机组数据进行比较时，允许存在额外的误差，但不得超过参考机组相应仪表的标定误差。附录 C(提示的附录)提供了稳态参数误差计算的范例。模拟机仪表误差不应大于参考机组相应的指示仪、记录仪及其有关仪表系统的误差。

应确认下列各参数的计算值与参考机组数据之间的误差小于参考机组相应仪表量程的 1％：

——反应堆冷却剂平均温度。

——反应堆冷却剂系统热端温度。

——反应堆冷却剂系统冷端温度。

——发电机功率。

——反应堆热功率。

——核测系统功率量程指示。

——反应堆冷却剂系统压力。

——蒸汽发生器压力。

——稳压器水位。

应确认下列各参数的计算值与参考机组数据之间的误差小于参考机组相应仪表量程的 2%：

——蒸汽发生器给水流量。

——反应堆冷却剂系统流量。

——蒸汽发生器水位。

——上充流量。

——下泄流量。

——主蒸汽流量。

——汽轮机冲动级压力。

• 稳态稳定性

应验证模拟机在维持额定功率运行 60 min 后，3.4.1.1 中 3）所列的参数是稳定的，其变化量不应大于其初始值的 2%。

• 变工况运行

应验证在根据 3.4.1.1 中 3）的要求进行模拟机变工况运行时，其性能满足以下验证准则。如果模拟机变工况

运行是在操纵员模拟机培训过程中使用参考机组的运行规程完成的，对其结果进行了评估并有记录，此验证过程应是有效的。验收准则为：

——与参考机组启动试验规程的验收准则相同。

——与参考机组监督试验规程的验收准则相同。

——与参考机组正常运行规程的验收准则相同。

——参数的可见变化趋势应与参考机组正常运行时相应参数最佳估计的趋势相一致。

——若参考机组出现报警或自动动作，在完全相同的状态下，模拟机上也应出现。

——若参考机组不出现报警或自动动作，在完全相同的状态下，模拟机上也不应出现。

4）故障

应验证在模拟 3.4.1.1 中 4）规定的故障的过程中，模拟机满足下列验收准则：

• 能够在模拟机上使用参考机组的规程。

• 模拟机控制室能够观察到的模拟参数的变化趋势应与参考机组处相同故障状态下的实际响应或最佳估算的响应趋势一致。

• 若参考机组出现报警或自动动作，在完全相同的状态下，模拟机上也应出现。

• 若参考机组不出现报警或自动动作，在完全相同的状态下，模拟机上也不应出现。

（3）模拟范围

1）实体逼真度和人因

• 台盘

应验证按 3.2.1.1 要求所模拟的控制盘、控制台及其他操作台盘的尺寸、外形、颜色及

布置是按照参考机组进行复制的。应验证台盘差异是否有记录,并根据 4.2.1.4 提供的准则就其对培训的影响作了评估。

• 仪表、控制、标识

应验证根据 3.2.1.2 要求所模拟的控制盘、控制台及其他运行台盘上的仪表、控制、标识及系统模拟图的尺寸、外形、颜色、布置、感觉及动态功能是按参考机组进行复制的。培训过程中不是操纵员使用的控制台盘上的设备,可仅模拟其外形。应确认向操纵员提供的信息的格式及单位应与参考机组控制室相同。差异应该有记录,并根据 4.2.1.4 的要求就其对培训的影响作了评估。应检查的项目包括:

——开关。

——控制器。

——仪表。

——记录仪。

——系统模拟图。

——分隔线。

——文字和图形的刻印。

——颜色。

——台盘布置。

——总体外观。

——电厂计算机。

——灯光。

——报警装置。

——标牌。

——显示系统。

——其他可感觉到的提示。

• 控制室环境

应验证模拟机控制室是按照 3.2.1.3 的要求复制参考机组控制室的。应验证存在的差异已进行了纠正或已根据 4.2.1.4 提供的准则就其对培训的影响作了评估,评估内容包括:

——平面布置。

——照明特性。

——通信。

——装璜。

——总体外观。

——音源及效果。

——障碍物。

• 差异的评估

应对按 3.2.1.4 或 4.2 进行验证的过程中发现的差异就其对培训的影响做出评估,那些不影响操纵员的操作或不分散培训注意力的差异是可以接受的。为鉴定差异是否影响操纵员的操作,应对下列因素进行评估:

——正常运行、异常运行、故障或应急规程要求的人机接口。

——在模拟机上和在实际控制室内执行同样操作的过程中存在的差异。

——在给操纵员的提示、听觉和视觉信息方面的差异以及要求操纵员进行的重要决策和操作活动的差异。

——设备功能和对参考机组的安全产生影响、使参考机组跳闸或参考机组设备损坏的可能性。

——正常、异常、故障和应急操作时班组响应的差异。

——分析参考机组实际运行经验，找出导致操纵员误操作的可能性或是否有提高操纵员岗位操作技能的必要性。

2) 模拟的系统及其完整性

• 控制室内监控的系统

应验证模拟范围内的参考机组的系统能够完成 3.4.1.1 中 3)及 3.4.1.1 中 4)所规定的变化过程，并具备如同在参考机组上进行控制操作和观察机组响应的性能。应验证模拟范围包括系统与系统之间的相互作用，以给出综合的机组响应。对发现的每一差异应进行培训价值评估。那些不影响操纵员的操作或不降低培训效果的差异是和可以接受的。

• 控制室外监控的系统

应验证执行 3.4.1.1 中 3)及 3.4.1.1 中 4)所必须的不在控制室内监控的系统进行模拟。应验证操纵员能够以参考机组上相似的方式干预就地操作。对发现的每一差异应进行培训价值评估。那些不影响操纵员的操作或不降低培训效果的差异是可以接受的。

(4) 模拟机的培训性能

• 初始条件

应验证 3.4.1.3 中 1)要求的初始条件有行政措施管理，并能正确地表征参考机组的典型状态。

• 故障

应验证 3.4.1.3 中 2)中规定的故障在模拟范围内，故障的引入不得以任何有别于参考机组出现故障的方式提示操纵员将要发生的事件。

• 其他功能

应验证模拟机具有 3.4.1.3 中 3)规定的性能。

• 教员接口

应验证模拟机允许教员能够进行 3.4.1.3 中 4)规定的控制室以外的就地操作。

(5) 模拟机测试

1) 模拟机确认测试

模拟机性能应经过确认测试进行验证，应将测试结果与参考机组实际的或预期的性能数据相比较，并对比较结果进行评估。测试应包括模拟机的演示，以证明模拟机能够按第 3 章规定的范围模拟参考机组。数据比较的优先顺序应按章节 3.4.3.1 中 1)的要求进行。应保存测试结果及其评估记录。在下列情况下应进行模拟机确认测试：

• 模拟机首次建造完成后。

• 模拟机首次建造之后，在对模拟机进行了影响其逼真度或功能性运行的修改后，应在模拟机投入培训或考试前对模拟机的设计修改进行测试并确认。

2）模拟机可运行性测试

应每年对模拟机进行一次可运行性测试，测试要求见附录B(提示的附录)。应保存测试结果及其评估记录。可运行性测试的准则应与第4章规定的要求一致，此测试的目的是为了验证：

- 模拟机总体模型的完整性和整体性能。
- 模拟机稳态性能。
- 模拟机基准瞬态下的瞬态性能。

2.4.3.3 模拟机的配置管理

应建立模拟机配置管理体系，以提供用于验证模拟机性能符合第3章规定的方法。模拟机的配置管理体系应包括：

- 建立和维护模拟机设计数据库的方法。
- 审查并记录模拟机与参考机组之间的差异及其处理结果的跟踪系统。
- 支持模拟机测试和维护的文件、资料，见附录A(揭示的附录)。

(1) 模拟机设计数据库

模拟机的设计数据库由构成当前模拟机硬件和软件配置的原始资料中的实际数据组成，该数据库包括设计模拟机的完整的数据。

1）原始数据的使用

原始数据有多种来源，为保证模拟机的逼真度，使用该数据应遵循如下优先顺序：

- 直接从参考机组收集的数据。
- 有可靠理论依据的工程分析所产生的数据。
- 从与参考机组设计和运行相似的电厂收集的数据。
- 上述渠道以外的数据，如估算的数据。

对那些不是从参考机组获得的数据，应专门标明数据的来源，并指出其在模拟机上的适用性。

2）模拟机设计数据库的修订

模拟机设计数据库应按下述方法进行定期修订，以体现参考机组的新数据：

- 首次修订：在参考机组商业运行后的18个月内或模拟机运行后的18个月内(取时间居后者，对新数据进行可用性评审并决定是否对模拟机进行修改。

- 后续修改：首次修改后，应每年对新数据进行审核，并适当地修订模拟机设计数据库。应对参考机组的所有变更进行分析审核，并决定在参考机组实施变更后的12个月内是否对模拟机作相应的修改。另外，对影响模拟机配置和性能的观察报告，如学员反馈或事件报告，应进行适用性评审，以便决定是否要体现到模拟机设计数据库中。

2.4.3.4 模拟范围的修改

改变模拟机设计数据库可能影响模拟范围。应根据培训价值评估确定是否需要实施相关的变更。

(1) 模拟机修改

模拟机修改分为两大类：

- 根据参考机组的变更进行的修改。

• 根据最新的机组性能数据、学员反馈、事件报告和模拟机性能测试结果等进行修改。

• 在培训价值评估的基础上，上述两类修改均可在参考机组的实际变更之前进行，例如，控制盘的变更，新燃料的装载。

(2) 基于变更的修改

在下列情况下应对模拟机的配置进行修改以保持其与参考机组的一致性：

• 首次修改：与培训大纲有关的参考机组的变更，应在参考机组商业运行后的 30 个月内或模拟机运行后的 30 个月内(取时间居后者)在模拟机上实施。

• 后续修改：首次修改之后，与培训大纲有关的参考机组的变更，应在参考机组变更实施后的 24 个月内在模拟机上实施。

(3) 基于性能的修改

应对最新的参考机组性能数据、学员反馈、模拟机性能测试结果和事件报告进行评估，并根据其对培训大纲的影响程度，在模拟机上作相应的修改。

2.4.3.5　软件和硬件的配置管理

(1) 培训软件装载

应按 3.4.2 的要求对培训软件装载的配置进行管理。

(2) 控制台盘和控制室设备

应按 3.4.2 的要求对影响控制台盘和控制室设备实体逼真度的硬件配置进行管理。

2.5　国家能源局标准

2.5.1　压水堆核电厂操纵人员培训和复训大纲的开发和审查规范

根据《核动力厂运行安全规定》HAF 103 及其导则《核电厂人员的配备、招聘、培训和授权》HAD 103/5 的要求，核电厂运营单位必须为操纵人员制定系统的培训和复训大纲，虽然我国在运行的核电厂运营单位已经制定了各自的操纵人员培训和复训大纲，但由于缺乏统一的依据，这些大纲的内容和格式各异，这也给国家核电主管部门和核安全监管部门的监督和审查增加了难度。根据《核电中长期发展规划》(2005—2020)，未来十几年我国核电装机容量将急剧增加，核电事业的大发展急需培养出大批合格的核电厂操纵人员，以满足新建核电厂的需要，为此，国家能源局开发了该文件以指导、监督和规范核电厂运营单位操纵人员的培训和复训。

开发该规定的目的：

1) 明确压水堆核电厂操纵人员培训和复训大纲所需要涵盖的内容，建立统一的格式标准和内容要求。

2) 为国家能源局的大纲审查提供依据和要点。

3) 进一步推进 SAT 在我国核电厂操纵人员培训中的应用。

2.5.2　核电厂操纵人员执照考核(NB/T 20257—2013)

本标准规定了核电厂操纵人员申请执照和换发执照考核活动的相关内容以及知识技能的考核要求。本标准适用于中华人民共和国核电厂操纵人员申请执照和换发执照的考核工作。

2.5.2.1 首次执照申请资格要求

1）操纵员

操纵员的资格要求如下：

• 学历要求：理工科大专以上文化程度或同等学历。

• 经历要求：至少2年的核电厂相关技术岗位的工作经历，其中在所在核电厂有不少于1年相关技术岗位的工作经历。

• 培训要求：完成所在核电厂《操纵员培训大纲》规定的培训内容，且所有考试成绩合格。

• 健康要求：经核行业主管部门授权的医院检查，书面证明无HAF 001/01第三十条规定的职业禁忌症，即无癫痫、精神病、糖尿病、高血压、心脏疾病、阵发性昏厥、美尼尔氏综合症、听觉或视觉缺陷、色盲、神经官能症以及可能引起判断力减弱或运动肌肉共济失调的任何其他身体或精神状况。

2）高级操纵员

高级操纵员的资格要求如下：

• 学历要求：理工科大专以上文化程度或同等学历。

• 经历及培训要求：凡具备以下条件之一者，经所在核电厂推荐可申请参加高级操纵员执照考核：

——在所在的核电厂操纵员岗位上连续工作2年以上（含2年），业绩优良，完成《操纵员复训大纲》和《高级操纵员培训大纲》规定的培训，考试成绩合格者。

——曾在相同规模、相同设计的核电厂操纵员岗位上连续工作2年以上（含2年），完成所在核电厂《操纵员培训大纲》和《高级操纵员培训大纲》规定的培训，考试成绩合格者。

——曾在不同规模、不同设计的核电厂操纵员岗位上连续工作2年以上（含2年），在所在核电厂相关的技术岗位上工作2年以上（含2年），完成所在核电厂《操纵员培训大纲》和《高级操纵员培训大纲》规定的培训，考试成绩合格，并通过所在核电厂操纵员执照申请考核者。

——曾在相同规模、相同设计的核电厂高级操纵员岗位上连续工作2年以上（含2年），完成所在核电厂《高级操纵员培训大纲》规定的培训，考试成绩合格者，只需参加执照申请的模拟机考试和口试。

——持有不同规模、不同设计核电厂高级操纵员执照，在所在核电厂相关技术岗位上工作2年以上（含2年），完成《操纵员培训大纲》及《高级操纵员培训大纲》规定的培训，考试成绩合格者。

—— 健康要求：参见4.1.1中的d)。

2.5.2.2 申请换发新执照

1）经历要求

核电厂操纵人员执照的有效期为两年，欲延长其有效期者，必须经考核合格后办理换发新执照的手续。离开本职工作6个月以上者，原执照自行失效。

2）培训要求

完成所在核电厂《操纵员复训大纲》或《高级操纵员复训大纲》规定的培训（包括对其弱

项设置的培训课程），考试成绩合格。

3）工作业绩要求

持照期间，工作业绩优良（包括安全文化的评估、值班小时数记录、责任事件记录和处理异常的表现和能力等）。

2.5.2.3　考核方式和范围

（1）首次申请执照

首次申请执照人员的考核包括笔试、模拟机考试和口试，目的是全面考核申请人是否具备完成其职责所必须具备的理论基础、专业知识、操作技能和管理能力。

（2）申请换发新执照

申请换发新执照人员，进行模拟机考试及口试，目的是考核申请人是否保持并更新完成其职责所必须具备的理论基础、专业知识、操作技能和管理能力。申请换发新执照者的考核应在执照到期三个月之前完成。

（3）笔试

笔试的目的是考核操纵人员的基础理论以及对核电厂系统和设备设计、控制保护系统原理、核安全知识、工业安全知识以及技术规格书等的熟悉和理解程度。高级操纵员笔试题应在试题的深度和广度上比操纵员试题有所提高。

1）考试范围

- 对压水堆核电厂操纵人员见附录 A、附录 B、附录 C、附录 D。
- 对重水堆核电厂操纵人员见附录 H、附录 I、附录 J、附录 K。

2）试题结构

由 4 个部分组成：

- 对压水堆核电厂操纵人员见附录 E。
- 对重水堆核电厂操纵人员见附录 L。

3）考试时间

共 8 小时，分 2 个单元进行，每个单元 4 小时。

4）合格标准

- 笔试题每部分 25 分，总分为 100 分。
- 笔试合格标准为 80 分，且每部分得分不低于 17.5 分。

5）笔试阅卷人资格和审阅范围

笔试试卷阅卷人应是所在核电厂操纵人员考评委员会委员，每人只审阅一个部分的试卷。

2.5.2.4　模拟机考试

模拟机考试的目的是考核操纵人员按照核电厂有关规程对核电厂控制系统进行实际操作或指导他人操作的能力。

模拟机考试应在所在核电厂的全范围模拟机上进行，如：无该模拟机时，可在经过“核电厂操纵人员资格审查委员会”（简称资审委）审查同意的相近模拟机上进行。

（1）考试范围

- 对压水堆核电厂操纵人员见附录 F。
- 对重水堆核电厂操纵人员见附录 M。

(2) 考试方法

考试题的场景应事先进行设计，以便能覆盖核电厂的启动和停闭、正常功率运行、异常事件、故障以及事故处理等运行工况，全面测试应试者对各种运行工况的诊断和处理能力。

考试以个人和/或运行值的方式进行。申请操纵员执照人员应分别在模拟机主控室设定的操纵员岗位上轮换接受考试。申请高级操纵员执照者还应在值长岗位上接受考试。

(3) 考试时间

至少 4 小时。

(4) 合格标准

由 1 名主考官和 2 名考官负责考试，成绩以 3 位考官平均分数为最终分，但必须要有两名考官给出超过或等于 80 分的成绩且总平均分达到 80 分者为合格。

判分标准：

- 对压水堆核电厂操纵人员见附录 G。
- 对重水堆核电厂操纵人员见附录 N。

(5) 模拟机考官的资格

主考官应由考评委员会主任委员或副主任委员担任。考官应是模拟机教员中的优秀者，应有三年以上的模拟机教学经验。在新建核电厂首批操纵人员考试时，可聘任合格的外国教员参加，也可聘请确有模拟机专长的教授、专家、核电厂操纵人员作为考官；但他们的资格需报资审委认可。

2.5.2.5 口试

口试作为笔试和模拟机考试的补充，是对执照申请者的知识水平，心理素质、反应能力、安全文化和操作能力等面对面的考试。口试应在笔试、模拟机考试之后进行。

(1) 考试范围

根据附录 A、附录 B、附录 C、附录 D、附录 F 规定的内容要求(与压水堆有关)或附录 H、附录 I、附录 J、附录 K、附录 M 规定的内容要求(与重水堆有关)、核电厂实际可能的操作和运行经验反馈命题。

(2) 考试方式

由口试考评小组(3 人或 5 人)按事先评审好的命题进行。必要时，可到核电厂主要设备现场进行口试。还应对申请人在笔试及模拟机考试中表现较弱部分追加口试。

(3) 考试时间

口试时间不少于 45 分钟。

(4) 合格标准

- 考试成绩只分合格及不合格两档。
- 超过半数考官认定的成绩为最终成绩。

(5) 口试考官的资格

口试考官应是考评委员会委员。特殊情况下需聘请有关专家作为口试考官，他们的资格应报资审委认可。

2.5.2.6 考核的组织和实施

(1) 考核的组织

核行业主管部门设立“核电厂操纵人员资格审查委员会”，总体负责对核电厂操纵人员的执照考核工作，其中包括笔试题命题的组织，笔试试题、口试试题及首次模拟机考试命题的审查。

核电厂设“核电厂操纵人员考评委员会”（以下简称考评委员会），具体负责所在核电厂的操纵人员执照考核工作。

1）考评委员会的组成

考评委员会由 13～17 名专家组成。考评委员会设主任委员 1 名，副主任委员 1～3 名。核电厂主管运行的厂级领导任主任委员。委员主要由本厂专家担任，外单位委员应有 2～4 名。考评委员会成员名单应报资审委审定。

2）考评委员会委员的资格要求

具有 8 年以上工作经历和高级工程师职称，熟悉该核电厂的系统设计、运行、维修及技术支持，且具有某一专业技术特长。

3）考评委员会的职责

- 组织模拟机考试、口试命题。
- 组织笔试、模拟机考试、口试的实施。
- 评审笔试、模拟机考试、口试结果。

（2）考核的实施

考核的实施由各核电厂考评委员会负责。

2.5.2.7　未合格者的再考核

（1）首次申请执照考核未合格者

- 笔试、模拟机考试、口试 3 种考试中任一考试未合格就认为本次考核不合格。
- 第 1 次考核不合格者，6 个月后方可参加第 2 次考核。
- 第 2 次考核不合格者，1 年后方可参加第 3 次考核。
- 第 3 次考核仍不合格者，取消其申请考核的资格。

（2）申请换发新执照考核未合格者

模拟机考试、口试两种考试中任一考试未合格就认为本次考核不合格，不予换发新执照。需继续担任操纵人员者，可在执照有效期内补考一次。

2.6　企业相关标准

核电企业培训相关标准包括质量保证大纲（设计、建造、调试或运行阶段）、培训工作大纲、核电厂人员培训大纲、核电厂人员资格与授权管理。核电站各个阶段的质量保证大纲根据法规要求和工程项目的特点，对人员的资质和培训提出了原则要求，而培训工作大纲是培训部门的质量保证文件，也是质量保证大纲的下游文件，该文件针对质量保证大纲提出的人员培训要求提出具体的方法、管理及控制要求；核电厂人员培训大纲是根据人员岗位或领域制定的课程清单，明确了课程的课时、培训方式、考核要求等内容，是核电企业人员培训主要依据的标准；核电厂人员资格与授权管理程序则规定了企业员工获得的授权原则。以上这些文件形成了企业人员培训的具体标准，保证通过培训后，相关人员具备岗位要求的全面工作能力。

复习题

一、选择题

1. 核电培训相关法规与标准体系由(　　)个层次构成。

A. 3　　B. 4　　C. 5　　D. 6

2. 为了在民用核设施的建造和运营中保证安全,保障工作人员和群众的健康,促进核能事业的发展HAF 001 针对(　　)制定多个方面的条件要求。

A. 操纵员、维修人员　　B. 操纵员、高级操纵员

C. 操纵员、技术支持人员　　D. 生产人员

3. 与核电厂人员培训相关的核安全法规不包括(　　)。

A. HAF 001　　B. HAF 003　　C. HAF103　　D. HAF 002

4. 与核电厂人员培训相关的核安全导则中,下面(　　)是核电厂人员的配置、招聘、培训和授权。

A. HAF 003/01　　B. HAF 003/02　　C. HAF103/05　　D. HAF 003/06

5. 核电厂培训体系要求属于(　　)。

A. 核安全法规　　B. 核安全导则

C. 核工业相关标准　　D. 企业标准

6. 核电厂操纵人员执照考核(NB/T 20257—2013)属于(　　)。

A. 核安全法规　　B. 核安全导则

C. 核工业相关标准　　D. 国家能源局标准

7. 在企业人员培训的标准中,不包含(　　)。

A. 质保大纲　　B. 培训工作大纲　　C. 培训大纲　　D. 试验大纲

8. 在 HAD 103/05 中对(　　)提出了资格要求。

A. 专业管理层　　B. 操纵人员

C. 技术人员和技术工人　　D. 以上全是

二、判断题

1. 培训相关的行业标准包括核工业标准和国家能源局标准。　　(　　)

2. 在 HAF 003 的人员配备与培训中明确了对所有从事影响安全活动的人员规定了必须制定培训大纲和程序,以便确保这些人员达到并保持足够的业务熟练程度。　　(　　)

3. 在 HAD103/05 中,对安全相关人员提出了在基本的教育水平、过去的经历、培训和复训、体检合格以及必要时授权方面的资格要求。　　(　　)

4. 核电厂培训领域业绩目标和评估准则(EJ/T 1209—2006)包含培训是为了改进绩效、培训过程与资源管理、初始培训与资格评定、复训、培训实施与学员评估和培训的有效性评估六大评估目标。　　(　　)

5. 首次申请执照人员的考核包括笔试、模拟机考试、口试及现场考试。　　(　　)

6. 核电厂操纵人员执照的有效期为四年,欲延长其有效期者,必须经考核合格后办理换发新执照的手续。离开本职工作六个月以上者,原执照自行失效。　　(　　)

第3章 核电厂培训体系

3.1 概 述

所谓体系，应该是一个整体，一个系统；是完整的、各部分是连贯的、有内在逻辑关系的系统。培训作为人力资源管理的组成部分，是一个企业管理和实施培训的全部，是一个完整的、综合的系统；而培训体系是指在企业内实施培训的组织机构、职责、方法、程序、过程和资源等诸多要素构成的整体。培训体系也是组织内培训资源的有机组合，是培训项目的运作平台，是实现培训系统化、规范化、科学化管理的基础。培训体系的建立和完善对做好企业培训工作有着以下三个方面的重要作用和意义：

- 培训体系的建立将使责任更加明确，分工更加合理，加之有各部门的横向配合，将大大减少协调成本，使培训更加通畅，有利于提高培训工作运行效率。
- 严格按照培训体系要求和流程运作，有利于克服培训的随意性，规范和加强培训管理，提高培训质量，增强培训效果。
- 有利于对培训进行整体规划，并结合员工职业生涯进行设计，使人才培养工作更加符合人才成长规律，提高员工参加培训的积极性和主动性，激励员工为核电厂长期服务，促进培训的长期可持续发展。

企业只有在这一培训体系的概念下认识和谋划培训工作，才有可能找到自身问题的症结和出路，提高培训的针对性、有效性，从而为提高企业的核心竞争力作出更大的贡献。

为了保证核电厂的建设质量，以及核电厂建成后的安全、稳定和高效运行，核安全法规及导则对核电厂人员提出了相应的资格和培训要求，这就要求各个核电厂，根据自身的实际来规划、组织并实施人员培训，使相关人员达到相应的资格要求，以满足核电厂建设质量和核电厂建成后的安全、稳定和高效运行对核电厂人员资格的需要。

核电厂人员的培训，需要把培训相关的要素整合起来，通过某种方式实现有序、高效地运转，使培训的质量能够不断得到改进和提高，这就是建立起完善的培训体系。鉴于构成培训体系的要素很多，各个核电厂在有经验人员，以及培训资源等诸多方面面临的情况都有很大的差异；并且国内核电领域也还没有制定出一个统一标准的培训体系可供大家采用。因此，各个核电厂在建设阶段就面临如何开始构建自己培训体系的问题。

对一个核电厂而言，培训体系的构建是一个渐进的过程，在电厂建设的早期阶段，一般是确立培训在电厂各项工作中的重要地位，并就此开展培训相关的政策、方针和制度的制定、组织机构的设置、资源的投入等。

在电厂建设的中、后期阶段，主要是制定生产阶段的培训政策，开发、完善培训相关程序，建设培训的软、硬件设施（如：培训信息化系统、模拟机和培训大楼等），以满足电厂对生产人员的资格要求。

而在电厂进入生产阶段，培训体系已经趋于完善，电厂可以独立完成新员工入厂及在岗培训、基本安全授权培训、模拟机培训、专业知识和技能授权培训、通用知识培训、管理培训，以及承包商人员的入厂安全培训等。

总之，核电厂培训体系的构建是一个漫长的过程，一般都要在电厂建成后才能基本建成，并需要今后不断地完善。

3.2 国内企业培训体系建设现状

据一份权威机构对中国企业的培训调查报告显示，92%的企业没有完善的培训体系。在企业的培训管理机构方面，仅42%的企业有自己的培训部门。在培训制度方面，很多企业承认自己的培训制度流于形式。在培训需求方面，只有少数几家企业进行过规范的培训需求分析。这在一定程度上反映了国内企业培训体系建设不系统、不完整、不规范、不合理的现状。具体来讲主要存在以下问题：

1）培训组织体系不完备

具体表现在没有专门的培训部门，培训管理人员整体素质不高。特别是缺乏来自横向的其他部门的有效配合，培训工作成了培训一个部门的事，使培训与业务相对脱节，培训的作用难以得到有效的发挥。

2）培训管理制度不完善

很多企业以要求代替制度，培训管理制度缺失却陈旧，使培训管理缺乏有效的刚性约束，培训工作缺乏权威性，导致一些问题一直得不到很好解决，要求得不到贯彻。

3）培训运作不规范

没有按照培训的流程进行运作，尤其是缺乏有效的培训需求调查和培训效果评估，把培训的实施简化为发通知、签到等基本服务工作上，使培训缺乏针对性，培训效果难以保证。

4）教员队伍不稳定

由于受企业资金实力和规模的影响，很多企业没有固定的专职教员队伍，而兼职教员也多是从企业内部临时抽来的业务人员，或是从外部临时聘用的，使得其教学水平和教学质量具有很大的不确定性，而这种不确定性则意味着企业培训方面存在一定的成本风险。

5）培训课程体系建设

没有对培训课程进行梳理和打造，缺乏可供企业内部选择的固定的精品课程，造成大量的重复劳动。

以上问题的存在，从另一侧面说明了加强培训体系建设的必要性和迫切性。

3.3 国内核电厂培训体系构建存在的问题

3.3.1 SAT的运用

对标发达国家核电厂，尤其是美国核电厂人员培训，其培训体系的核心就是SAT的使用，并已经在各个核电厂形成标准的程序体系。对生产关键岗位或领域，建立了基于岗位任务和绩效要求的培训大纲，人员获得岗位授权需要完成培训大纲规定的所有培训课程；而且这些培训大纲将需要定期获得NRC的资格认证，以确定这些培训大纲的有效性，从而对核电厂相关人员的资格进行确认和维护。

就国内核电厂培训体系建设情况来看，普遍没有把 SAT 方法作为培训项目运转的核心来对待，造成培训体系构成不完善，更制约了人员能力紧跟电厂变化得到持续的改进和提高。就三门核电而言，目前，SAT 的使用已经正式纳入了公司人员培训体系，但使用该方法进行生产人员培训还处于起步阶段，仅在 2009 年对公司管理层组织过 SAT 方法培训；在 2012—2013 年，由西屋负责组织的首批操纵员高级系统运行培训和模拟机培训是基于 SAT 方法。同时，培训主管部门也在为做基于 SAT 方法的培训进行积极准备，已经完成了对培训管理人员的 SAT 方法培训，并已经完成了培训管理岗位的任务分析和培训大纲设计；但要真正实现生产人员培训基于 SAT 方法还有相当长的路要走。这主要包括基于 SAT 方法培训体系的建立，生产人员岗位及其职责的确定，和一大批掌握 SAT 方法的专兼职教员队伍的建立。在此基础上，才能有效开展基于岗位任务和绩效要求的培训大纲的建立，从而，开展基于 SAT 方法的培训，实现培训质量的不断改进和提高。由此可见，真正建立基于 SAT 方法的培训是一个漫长而又复杂的过程。

3.3.2　培训人力资源投入不足

国内核电厂迟迟难以广泛开展基于 SAT 方法的生产人员培训。一个主要的原因，就是各个核电厂对培训投入的资源不足。鉴于实现这种高质量的培训需要大批专业技术经验丰富，且熟悉并掌握 SAT 方法的专兼职教员，这在当前国内核电厂发展阶段普遍面临人才紧缺的情况是一个巨大的挑战。然而，要解决这一问题，需要各个核电厂拿出更大的决心，加大培训人力资源的投入力度，通过一段时间的努力，使 SAT 方法真正在核电厂生产人员培训中得到广泛的推广和运用，才能够实现人才培养和核电厂发展建设同步，真正实现核电建设的健康、有序和高速发展，大力推动国家的经济建设。

3.3.3　行业培训标准亟待完善

国内核电厂人员培训在我国核电 30 多年发展中还不能够有效使用 SAT 方法的一个根本原因，就是核安全法规中没有强制要求使用 SAT 方法来构建人员培训体系。只是建议各个核电厂使用，当然，除操纵员外，更没有对生产人员培训大纲的定期认证制度；再加上对核电厂培训体系建设没有统一的、全面的要求和标准，造成各个核电厂培训的水平层次不齐，培训的绩效难以进行横向比较。阻碍了核电厂人员培训工作的开展，也制约了核电行业的快速发展。因此，行业培训标准的完善对推动核电厂培训体系建设、人员培训乃至我国核电建设的发展至关重要。

3.4　培训体系构建需要重点关注的内容

企业培训体系建设的现状决定了建立科学、完善的培训体系重在优化和整合培训资源，使之系统化、完整化、规范化和合理化，以最大限度地满足企业可持续发展对人才培养的需要。系统化——要求培训体系各子系统之间要符合培训规律，有内在逻辑性；完整化——要求培训体系各组成部分及其内部各要素要完整，不缺失；规范化——要求培训体系各部分内容要按照现代企业要求进行规范；合理化—要体现企业的实际需要。

3.4.1 完善培训组织机构体系

完善的培训组织机构体系是培训有效实施的组织保证。建立完善的培训体系就必须要构建纵横交错的组织网络体系，从而使培训组织管理形成上下联动、齐抓共管的工作机制。首先，要按照管理层次建立纵向的培训机构，配备专、兼职人员从事培训管理协调工作。其次，要在其他部门设培训工程师，配合培训部门负责组织实施本部门培训；建立横向联系机制，使培训组织机构不局限于培训部门及人员系统，而是将其扩展、辐射和渗透到各相关部门及其员工，从而强化培训的组织管理。

3.4.2 健全培训管理制度体系

用制度进行管理是简约的管理方式，能够使管理更加明确，也更有约束力，减少人为因素带来的不利影响。在培训管理上强化培训的制度管理，应该把日常涉及到的管理内容尽可能用制度形式固定下来。首先，应该制定各类人员的培训制度（如新员工、操纵员、维修人员、技术支持人员、管理层等），明确培训目的、内容、要求等；其次，需要建立培训管理及考核制度，对培训的组织者、接受者进行必要的约束；最后，还必须建立对学员、培训部门和其他业务部门的绩效评估及考核制度，根据其完成培训任务中的表现奖优罚劣，以调动各方面的积极性。此外，还要建立关于教员资格、教材审查、经费预算、培训设施和培训考勤等方面的基本管理制度来对培训活动进行支持。

3.4.3 规范培训项目运作流程

要按照培训需求调查、培训课程设计、培训教材开发、培训实施和培训评估的流程对培训项目进行规范运作，通过设置项目经理对全过程进行监控，保证每一环节都能够实施到位；从而保证培训项目的质量。

3.4.4 培训教员体系的建立

教员是整个培训的核心，其授课水平的高低决定了培训质量的好坏。建立教员体系首先要做好教员的选拔和聘任工作，教员的来源应该以内部专、兼职教员为主，要将专、兼职教员划分等级，从专业知识、组织能力、教学效果及表达能力等方面设定不同的标准，通过培训、试讲、资格材料审查等方式，来选拔企业内部教员，满足要求的给予资格授权。

外部兼职教员的选拔聘用主要根据需要进行临时聘用，但企业必须掌握一些基本信息，在聘用时进行参考。其次，做好兼职教员的管理工作。对内部兼职教员，一方面，对他们进行必要的专业培训和技能训练，帮助讲师不断提高业务水平；另一方面，制定《培训教员资格认证制度》，对他们实施动态考核认定。对外部兼职教员则要通过事先的协议约定、授课间的监督及课后评估来加以控制。最后，要对兼职教员进行考核，根据考核情况确定内部兼职教员是否续聘、低聘或高聘。

3.5 堂氏一培训体系构成

核电厂培训体系需要根据核安全法规对核电厂人员的资格要求；并根据核电厂培训政

策所明确的内容来进行构建。通过对国内和国外核电厂的培训体系构成的研究及分析，编者提出了一个由培训管理、培训方法和培训资源三个分体系组成的核电厂培训体系，简称堂氏—培训体系。

3.5.1　培训管理体系

培训管理体系明确培训的主体，管理的制度、方法和流程，以及为保证培训质量所必需的培训监管。因此，在培训管理体系的建设中，一方面，需要建立起健全的培训组织机构，作为培训体系的核心和运作主体，其职能是对核电厂培训相关工作进行宏观决策、整体协调和全面管理；另一方面，就是开发和制定规范的培训管理的程序和制度，使培训管理工作标准化、系统化和规范化，提高培训管理工作的效率，保证培训质量满足相关法规和核电厂质量保证大纲的要求；再者，为了保证培训质量和人员资格满足法规要求，还需要制定满足法规要求的培训监管措施及手段。培训管理体系的详细描述参见第四章。

3.5.2　培训方法体系

为了保证核电厂的运行安全，对核电厂人员的知识、技能和态度有非常高的要求，这就要求核电厂需要选择满足核电厂复杂培训需求的高效的培训方法。通过核电领域 20 多年的实践，证明了 SAT 是我国核电行业和国际上都公认的，且是我国核安全法规、导则推荐使用的；同时，也是核电员工获得并保持运行、维修、技术支持和生产管理资格和工作能力，保证人员培训质量不断改善，以满足电厂安全、稳定和高效运行的最好培训方法。培训方法体系的详细描述请参见第五章。

3.5.3　培训资源体系

培训资源是核电厂培训工作得以顺利实施的保证。在培训教员方面，需要选择技术及管理经验丰富的、并获得了相应岗位资格的人员，通过授课技能方面的培训，合格后授予相应级别的教员资格，教员需要通过授课和实际工作，来保持其资格。

在培训课程方面，根据岗位任务分析，建立起不同岗位的岗位培训要求——岗位培训大纲；并据此开发全面而又系统的岗位培训课程，为培训活动的有效实施创造必要的条件。岗位培训大纲中的课程将作为部门年度培训需求的主要来源；而培训课程内容需要根据电厂设计、系统及设备，以及法规等的变更或改变而不断改进。

在培训资料方面，一方面，需要形成培训资料库，对核电厂相关知识进行沉淀，为本核电厂人员的培养发挥作用；另一方面，需要建立起员工培训记录档案，作为员工各类授权培训合格的依据。

在培训设施方面，建立起满足内部工程建设和电厂运行培训需求和部分外来人员培训需求的，包括软、硬件的培训设施—跟培训管理和培训方法相配套的培训管理系统、模拟机、培训教室、技能培训实验室等。

归纳以上培训体系的构成要素，一个完备的核电厂培训体系构成如图 3.5-1 所示。

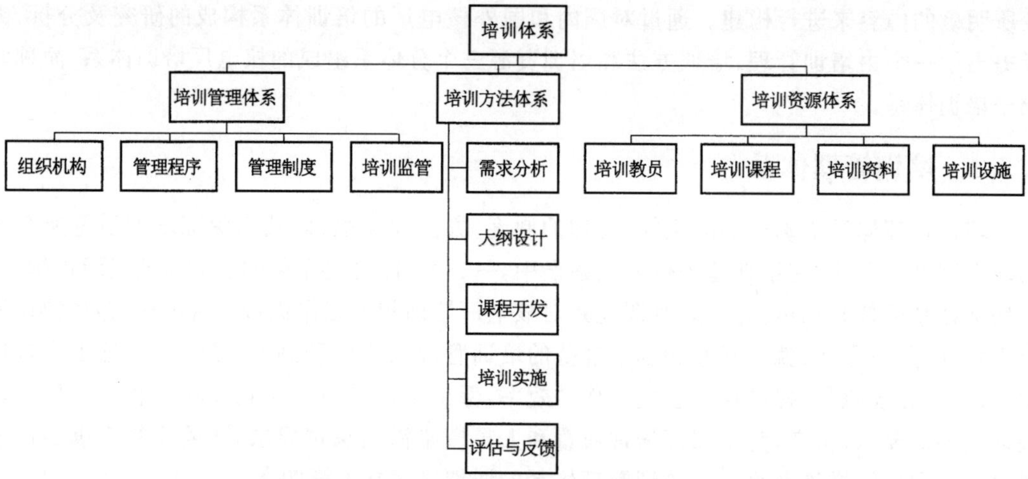

图 3.5-1 堂氏—培训体系构成

3.6 核电厂培训体系的运作与维护

核电厂培训体系和核电厂的总目标就是培训出有能力高质量并安全地建造、运行和维护核电厂的合格人员。核电厂培训体系和核电厂的这种关系既适用于新建核电厂，也适用于运行核电厂。图 3.6-1 给出了核电厂培训体系与核电厂之间的关系，来自于核电厂的培训需求进入培训体系的培训方法体系，通过该体系，实现对电厂要求的合格人员的培养。

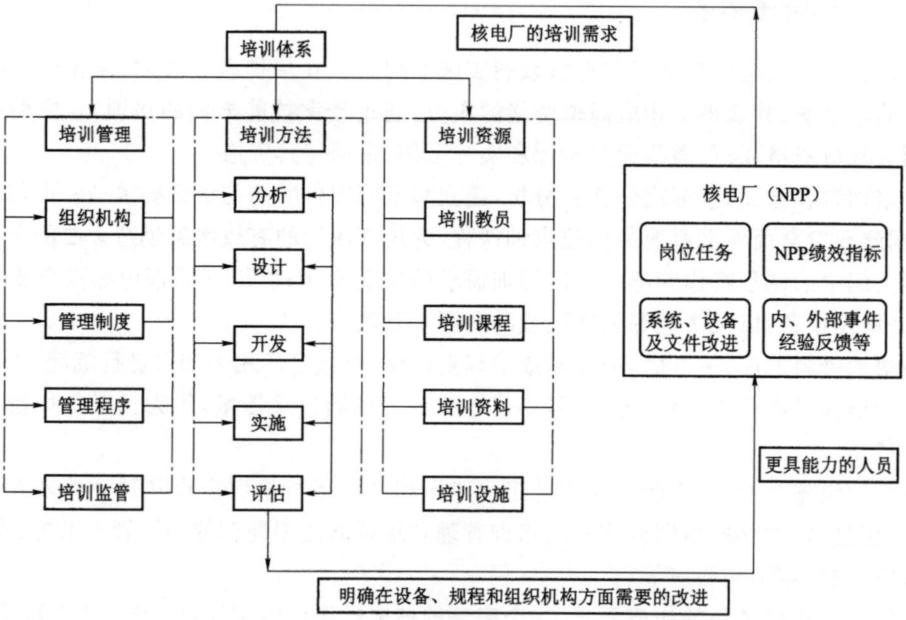

图 3.6-1 核电厂培训体系与核电厂之间的关系

首先，核电厂会提出培训需求，对于一个在建核电厂，培训需求可能来自于员工的岗位任务，基于该培训需求，核电厂培训部门会和相关部门人员一起，采用分析方法（如：岗位任务分析法）进行岗位分析和任务分析，明确岗位任务和培训任务，并确定完成岗位任务所需的全面工作能力；之后，据此开发培训目标、培训课程并形成培训大纲，制订培训规划；然后，根据培训大纲，编制培训资料并实施核电员工的初始培训；最后，对培训效果进行评估，培训合格人员，将会获得相应岗位的授权。

在核电厂装料运行后，核电员工已经具备了岗位独立工作的能力并获得了岗位授权，在该阶段员工的培训需求将来源于核电厂绩效不足，系统、设备及文件的改进，以及内、外部事件的经验反馈等，这些培训需求进入核电厂培训体系后，将通过复训的形式，实现核电员工能力的维持和提升。

无论是核电厂人员的初始培训还是复训，都需要培训管理体系作为主体和制度保障，使培训活动得以规范运作并得到有效实施；同时，培训项目的实施，又是需要培训资源作为保障，这需要合格的教员，完善的课程体系和培训资料，以及支持培训的各项设施，才能保证培训项目的顺利进行和实施。

核电厂培训体系是核电厂合格人员培养的生产线，通过该体系的有效运作，一批批各个领域的、能够胜任岗位工作的合格人员得以培养出来，这些合格人员的培养，有计划地支撑核电厂高质量建造和核电厂的安全、稳定及高效运行。

培训体系通过 SAT 的评估阶段，找出培训各个环节中存在的不足，通过反馈，实现培训的持续改进；同时，通过对一些核电厂重要事件的根本原因分析，找出解决问题的方法可能通过培训这一途径；也可能通过设备改造、规程修订或组织机构调整来实现。

总之，通过培训体系的有效运作及维护，核电厂培养出能够完成胜任岗位工作的合格人员。对支持核电厂建设、运行及维护，发挥着至关重要的作用。

3.7　培训体系成熟度分级

培训体系成熟度由低到高分成五个等级，每一个等级都有不同的特征，每一个等级都为后一等级奠定基础。培训体系的成熟度划分，有益于各个核电厂了解自身的培训体系建设现状，并为培训体系的完善指明了方向。详细内容见表 3.7-1。

表 3.7-1　培训体系成熟度分级

分级	培训体系	培训管理体系	培训方法体系	培训资源体系
一级	• 忽视或完全没有开展培训体系建设	• 在组织机构方面，无独立的培训组织机构来专门实施培训管理；培训管理职责不明晰； • 无专职培训管理人员；基本不具备培训体系建设和培训项目实施等专业知识；培训管理工作重心在培训项目的实施； • 没有培训制度，没有严格的培训管理流程，无法依据培训管理流程来实施培训	• 只是负责培训项目的实施	• 无课程体系，内部开发的具有核电厂特色的课程很少；培训项目基本依赖外购课程； • 无教员体系，培训项目基本外聘教员或外出培训； • 教室、设备等不足以保证培训项目的正常运行； • 无专门的培训信息系统来收集、整理和提供课程、教员、学员等各方面培训的信息

续表

分级	培训体系	培训管理体系	培训方法体系	培训资源体系
二级	•初步具备了培训体系建设和培训项目实施等专业知识； •培训管理工作重心由单纯地实施项目转到有意识地建设培训体系	•在组织机构方面，设立了独立的培训组织机构和专职培训管理人员全面负责培训工作，其它部门设置了兼职的培训管理人员； •培训部门的职责以服务为主； •建立培训制度，规范课程、教员、组织框架等有关培训体系的方面，开始依据培训管理流程来实施培训管理工作	•除了进行培训项目的实施外；也进行适当的培训项目监督及评估	•课程体系开始建立，并着手开发一些初级课程； •教员体系也开始建立，着手按计划培养内部培训教员，开始实施内部培训教员激励制度； •教室、设备等基本满足培训项目的需求； •培训信息系统开始建设，收集核电厂内、外部培训信息；培训部门开始搭建 E-Learning 平台
三级	•培训管理工作重心放在系统建设培训体系上； •培训运作体系的完善使培训体系得到完善	•在组织机构方面，设立了两级以上培训组织机构；培训部门内部分工进一步细化。培训部门的职责由服务向战略促进方向倾斜； •完整的培训制度已经可以自成体系，培训流程更加科学、完善，培训部门能够切实按照培训流程实施培训管理工作； •编制 SAT 的有关应用程序	•具备了培训需求分析、培训大纲设计、培训课程开发、培训项目实施及培训评估及反馈的基本知识； •开始尝试进行部分重要岗位的岗位任务分析； • 开始用 SAT 来改进培训	•课程体系方面，基于岗位任务规划培训课程；具备开发中级课件的能力； •教员体系方面，具备了一定数量的专、兼职教员，完全依赖外部培训的课程减少； •培训设施能够满足不同规模、多种形式培训项目的实施； •培训信息建成，能够全核电厂实现培训资源共享
四级	•具备比较完善的培训体系； •培训体系需要大量的实践验证，并需要做适当改进	•培训部门职责转变为战略促进，站在核电厂战略的角度促进培训；培训肩负起向核电厂内部、客户、合作伙伴和社会传播核电厂文化的职责；培训管理人员经验丰富，可以对培训的质量进行量化； •从核电厂战略规划、远景目标和人力资源战略出发，清晰制定并描述培训战略，并以此为基础完善培训制度和流程，最终，在核电厂文化中融人先进的培训文化	•依据 SAT 完成了关键岗位培训大纲建立； •完成了生产重要岗位的岗位任务分析	•课程体系方面，能够自行开发的课程越来越多，已经有能力开发高级课程，各个专业类别都包含不同层级的课程； •教员体系方面，内部教员队伍日趋壮大，教员人数和员工数量达到合理配置；核电厂内部培训教员文化已经成熟，培训教员光荣、受尊重，并实现优胜劣汰制度等。 •根据业务需要合理地设置培训中心，配置培训设备，E-Learning 平台和传统课堂相结合并互相支持

续表

分级	培训体系	培训管理体系	培训方法体系	培训资源体系
五级	• 培训体系非常完善； • 只需根据内部及外部情况的变化做个别改进	• 根据核电厂战略变化及电站变化，实现培训再各个方面的持续改进； • 定期出具培训有效性评估报告，对培训的绩效进行客观、可视的评估，以便核电厂的培训工作得以持续改进	• 依据 SAT 完成了生产重要岗位培训大纲建立； • 系统进行培训需求分析	• 课程体系方面，内部开发的精品课程越来越多，很大课程已经成为核电厂品牌及知识产权管理的一部分；课程体系在规划、课程开发能力和质量及课程配置方面根据电厂变化进行调整和持续改进； • 教员体系方面，内部的培训教员文化、培训教员数量、专业知识、实践经验及授课水平等随着电厂改进而不断改进

复习题

一、选择题

1. 以下关于企业培训的说法哪一个是错误的(　　)。

A. 属于非学历教育　　B. 周期较短

C. 重点在于知识的学习　　D. 目的是提升组织绩效

2. 核电厂人员培训目标是为了(　　)。

A. 知识的积累　　B. 行为的改变

C. 技能的提高　　D. 态度的转变

3. 新员工培训又称为，除了(　　)。

A. 导向性培训　　B. 入职培训

C. 岗前培训　　D. 在岗培训

4. 培训对员工的意义(　　)。

A. 提供员工的整体素质　　B. 更具竞争力

C. 提高研制开发新产品的能力　　D. 是高回报的投资

5. 培训体系是由(　　)构成。

A. 培训管理、培训方法和培训资源　　B. 组织机构、培训方法、培训监管

C. 培训教员、培训课程和培训设施　　D. 培训管理、组织机构和培训资源

6. 建立培训体系的意义在于（　　)。

A. 提高培训的针对性　　B. 提高培训质量

B. 提高培训的效率　　D. 以上全是

7. 培训管理体系构成包含(　　)。

A. 组织机构体系　　B. 程序与制度体系

C. 培训监管体系　　D. 以上全是

8. 管理制度包括(　　)。

A. 培训政策　　B. 授权培训制度

C. 培训实施管理制度　　D. 以上全是

二、填空题

1. 核电培训的岗位目的就是为了满足员工高水平完成岗位工作所需______、______和______要求。

2. 培训组织机构体系是培训体系的________和________。需要明确详细的组织机构划分，人员数量，职责分工、权限、接口关系、联络渠道和工作机制。

3. 管理程序是培训管理人员实施管理的______、______或______。管理程序合理得当，就可以提高管理的速度和效率，取得好的管理成效。

4. 管理制度是核电员工在生产活动中须共同遵守的______和______的总称。管理制度是培训体系长期规范、有效运转的保证。

三、判断题

1. 企业职业培训是劳动者把所学的知识转化为能力的关键。 ( )

2. 员工的岗位全面工作能力(Competence)是由知识和态度两部分构成。 ( )

3. 员工态度培训就是通过培训改善员工的生活态度，使员工与组织之间建立起互相信任的关系，使员工更加忠诚于组织。 ( )

4. 在实际工作中，有形培训对提高绩效的作用更大，影响更深，成本也更低。 ( )

5. 培训体系是运行培训项目的平台，是实现培训系统化、规范化、标准化和科学化管理的基础。 ( )

6. 高质量的培训项目必须以高质量的培训体系为基础，要提高培训的质量，就必须扎实地进行培训体系建设。 ( )

第4章 培训管理体系

培训管理体系是明确培训的组织机构和培训的监管机构，制定培训制度；并为培训运作体系、培训资源体系制定管理流程、方法和要求；并据此对培训活动全过程实施规范化和标准化管理的体系。

培训管理体系由组织机构、管理程序、管理制度和培训监管四个子体系组成，见图4-1。

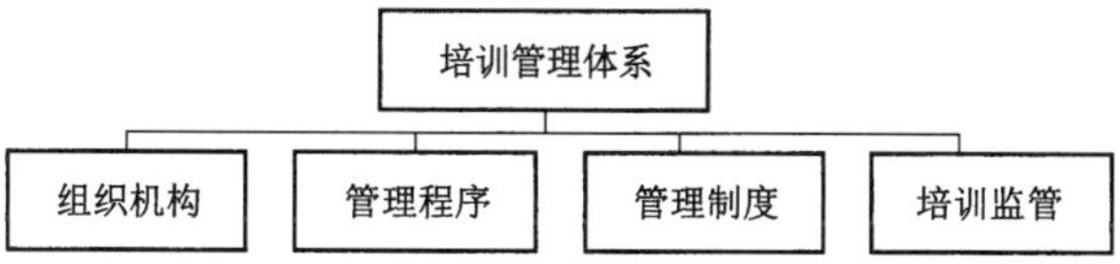

图4-1 培训管理体系构成

4.1 组织机构体系

为了满足核电厂人员的培训需求，首先，需要建立起完善、高效的培训组织机构。培训组织机构的建立需要与核电厂总体机构设置协调一致；并能体现核电厂对培训工作的高度重视。培训组织机构需要根据核电厂工程建设项目在不同阶段的培训需求来进行构建和调整。

4.1.1 培训组织机构构成

培训组织机构体系是培训体系的核心和运作主体。需要明确机构划分、人员数量、职责分工、权限、接口关系、联络渠道和工作机制等。要求它根据核电厂战略目标的要求，规划和实施培训工作，为核电厂提高各类人员素质和可持续发展服务。

培训组织机构由核电厂主管培训的副经理直接领导。图4.1-1给出了一个核电厂培训组织机构，可供读者参考。该组织机构按功能把核电厂培训分成三大领域，一是运行培训领域，二是技术及技能培训领域，三是综合培训领域。这样，核电厂培训中心一般将设置包括：初始取照科、复训科、模拟机维护科、技术培训科、维修培训科、通用培训科和培训监督科在内的7个科室。

4.1.2 组织机构及职责

4.1.2.1 运行培训领域

运行领域又分为(操纵员)初始取照培训、操纵员复训和模拟机维护三部分，每部分按一个科室进行人员配置，其职责分别为：

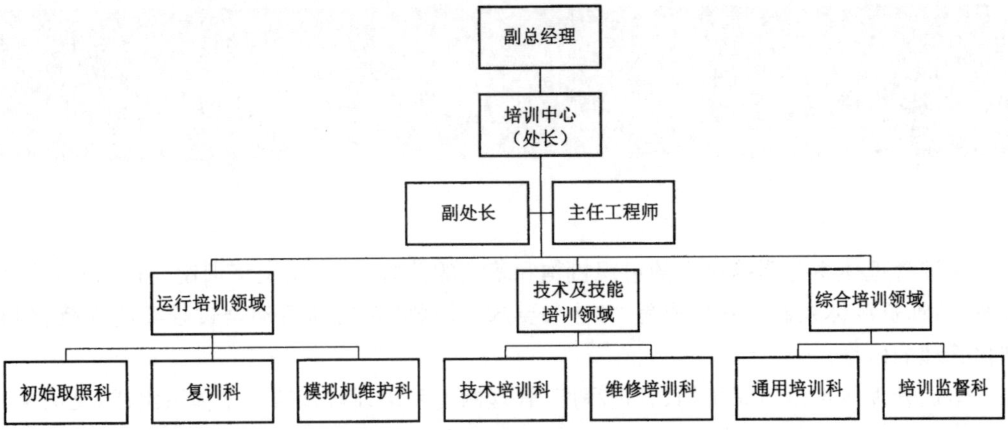

图 4.1-1　培训中心组织机构

1）初始取照科主要职责

- 负责操纵员培训管理程序体系建立及相关程序的开发与维护；
- 负责根据模拟机教员资格管理程序的要求组织教员的培训、复训，并获得操纵员初始取照教员资格授权；
- 负责操纵员初始取照培训计划的制订；
- 负责按照 SAT 进行培训需求分析；
- 负责操纵员初始取照培训大纲有效性维护；
- 负责根据电厂实际，进行操纵员培训教材的开发、更新；
- 负责操纵员系统培训、模拟机培训的授课；
- 负责操纵员基础理论培训、在岗培训、影子培训的组织管理；
- 负责操纵员培训的评估及反馈；
- 负责操纵员初始取照的组织管理等。

2）复训科主要职责

- 负责操纵员培训管理程序体系建立及相关程序的开发与维护；
- 负责根据模拟机教员资格管理程序的要求组织教员的培训、复训，并获得操纵员初始取照教员资格授权；
- 负责操纵员初始取照培训计划的制订；
- 负责按照 SAT 进行培训需求分析；
- 负责操纵员初始取照培训大纲有效性维护；
- 负责根据电厂实际，进行操纵员培训教材的开发、更新；
- 负责操纵员系统培训、模拟机培训的授课；
- 负责操纵员基础理论培训、在岗培训、影子培训的组织管理；
- 负责操纵员培训的评估及反馈；
- 负责操纵员初始取照的组织管理等。

3）模拟机维护科主要职责

- 负责模拟机的资产管理工作；
- 负责电站全范围模拟机的教学配套设施日常运行和维护管理工作；

- 负责保持模拟机和运行机组保持设计的一致性；
- 负责制定模拟机软件更新改造计划和模拟机修改后的测试与验收；
- 协助操纵员进行模拟机培训和模拟机考试工作；
- 配合机组运行人员进行有关试验、事件分析及事故预想；
- 负责运行事件经验反馈和经验反馈在模拟机培训中的应用；
- 负责开发、修订模拟机管理程序；
- 负责模拟机机房内通风系统、消防系统、空调系统、电气系统等的管理；
- 负责模拟机备品备件的管理等。

4.1.2.2　技术及技能培训领域

该领域分为负责电厂技术支持人员培训的技术培训和负责维修人员技能培训的维修培训两部分构成，每部分按一个科室进行人员配置，其职责分别为：

1）技术培训科的主要职责

- 负责技术支持培训领域相关管理程序的开发与维护；
- 负责技术支持人员培训大纲的有效性评估及维护；
- 负责技术支持领域人员的在岗培训和资格管理；
- 负责操纵员取照基础理论培训；
- 负责技术支持领域教材开发及升版；
- 负责技术支持领域人员培训计划制定；
- 负责技术支持相关领域培训实施等。

2）维修培训科主要职责

- 负责维修培训体系及相关管理程序的开发与维护；
- 负责技能培训实验室的规划、方案设计，以及使用管理；
- 负责按照SAT进行维修人员培训需求分析；
- 负责机、电、仪维修领域人员的在岗培训和资格管理；
- 负责机、电、仪维修人员培训大纲的建立及有效性维护；
- 负责维修领域培训教材开发及升版；
- 负责维修人员培训计划制定；
- 负责维修相关领域培训活动的实施等。

4.1.2.3　综合培训领域

综合培训领域分为通用培训，以及培训的监督及评估两部分，每部分按一个科室进行人员配置，前者负责新员工入厂培训、核电厂员工的通用管理技术和专业技术培训；后者负责核电厂整个培训的监督、评估和反馈，使培训的绩效得到不断地改进和提高，具体职责为：

1）通用培训科

- 负责通用培训体系及相关管理程序的开发与维护；
- 负责员工及维修承包商的基本安全授权培训及复训；
- 负责新员工入厂培训大纲的有效性维护；
- 负责新员工入厂培训及在岗培训；
- 负责外来人员的培训管理；

- 负责各类培训题库的维护及管理；
- 负责各类培训记录的归档和培训资料的管理；
- 负责培训培训信息管理系统的维护及管理；
- 负责培训设施管理等。

2）培训监督科

- 负责监督与评估体系的建立；
- 负责对各类培训的实施进行监督与评估管理；
- 负责对核电厂培训的有效性评估；
- 负责把各类培训监督、评估结果进行反馈；
- 负责培训有关状态报告的管理；
- 负责培训纠正行动的跟踪、核实；
- 负责组织培训自评估和培训监查等。

4.2 管理程序体系

管理程序是培训体系的重要内容；也是培训体系有效运作的重要依据；更是培训工作组织实施的指导性文件，管理程序明确管理的流程、方法和要求。

4.2.1 程序序列划分

管理程序体系是对培训体系构成所涉及的各个方面建立起管理流程、方法或控制要求，其核心是保证基于系统性培训方法各个阶段在培训各个环节中得到具体运用，并实现对培训所需资源的有效管理、合理使用。因此，根据培训体系的构成，将程序体系划分为“培训管理”、“培训需求”、“培训大纲”、“培训课程”、“培训实施”、“培训评估”和“培训资源”七个序列来进行有序及规范化管理。同时，对“培训大纲”、“培训课程”、“培训实施”和“培训资源”系列，又根据所涉及内容进行了进一步细分，适用于本系列或整个系列的公用部分作为该系列的“通用”，其他可根据通用培训、运行培训或技能培训进行分类，就构建起了一个详细的，支持整个培训及管理的程序体系。该程序体系中，各个类别的程序都需要符合或满足“培训工作大纲”的总体要求。图 4.2-1 给出了培训管理程序体系构成。

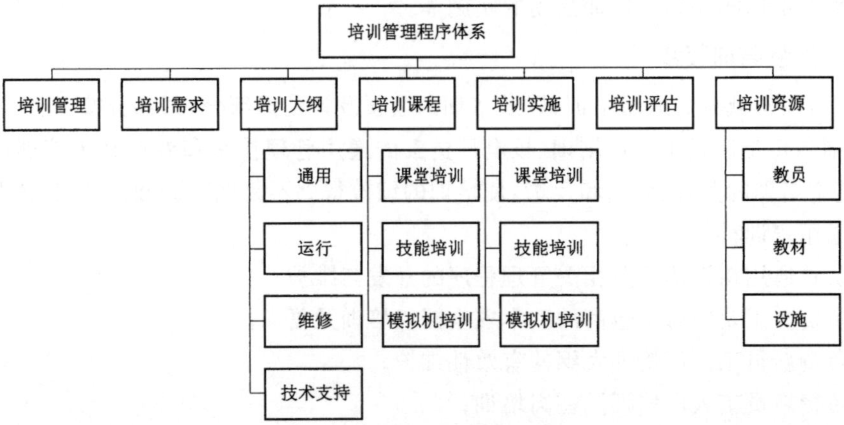

图 4.2-1 培训管理程序体系

4.2.2 管理程序

通过和美国核电厂 VOGTEL 程序体系对标，核电厂主要的培训管理程序约有 47 个，其中培训管理 8 个，培训需求 2 个，培训大纲 13 个，培训课程 5 个，培训实施 9 个，培训评估 3 个，培训资源 7 个。详见表 4.2-1。

表 4.2-1　培训管理程序清单

培训管理程序体系	培训管理	1. 培训工作大纲	5. 基本安全授权培训管理
		2. 培训委员会	6. 承包商基本安全授权培训管理
		3. 培训中心组织机构	7. 操纵人员执照申请管理程序
		4. 资格和授权管理	8. 培训工程师管理
	需求分析	9. 岗位任务分析	
		10. 培训计划开发	
	培训大纲	11. 操纵员初始取照培训大纲	18. 机械维修人员培训大纲
		12. 高级操纵员培训大纲	19. 电气维修人员培训大纲
		13. 操纵员复训培训大纲	20. 仪控人员培训大纲
		14. 现操培训大纲	21. 化学人员培训大纲
		15. 值长培训大纲	22. 保健物理人员培训大纲
		16. 倒班技术顾问培训大纲	23. 教员培训大纲
		17. 技术人员培训大纲	
	培训课程	24. 培训资料设计	27. 培训资料的更新、控制与批准
		25. 新培训资料开发	28. 模拟机场景的开发、审查、批准和升版
		26. 培训教材编写规范	
	培训实施	29. 培训实施	34. 模拟机培训与评估
		30. 外出(国内)培训管理	35. 实验室培训的实施和评估
		31. 国外培训管理	36. 技能培训管理
		32. 笔试管理	37. 自学与评估管理
		33. 操纵人员复训考试导则	
	培训评估	38. 培训考核、评估和反馈	40. 培训自评估
		39. 培训有效性评估	
	资源管理	41. 兼职教员聘任管理程序	45. 全范围模拟机启停程序
		42. 培训教材管理	46. 全范围模拟机系统安装与维护
		43. 培训设施管理程序	47. 培训档案和资料管理
		44. 培训信息系统使用管理	

4.3 管理制度体系

管理制度是培训体系长期规范、有效运转的保证。它由众多的制度构成，包括培训政策、授权培训制度、培训实施管理制度，见图 4.3-1。

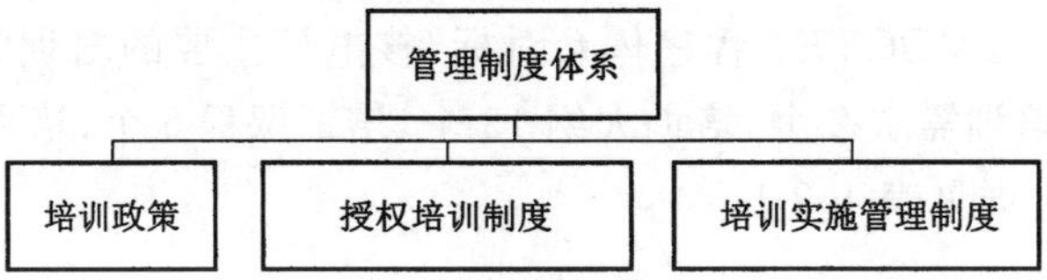

图 4.3-1　培训制度体系

4.3.1　培训政策

国际原子能机构(IAEA)在有关安全文化的报告(INSAG-4)中指出，在任何工作中，某个人的行为都要受上一层管理要求的制约，在核电厂这称之为政策。因此，核电厂营运机构在处理核电厂人员培训，人员资格和能力方面制定并推行一套总体的培训政策是非常必要的。该政策是营运机构和核电厂对人员培训；以及培训对核电厂安全、可靠运行和检修所起的重要作用的承诺。

营运机构应明确在培训过程中各个方面的职责。这些职责应包括在培训政策之中，并写在 SAT 的程序中。经营几座核电厂的营运机构，在营运机构这个层次上制定一个总体的培训政策，而每座核电厂再依次制定出各自的培训政策。各个层次的政策要与总的政策相一致，相互协调。下一级的政策要依据上一级的政策来制定。有些国家就核电厂人员培训制定了国家的政策，每座核电厂的政策必须符合国家的政策。培训政策应遵守或参照其他方面的政策有：

- 安全；
- 质量；
- 人事政策；
- 环境保护；
- 人员招聘；
- 人员培养和激励机制；
- 企业形象要求等。

培训政策需要依据国家核安全法规、导则、核电厂质量保证大纲等文件对核电厂人员的培训要求，根据核电厂长远需求和核电厂经营目标来制定。

培训政策应定期地修订以适应现实的要求和目标。可能影响培训政策的因素有：营运机构的核电厂或其他电厂的运行经验和发生的事件，电厂的重大改进，电厂设备调试或退役，核电厂的组织机构调整，以及国家教育制度的改革等因素。

培训政策应强调，培训部门必须为它所支持的电厂服务，培训过程要有机动性，能与电厂机构的变化和技术上的改进保持一致，能跟踪本国和国际的运行经验。

一般而言，核电厂培训政策应该紧随核电厂发展的战略目标，在电厂建设阶段为：利用各种培训手段，使核电厂员工获得岗位工作的技能，保证电厂在建设过程中各专业对人才的需求。在电厂运行阶段为：利用各种培训手段，使核电厂员工获得和保持确保电厂安全、稳定、经济地运行的相应能力。

培训政策中需要明确培训目的、培训范围、培训原则、培训责任、培训监管以及培训的方法等内容，见图 4.3-2。核电厂培训政策的内容，通过部门大纲程序“培训工作大纲”得到了明确。

图 4.3-2　培训政策

1）培训目的

为了确保核电厂的安全、稳定、高效运行和维修，核电厂必须高度重视培训工作，培训应成为每位员工工作的一部分，全体人员均应按照法规对核电厂人员提出的要求进行培训，使之获得并保持确保电站安全、稳定、高效运行的工作能力，成为满足岗位资格要求的合格人员。

2）适用范围

培训政策的适用范围也就是培训工作的管理范围。包括三个方面：一是人员管理，不仅适用于核电厂的全体员工；而且也适用于所有参与核电厂工作的承包商人员或来访人员。二是培训过程管理，包括人员培训（应简要地说明哪些人员的培训大纲要使用 SAT，如：它是否适用于分承包商或供货商？如果适用，要说明适用到什么程度？培训政策还应明确如何适用于由外部承包商和技校所提供的培训）、资格审查和授权的整个过程。三是授权培训的管理，包括生产运行人员培训、工程技术人员培训、干部管理培训；以及特种作业人员培训等。

3）培训原则

培训原则是培训培训指导思想的具体体现，其表述为：

• 授权上岗制

为确保核电厂安全、稳定和高效运行，核电厂执行与核安全相关岗位工作的每一位员工，在执行各种任务之前，必须在规定的期限内接受相应的培训，并获得授权，以取得开展相应工作的资格。

• 全员培训制

核电厂全体员工以及所有参与核电厂工作的承包商人员，无论他们处在何种岗位，都必须按照相应岗培训大纲的要求接受相应的培训。

• 终身培训制

为了保证核电厂员工的能力保持跟核电厂安全、稳定及高效运行的要求相一致，一方面，授权的时效性决定着员工必须按个人年度培训计划进行复训及新课程学习；另一方面，为了保持跟不断改进的核电厂相一致，每一个员工需要掌握和提高业务水平而不断接受新知识或技能培训，以确保个人上岗资格的延续。因此，核电厂对每一个在岗员工均实行终身培训。

4）培训责任

培训责任是指各级管理层在培训管理中应该承担的责任，培训责任的明确对于确保培训质量有着极其重要的作用。

• 总经理

是核电厂员工培训、资格审查和授权的第一责任人，对开发、实施培训大纲，保证人员资格和能力方面负有全面责任;并对此起着重要的作用。其职责包括确保各部门拥有相应的资源(包括财力、人力与物力资源)以保持和提高员工的专业水平;批准授权培训制度的建立;监控培训大纲,保持人员资格;以及建立行之有效的人事政策和管理制度;总经理对核电厂人员工作绩效负有最终责任。总经理要把这些责任以书面形式明确下来,分派给各处处长,并支持各处处长履行他们的职责。

- 各级管理层

对待核电厂人员培训和资格采取的态度是另一个保证核电厂安全、可靠运行的重要因素。如果核电厂管理层不积极支持和加强为培训大纲建立的安全质量标准,那么,这些标准就难以应用到核电厂。应督促员工严格按计划完成培训课程,并确保在执行生产任务的同时兼顾培训的要求。将安全文化概念纳入相应的培训大纲。各级人员的培训责任具体见下。

- 核电厂培训审查委员会(TRB)

是生产培训管理的协调推进机构,在核电厂总经理部领导下工作,负责制定电站的培训方针和政策、审批年度培训计划、决定重要的培训管理事项,审查授权培训要求及中、长期培训方案;协调各部门的培训需求,评估培训的有效性等。

- 培训中心处长

负责具体培训工作的管理、编写各种人员授权培训要求、制定年度培训计划并提交上级管理部门审批;按已批准的年度培训计划,组织各类培训的实施;对各处在岗培训的实施给予支持并监督管理;检查年度培训计划的实施情况,定期向核电厂培训审查委员会(TRB)报告。

- 各处处长

在培训中心的支持下,以员工个人年度培训计划的制定和实施为手段,对本处员工的授权/任职资格培训、岗位资格审查以及职业拓展负责;为本处员工提出授权建议。此外,各处处长还要负责制定其所辖范围内每个岗位的详细的岗位规范、职责分工和工作标准。

- 科长

是部门员工授权培训、岗位资格审查的第一责任人,应为员工提供足够的培训手段和资源,确保培训工作的有效实施;根据授权培训要求,按授权管理权限,负责审批部门副处长以下员工的授权。

- 培训监督工程师

负责根据核电厂年度培训计划制订培训的监督计划;并按计划实施培训监督;负责培训实施项目评估数据的收集,并进行分析、开发评估报告,把监督评估结果进行反馈等。

- 培训工程师

由各专业处负责人聘任,负责组织、协调本处内部培训需求分析、年度培训计划提交,以及处室岗培训的组织实施等。

5) 培训监管

培训监管包括核电厂内部监管和外部监管。内部监管包括核电厂内部的质保监查、管理层的培训观察和培训委员会的监管;外部监管包括 NNSA 的监督、国际原子能机构(IAEA)和世界核电营运者协会(WANO)对核电厂培训工作的同行评估等。详细内容请见章节 4.4。

6）培训方法

培训方法是培训工作中的一个重要环节，SAT 是目前保证核电厂人员取得并保持资格和工作能力，保证人员培训质量的最好培训方法。核电厂培训体系中明确规定应按照 SAT 实施培训项目，指导培训工作；并作为不断改进及完善培训工作的手段。详见第 5 章。

让核电厂所有有关人员都了解并支持培训政策至关重要。有时，让电厂部门处长和培训处长参与制定培训政策和实施程序，这有利于他们接受培训政策。

核电厂及其培训部门，跟培训大纲的开发、实施和评估相关的程序都必须受到培训政策这个总目标的制约。这些程序作为核电厂培训部门与其他部门之间达成的一致意见，它规定了必须提供的培训；以及培训的质量。

4.3.2　授权培训制度

授权培训制度是指员工在获得授权之前，必须完成规定课程的培训——上岗必须获得授权，获得授权必须进行培训。

授权培训制度包括：基本安全授权培训制度、运行人员授权培训制度、岗位授权培训制度和承包商人员基本安全授权培训制度 4 项，见图 4.3-3。

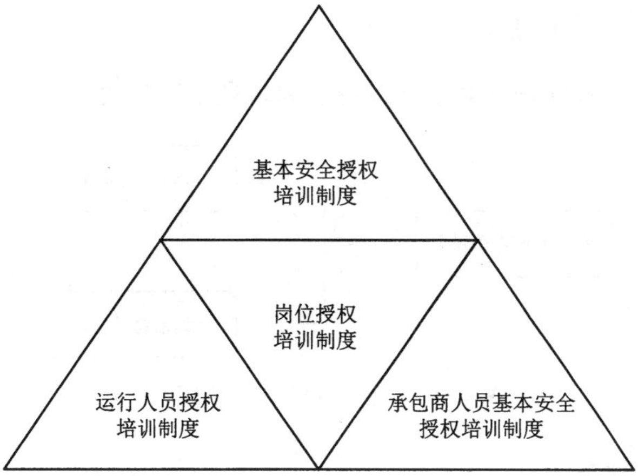

图 4.3-3　授权培训制度构成

（1）基本安全授权培训制度

核电厂安全是生产中要考虑的首要要素。建立严格的基本安全授权制度就是要保证员工受到足够的核安全知识培训；并通过周期性的复训保持并持续提高安全生产意识，贯彻落实安全生产的指导方针。

基本安全授权制度规定，员工必须获得基本安全授权才能参与核安全、工业安全和辐射防护安全直接相关的活动。但要从事现场工作，则还需要获得相应的工作授权。基本安全授权只是获取工作授权的前提和必要条件。

基本安全授权包括核安全授权（NS）、工业安全授权（IS）、辐射防护授权（RP）和特殊活动授权（SA）四类。见图 4.3-3。

（2）运行人员授权培训制度

为了确保民用核设施运营安全，对于核电厂运行人员，NNSA 参照国际核电厂管理的通行做法，实行执照管理制度，要求核电厂所有操纵员、高级操纵员必须经过相关培训，经过国家核安全局考试合格；并获得操纵员、高级操纵员执照才能上岗工作。

(3) 岗位授权培训制度

在核电厂工作的正式员工，在获得基本安全授权后，还需要按照岗位任务分析确定的培训大纲的要求，完成跟岗位任务相关的专业理论、技能等方面的培训并合格，在获得岗位授权后才能正式上岗。

(4) 承包商人员基本安全授权培训制度

出于对核电厂安全的考虑，承包商人员必须接受相应的基本安全授权培训并获得授权，才能进入电厂现场进行工作。

针对三门核电工程土建、安装建设期间承包商工作实施人员和管理层，承包商单位自行组织培训和考核，为保证培训质量，三门核电有权对承包商教员进行资格审查，对培训过程进行监督，对培训记录进行审查。

而对电厂生产运行期间的承包商人员基本安全授权，则由业主组织集中培训或复训，并进行统一考试。承包商人员必须完成进入区域规定的基本安全授权培训课程，且成绩合格方可授权办理现场出入许可。

4.3.3 培训实施管理制度

培训实施管理制度包括培训监督管理制度和培训工程师制度，见图 4.3-4。

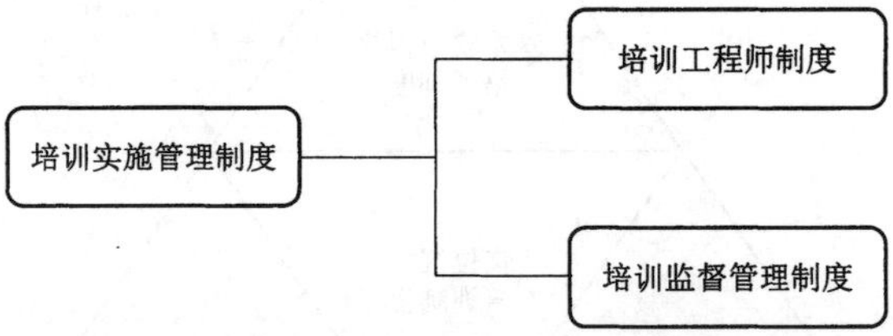

图 4.3-4 培训实施管理制度构成

(1) 培训监督管理制度

培训部门设置专门的培训监督人员，负责对操纵员培训、核电厂专项培训、岗位技能培训、外来人员培训等提供监督、检查；并对培训有效性进行评估。监督制度有利于保证培训质量，促使各级人员更加重视员工培训。

(2) 培训工程师制度

为了加强培训工作的管理，各处室设置有培训工程师岗位。一般处室设置兼职的培训工程师，对一些人员多、培训任务重的专业处室，需要考虑设置专职培训工程师。培训工程师对培训主管部门培训工作向部门的延伸发挥着桥梁和纽带作用。

4.4 培训监管体系

对核电厂的培训监管主要来自核电厂内部的质保监查、管理层的观察、培训委员会的监管；以及外部的独立审查或评估。通过定期举行这些活动，来弄清问题，找到问题的根本原因，改进绩效，对实施纠正行动提供指导，确定培训各项工作的符合性和有效性。核电厂培训监管机构构成，见图 4.4-1。

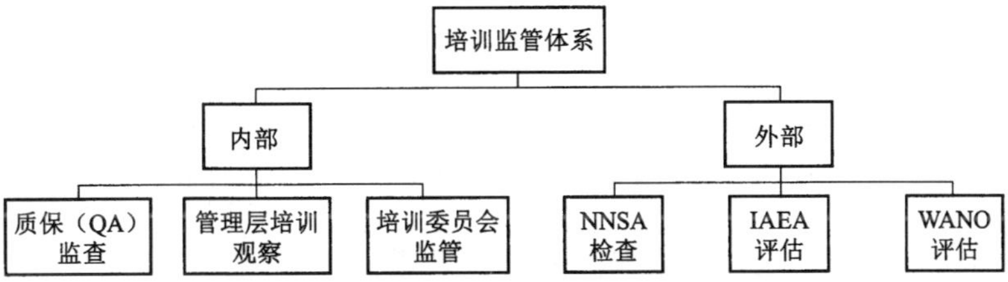

图 4.4-1　核电厂培训监管机构构成

4.4.1　电厂内部的质保监查

核电厂安全质保处对培训领域实施定期监查，对核电厂培训工作进行独立评估，以确定各项工作的符合性、有效性。审查内容主要集中在管理程序的建立及维护、电厂全体人员的培训和资格方面，每年审查一次，对监查中发现的问题将要通过发起状态报告的形式进行评估，并制定相应的纠正措施进行改进。

4.4.2　管理层的培训观察

为了保证培训授课质量，并促进教学质量的不断改进，需要建立起管理层的培训观察制度，要求培训部门管理层每季度至少参与 1 次培训授课的观察活动，其他部门管理层每 2 个季度至少参加 1 次观察活动。活动完成后需要开发相应的观察报告提交人力资源与培训处，这些信息将用于改进培训或作为培训有效性评估的支持数据。

4.4.3　培训委员会的监管

核电厂核电培训委员会共分为三级，分别是培训审查委员会(TRB)，培训大纲监管委员会(TPC)和课程审查委员会(CRC)。培训委员会构成见图 4.4-2。

1) 培训审查委员会(TRB)

核电厂总经理任 TRB 主席，分管培训的核电厂领导任副主席，成员包括总助、(副)总工(师)、总监和所有处室负责人。TRB 负责领导和监督核电厂培训体系、培训设施、培训规划、培训实施监督与评估等相关工作，推动培训作为战略工具来改进电厂绩效。TRB 每半年举行一次定期会议。

2) 培训大纲监管委员会(TPC)

部门负责人任 TPC 主席，其他部门领导、各个科室科长、培训部门大纲负责人任委员。主要负责开发、建立和维护本部门的培训大纲，开发、组织和实施本部门的年度培训计划，监管本部门授权体系和人员授权情况，组织和实施本部门和人员培训考核，组织和实施本部门的培训活动观察评估，跟踪和处理本部门的培训状态报告和培训事件与纠正行动，参与执行核电厂年度培训观察评估和管理观察计划，组织 TPC 成员定期或者限期监督本部门组织和参与的各项培训活动，对本部门培训方面产生的事件、事故进行分析、组织改进，统计和分析本部门培训方面的各项绩效，并汇报 TRB。TPC 每季度举行一次定期会议。

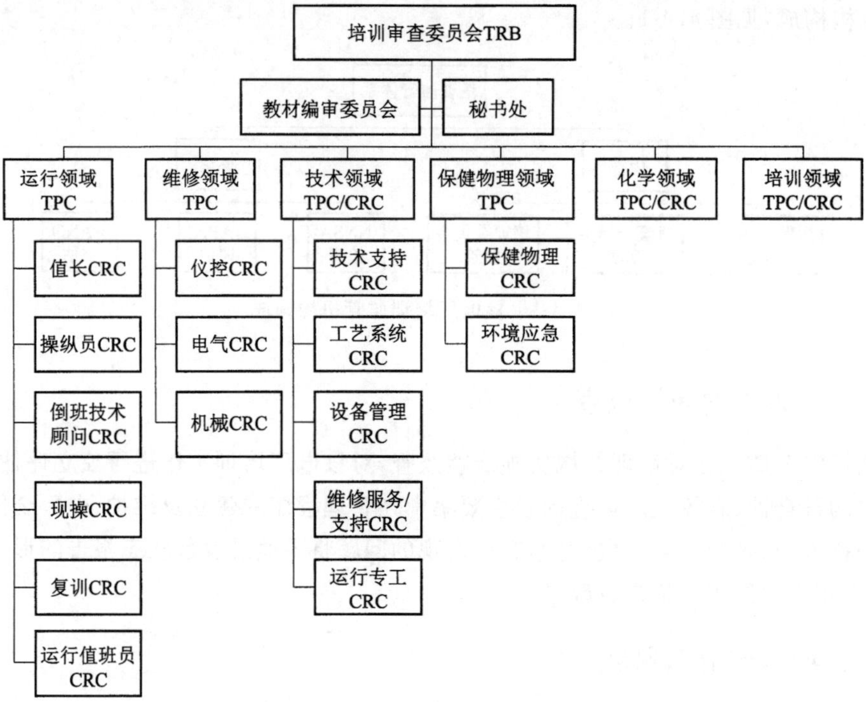

图 4.4-2 培训委员会构成

3）课程审查委员会(CRC)

由本专业科室负责人担任 CRC 主席，本专业授权人员或者参加过培训课程的人员，培训大纲管理人员、专业领域培训教员(或者教学主管)担任委员。CRC 主要负责分析潜在的培训需求，审查本委员会有效性，审查内部和外部输入项对于培训教材及培训课程的影响，监督培训材料的准确性，开发建立评估标准和评估方法，参与培训实施过程的监督与评估，批准培训项目实施计划等。CRC 每季度举行一次定期会议。

4.4.4 外部独立审查

独立审查是通过核电厂外部组织或机构，从另外的视角来评估培训(大纲)。如 NNSA、国际原子能机构(IAEA)和世界核电营运者协会(WANO)的审查或同行评估等。

独立审查一般审查的时间有限，为了保证他们正确理解核电厂提交他们的资料，或者得到完整、详实的资料，这就需要他们和核电厂人员密切合作，相互信任，并明确双方的目的是一致的。

核电厂将定期接受国内外审查或同行评估，在核电厂培训领域开展交流，学习借鉴国内外同行的良好实践，持续改进本电厂的培训工作。对同行评估中发现的问题，需要及时采取纠正措施。

4.5 培训管理成熟度标准

衡量核电厂培训管理成熟度的可以参照以下标准，选取 7 个方面的培训管理活动来进行评估，它们分别是：选拔内部培训教员、给内部培训教员反馈、提升内部培训教员的技能、运用多种培训方法、培训教员担任多种角色、课程维护和开发培训教员手册。然后把这些活动从低到高进行分级，共 4 个级别。不同级别反映了企业该项培训管理活动的现状或水平。根据该标准，核电厂培训人员可以发现现阶段培训管理存在的问题，并便于提出改进的方向或措施，通过改进，不断提高培训管理的质量和水平。培训管理成熟度标准见表 4.5-1。

表 4.5-1　培训管理成熟度标准

序号	活动	1 级	2 级	3 级	4 级
1	选拔内部培训教员	无明确的内部培训教员选拔标准	选拔标准清晰，培训教员通常具备主题专家背景或相关领域的经验	培训教员标准建在能力素质模型基础上，包括专业知识、培训技能，以及实践经验	正规的评估专业知识、培训技能和实践经验的流程，以及把学习或培训内容与核电厂业务需求联系起来的能力
2	给内部培训教员反馈	无针对培训教员的反馈，部分培训教员会征求学员的非正式反馈	一线经理或培训经理随机地，偶尔地提供反馈。一些反馈来自学员的课后评估	一线经理或培训经理定期给出反馈，学员课后评估经过分析和总结	能力素质通过课后评估得到定期评估，一线经理现场观察，并作为绩效评估流程的一步骤。运用正式反馈和趋势分析工具，并提出发展计划
3	提升内部培训教员的技能	无培训教员培训课程	培训教员依靠自己和观察别人来获得培训技巧	鼓励培训教员参加外部的培训教员培训，内部偶尔提供教员训练或辅导	经过系统的培训教员能力培训，并在授课内容领域具备丰富的实践经验，内部培训教员需经过认证
4	运用多种培训方法	方法仅局限于讲座、大组讨论、演示、练习和幻灯片演示	运用了成人学习五步法	运用了适度的参与、间隔和发现式的学习	探究培训方法的艺术性应用，以加强学习的效果
5	培训教员担任多种角色	很少/无主题专家自己开发课程	采购外部课程，认证内部培训教员	内部培训教员经过课程设计与开发培训，并负责开发指定的课程	内部培训教员担任变革促进者、内部咨询师、课程开发师的角色，并负责设计和更新内部课程
6	课程维护	无系统的课程维护，培训教员常用技术资料代替学员手册和培训教员手册	内部课程仿制外部的精致课程，没有或很少客户化	核心的主题专家\内部培训教员负责课程维护	核心的主题专家\内部培训教员经调查，趋势分析和征求内部客户的意见后维护课程
7	开发培训教员手册	无课程检查表或培训教员手册	培训教员手册由外部供应商提供	内部以大纲的形式开发培训教员手册	在持续评估和反馈的基础上不断提升培训教员手册的质量，内容覆盖主题内容和授课技巧

复习题

一、选择题

1. 培训管理体系是由培训(　　)和培训监管构成。

A. 组织机构　　　　B. 管理程序

C. 管理制度　　D. 以上全是

2. 培训管理的程序体系可以划分为包括培训管理、培训需求在内的(　　)个系列。

A. 5　　B. 6　　C. 7　　D. 8

3. 核电厂人员培训政策必须符合国家的政策,培训政策应遵守或参照的其他方面的政策有(　　)。

A. 安全、质量　　B. 人事政策、环境保护

C. 人员招聘、人员培养和激励机制　　D. 以上全是

4. 授权培训制度包括(　　)。

A. 基本安全授权培训制度

B. 运行人员授权培训制度

C. 岗位授权培训制度和承包商人员基本安全授权培训制度

D. 以上全是

5. 核电厂基本(职业)安全及授权只包括(　　)。

A. 核安全(NS)和工业安全(IS)

B. 工业安全(IS)和辐射防护(RP)

C. 辐射防护(RP)和特殊活动 (SA)

D. 以上全错

6. 培训实施管理制度包括(　　)。

A. 培训监督管理制度　　B. 培训观察制度

C. 培训工程师制度　　D. 以上全是

7. 对核电厂的培训监管主要来自核电厂内部除(　　)以外的监管。

A. 质保监查　　B. 管理层的观察

C. 培训委员会监管　　D. NNSA 检查

8. 培训管理成熟度标准划分成(　　)等级。

A. 4　　B. 5　　C. 6　　D. 7

二、填空题

1. 在电厂运行阶段的培训政策就是利用各种培训手段,使核电厂员工获得和保持确保电厂______、______、______地运行的相应能力。

2. 核电厂______是生产中要考虑的首要要素。建立严格的基本安全授权制度就是要保证员工受到足够的核安全知识培训;并通过周期性的______,保持并持续提高安全生产意识,贯彻、落实安全生产的指导方针。

3. 基本安全授权制度规定:员工必须获得______授权才能参与核安全、工业安全和辐射防护安全直接相关的活动;但要从事现场工作则还需要获得相应的______。

4. 核电厂安全与否,不仅关系到核电厂______和______的安全,而且关系到______和______的安全。

5. 核电厂通过相应______的方式,来对具备相关安全知识和技能的人员明确从事相关工作的资格。

6. ______是指在核设施的______、______、运行和退役期间,为保护人员、社会和环境免受可能的放射性危害的所采取的技术和组织上的措施的综合。

7. 核安全授权授予在核电站从事与______与______相关活动的工作人员,有效期为两年。

8. 工业安全主要是为保证与核电厂机械、电气设备使用、维修和试验,以及化学危险品的使用及保存相关______、______的安全而设置。

9. 辐射防护授权对象主要是要在______控制区内工作的人员。为了保证他们不会受到核辐射的伤害。

10. 为了确保民用核设施运营安全,对于核电厂运行人员,______(NNSA)参照国际核电厂管理的通

行做法，实行执照管理制度，要求核电厂所有______和______必须经过相关培训，经过 NNSA 考试合格；并获得操纵员、高级操纵员执照才能上岗工作。

11. 在核电厂工作的正式员工，在获得______授权后，还需要按照岗位任务分析确定的（______）的要求，完成跟岗位任务相关的专业理论、技能等方面的培训并合格，在获得______后才能正式上岗。

12. 出于对核电厂安全的考虑，承包商人员必须接受相应的基本安全授权培训并获得______，才能进入电厂现场进行工作。

13. 培训监督管理制度有利于保证______，促使各级人员更加重视员工培训。

14. 质保部门对培训领域实施定期监查，对核电厂培训工作进行独立评估，以确定各项工作的______和______。

15. 核电厂培训委员会由培训审查委员会、______监管委员会（按生产领域）和培训课程审查委员会（按专业领域）共三级委员会组成。

16. 独立审查是通过核电厂外部组织或机构，从另外的视角来评估培训（大纲）的有效性。如：______（IAEA）和世界核电营运者协会（______）的审查等。

17. 核电厂通过培训课程体系的建立可以实现自身人员能力满足岗位要求；并实现核电厂战略目标；以及员工职业生涯发展的______的建立和不断完善。

18. 核电厂培训设施主要由课堂培训设施、______培训设施、______培训设施和培训管理设施构成。

第 5 章　培训方法体系

5.1　SAT 概述

SAT 是一种培训工作方法，由分析、设计、开发、实施和评估与反馈 5 个阶段构成。它是针对某个特定岗位，通过分析，提出人员的全面工作能力要求；通过设计制定培训目标，形成培训课程及培训大纲；通过开发，开发出培训大纲中培训课程相关教材；通过实施，对人员按照培训大纲的相关要求进行培训；最后，通过评估与反馈，对培训大纲进行不断地改进和完善的动态过程[14]。

SAT 的产生是为适应大型企业和其他组织日益复杂的培训需求而产生的，它在国外航空、国防、运输、金融和商业等领域得到了广泛应用。

1979 年美国核电运行研究所（INPO）总结出 SAT，由美国核管会（NRC）提倡将 SAT 作为培训核电厂运行人员的基础，于 1981 年开始推广。

美国联邦法典第十篇（简称 10CFR）中，生产和利用核设备的审批条件（10CFR50）和运行人员审批条件（10CFR55）明确规定了核电厂生产维护人员的考核资格和标准，并以法律的高度，强制核电厂应用 SAT。

为了更好地应用 SAT，美国 INPO 建设了“国家核培训专科学院（NANT）”，并颁布了《核电厂培训大纲认证》来完善对各个核电厂人员培训的管理。

国际原子能机构（IAEA）于 1989 年出版了《建立并保持核电厂人员资格和能力导则》（IAEA-TECDEC-525），开始在全世界的核电厂内提倡使用 SAT。1996 年 IAEA 集世界各国在核电厂人员培训领域的最新经验，组织专家编辑出版了导则 TRS-380《核电厂人员培训及其评估》，推荐各国在核电厂人员培训领域采用 SAT 方法。

在我国核安全导则《核电厂人员的配备、招聘、培训和授权》（HAD 103/05，1996 修订）中，推荐核电厂使用 SAT 进行人员培训。随着 20 世纪 90 年代初我国首座核电厂（秦山一期）的建成，以及后续广东大亚湾核电、秦山二期、秦山三期、广东岭澳和江苏连云港核电项目的陆续建成，在核电厂人员培训方面 SAT 方法也被各个核电厂所接受，并多次邀请 IAEA 专家开展 SAT 方法应用的研讨会。通过学习和加强国际交流，各个运行电厂都根据自身的实际，不断尝试使用 SAT 方法对人员进行培训。

2006 年发布的核行业标准《核电厂培训体系要求（EJ/T 1208—2006）》中再次提到了核电厂应该采用 SAT 方法对人员进行培训。纵观我国核电厂对 SAT 方法的应用现状，一方面，在核安全法规中仅仅是推荐各个核电厂使用，没有做出类似美国联邦法典的强制性要求；另一方面，各个核电厂的人力资源投入不足，没有造就出一批既掌握 SAT 方法，又具有丰富专业背景知识的专职教员或专家。我国核电领域在采用 SAT 方法进行人员培训方面还处于起步阶段。

通过 20 多年的实践，国际上大多数的核电厂遵循了 SAT 的思路，并立足自身实际和客观条件，结合安全文化的普及来改进培训工作。SAT 方法是核电厂目前保证人员取得并保持岗位资格、维持工作能力、保证培训质量的最佳方法。SAT 方法在核电厂运行、维修、技术支持和生产管理方面得到了广泛应用。在提高人员的专业技术能力、知识水平和人员全面素质等方面取得了显著的效果。

核电厂培训有多种类别，主要包括新员工入厂及在岗培训、基本安全授权培训、运行培训、岗位技能培训、管理培训等几大类。为了推进各类培训的有效开展，必须采用相适应的培训组织形式。

针对核电厂集高科技、核安全风险和多学科于一体，培训要求极其复杂，培训的工作量相当大，一般的培训组织形式难以满足核电厂人员培训的需要。因此，需要采用国际上核电厂培训普遍采用的 SAT，实现从培训需求与岗位任务分析、培训大纲设计、培训教材开发、培训实施、培训评估与反馈的，使培训绩效不断改进和提高，并培养出满足核电厂安全、稳定运行所需合格人员的培训流程，见图 5.1-1。

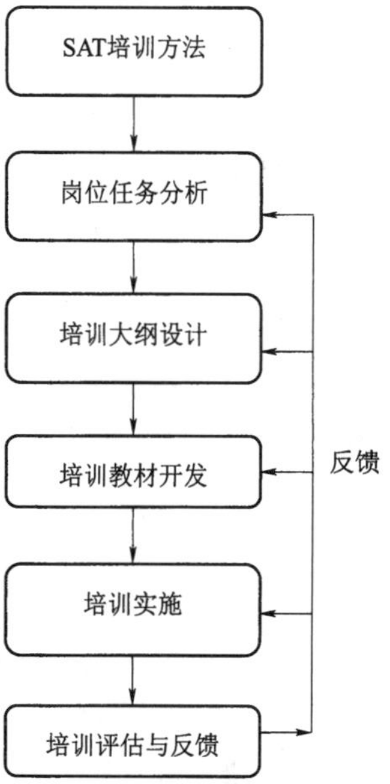

图 5.1-1　SAT 培训方法流程

5.1.1　岗位任务分析

针对某个特定的岗位工作，列出要完成的培训任务清单，再把这些培训任务分解成分项任务。然后，确定完成每个分项任务要求的全面工作能力——即知识、技能和态度（KSA）的过程。

5.1.2　培训大纲设计

把分析阶段选出来的全面工作能力（KSA）转换成培训目标；然后，根据这些培训目标形成培训课程；并制订出培训大纲，开发培训计划。

5.1.3　培训教材开发

使用设计规范来组织与开发课程计划，培训教材等培训材料，开发的培训材料要与核电厂文件保持一致。

5.1.4　培训实施

利用前一阶段开发的课程计划和培训教材进行培训的过程。该阶段主要包括实施培训课程和评估学员对目标的掌握。

5.1.5　培训评估与反馈

评估的目的在于通过分析学员在接受培训后的实际效果，来评估培训大纲的效能、作用和影响；并将评估结果反馈到 SAT 的前面各个环节，提出修订和改进意见，进而修改培训大纲，以提高培训质量和效果。

建立完备的培训评估方法体系，对培训相关环节进行评估和反馈，实现培训各个环节的不断改进和完善，提高培训的质量。

1）培训项目评估

收集、整理培训相关人员对培训内容、授课以及培训有效性的反馈意见，进行系统性评估，保证对电站人员的培训及大纲得到持续的改进，以满足 SAT 对培训大纲的要求。

2）培训有效性评估

为了反映核电厂培训总体情况，建立基于培训观察活动、人因事件、人员资格状态、模拟机状态、绩效改进培训和整体培训绩效等指标的核电厂培训有效性评估体系，进行每个月的定期分析，这些指标将以图表的形式进行描述，并用不同的颜色来表示不同的状态，以此直观地反映培训的真实状况。

5.2 SAT 特点

SAT 培训方法之所以能够在世界及我国核电领域培养满足核电厂安全、稳定和高效运行的合格人员方面得到广泛的推广及应用，是因为它具有以下方面的特点。

1）岗位任务分析使培训更有针对性

通过对核电厂每个安全相关岗位进行的任务分析，确定从事该岗位工作的人员所需要的全面工作能力，这些工作能力既是 SAT 培训所要达到的目标，也是对从事该岗位工作的人员能力和资格的考核标准。

通过岗位任务分析，使得核电厂人员培训更加具有针对性。既保证了安全相关岗位人员的培训内容不会发生缺失；也不会由于培训目标不明确导致培训资源的不断大量浪费，提高了培训的效率和培训质量。从而，对保证电厂安全、稳定和高效运行产生了积极的促进作用。

2）拓展了人员全面工作能力的范畴

SAT 方法所指的工作能力既包括了传统培训方法所指的人员在技术方面的知识和技能；还包括了诸如：有效沟通、团队协作、管理、监督、人机接口，安全责任、意识和态度等人因方面的工作能力。而核电厂人员的工作表明，这些在保证核电厂安全、稳定和高效运行方面发挥着非常重要的作用。

3）实现培训持续改进的动态过程

SAT 培训方法是一个将培训目标和培训考核有机结合的动态过程。完成培训并不意味着 SAT 培训过程的终结，它还要求通过专门的考核标准对每个员工的培训结果进行验证，以检查是否满足培训目标的要求。

通过对培训大纲有效性进行评估，对培训大纲的开发和实施环节进行反馈，从而对培训大纲进行不断改进和完善，使核电厂人员的能力紧跟电厂变化，以满足核电厂安全、稳定和高效运行对人员的全面工作能力要求。

4）固有的质保特性保证培训质量

从 SAT 流程的岗位任务分析开始，到培训大纲设计，培训教材开发；再到培训大纲实施。最后，到对培训大纲进行的评估与反馈；各个阶段都有详细的文件作为支持。因此，整个 SAT 方法流程具有固有的质保特点，是一个可监查的培训流程体系。就培训的一致性、效率、管理和控制方面而言，优于传统课程驱动的培训，有助于保证培训的质量和培训质量的持续改进与提高。

5）紧密联系核电厂的安全文化建设

在岗位任务分析中就专门提出了与安全相关的任务作为选择培训任务的一大关键要素，并通过分析，明确与之相对应的全面工作能力（KSA）；并纳入培训大纲。这样，把安全文化从抽象的概念转变成了岗位工作的具体行动，诸如：具体岗位如何使用恰当的安全设备；执行任务可能会出现的危险和妥当的作业控制办法等非技术性问题，使得核电厂能够建立起强有力的安全文化氛围，消除了大量的安全隐患。

6）满足核安全法规及导则的要求

我国核安全导则《核电厂人员的配备、招聘、培训和授权（HAD 103/05）》的章节 4.2.1 中明确提出“为了达到各岗位的资格要求，推荐营运单位在员工初始培训和复训中采用 SAT 建立培训大纲并组织培训”。因此，核电厂采用 SAT 进行人员培训，满足我国核安全法规及导则的相关要求。

7）与人事管理政策密切相关

由于 SAT 需要按岗位进行详细的岗位任务分析，这有助于岗位规范的制定、组织机构的设计、人员选择、聘用和培养；对核电厂根据实际情况预测人员需求变化，制定恰当的人事政策具有非常重要的意义。

5.3　SAT 分析阶段

5.3.1　概述

分析的目的，是针对要进行培训的那些岗位，提出岗位工作有关的任务和全面工作能力要求。全面工作能力定义为完成某一岗位工作要求的知识、技能和态度（KSA）的综合。

知识（Knowledge）是对事实、原理或概念的理解，也包括应用信息所需要的认知过程。技能（Skill）是按规定标准完成某项工作任务的能力，它指对某事的精通程度，可以通过练习来提高。态度（Attitudes）是对某一事实或情形的精神立场、感觉或感情，如：安全意识、保守决策和职业道德。知识、技能和态度构成了企业人员培训的三要素。

SAT 分析阶段包含三种不同类型的分析，它们分别是需求分析、岗位分析和任务分析。

需求分析是在培训大纲建立后为改进培训而作的努力，通过需求分析，确定员工工作绩效不能满足预期要求是否是由于缺乏知识、技能和未接受培训而导致，从而确定出有效的培训需求（即可以通过培训来解决存在的问题）。

岗位分析是明确某一岗位需要完成的所有任务；而任务分析是明确执行特定任务（也就是岗位任务中选择出需要培训的任务）所需要的知识、技能和态度；也就是执行特定任务所需要的全面工作能力。

图 5.3-1 给出了 SAT 分析阶段的输入项和输出/结果。应该强调，本阶段重要的输入项是来自于核电厂人员绩效不能满足预期要求所带来的培训需求；同时，还包括用来指导进行该阶段分析工作的程序，以及核电厂文件（涉及到了运行经验引起的变更，设计变更、运行手册或其它程序的变更，工作职责变更等）、现有培训大纲（包括任务清单、全面工作能力清单、培训目标清单、培训课程清单等）、外部文件（包括同行评估报告、WANO 评审报告等）

和核安全局要求的变更等。培训大纲的质量的好低,是否符合核电厂的实际情况,主要取决于核电厂的这些输入项。

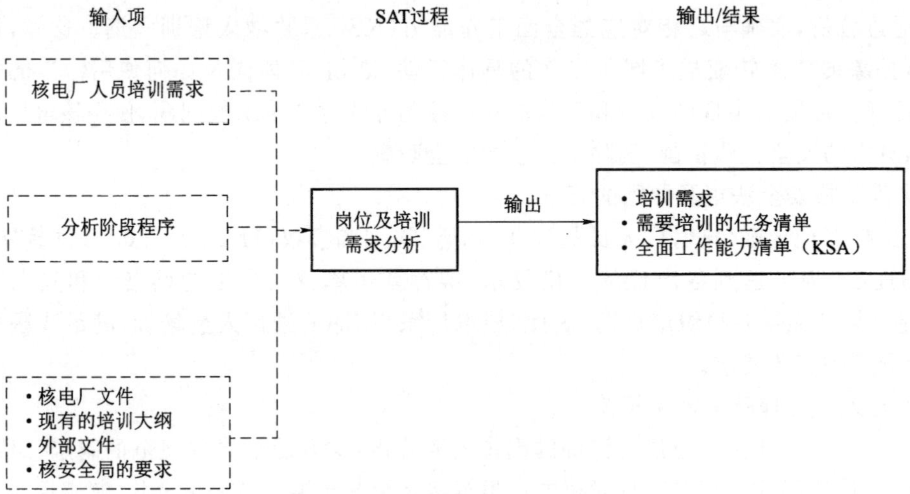

图 5.3-1 分析阶段的输入与输出

5.3.2 分析的类型

5.3.2.1 分析阶段的重要定义

知识(Knowledge):对事实、原理或概念的理解,也包括应用信息所需要的认知过程。

技能(Skill):按规定标准完成某项工作任务的能力。它指对某事的精通程度,可以通过练习来提高。

态度(Attitudes):对某一事实或情形的精神立场、感觉或感情。如:安全意识、保守决策和职业道德。

能力(Ability):是个人与生俱来的本能,如:听觉、视觉等。

全面工作能力(Competency):执行某项工作所需必备知识、技能和态度的总和。

岗位(Job):由一个工人(或核电员工)在一个特殊职位完成的职责和任务。

任务(Task):在岗位工作里具有明确开端和结尾的工作序列,需要付出体力或脑力活动,可取得客观的、可衡量的结果。

分项任务(Task Element):构成一项任务的细小任务,它们可能是一些知识点;也可能是一些工作步骤。

任务领域(Duty Area):构成一个岗位职责的一组类似任务。

初始培训(Initial Training):为了让某一特定工作岗位学员达到上岗工作所需要的全面工作能力,通过岗位(工作)及任务分析,针对在岗培训需求所形成的、带逻辑性的一系列培训活动。

复训(Continuing Training):保持或提高特定工作岗位所需知识和技能的培训活动。

即时培训(Just-In-Time Training):在实施工作任务或活动(如:电厂大修)前开展的培训。该类培训一般针对中等重要程度且实施频率较低的任务。

绩效标准(Performance Standard):完成一项任务所需要达到的标准。如:程度要求、产品数量/质量要求、时间限制等。

任务-培训矩阵(Task to Training Matrix,TTM):它是将岗位所需要执行的任务和培训课程对应起来的一个管理工具,实现从岗位工作任务直接到所需培训课程之间的对应关系。

技术专家(Subject Matter Expert,SME):从事某项工作或某一方面工作有一定资格和经验的员工。

5.3.2.2　知识、技能和态度分类

(1) 知识分类

针对运行电厂生产人员所涉及的知识可以分成以下 7 个大类:

- 基础理论知识(K1)。
- 法规、制度知识(K2)。
- 系统和设备知识(K3)。
- 电厂运行知识(K4)。
- 检修知识(K5)。
- 技术支持知识(K6)。
- 调试知识(K7)。

针对以上 7 大类的知识,不同生产领域人员可能又有很大差别。因此,需要对它们进行细分:

- 基础理论知识(K1)

反应堆物理、反应堆热工、核电厂材料学、核电厂水化学、汽轮机原理、设备与机械维修、核安全与安全文化、辐射防护、工业安全、保卫和消防、应急、质量保证、仪控和保护与检修、电气与检修、经验反馈、无损检测、SAT、外语基础、计算机基础和其他知识。

- 法规、制度知识(K2)

核安全法规及导则、标准、核电厂管理程序、部门管理程序。

- 系统和设备知识(K3)

一回路主辅系统与设备、二回路及其辅助系统与设备、专设安全设施、电气系统和设备及继电保护、仪表、控制和保护系统和设备、通风系统和设备、辐射监测系统和设备、动力系统和设备、消防系统和设备、水处理系统和设备、通讯系统和设备、环应系统和设备、工具类和其他系统和设备等。

- 电厂运行知识(K4)

NI 系统运行、CI 系统运行、BOP 系统运行、电气系统运行、仪控系统运行、运行规程及图册、试验细则、最终安全分析报告等。

- 检修知识(K5)

机械设备维修规程和图册、仪控设备维修规程和图册、电气设备维修规程和图册等。

- 技术支持知识(K6)

在役检查程序、化学分析程序、燃料吊装程序等。

- 调试知识(K7)

调试大纲及管理程序、调试基础知识、调试试验规程等。

(2) 技能分类

针对运行电厂生产人员所涉及的技能可以分成以下 5 个大类：

- 管理技能(S1)。
- 运行技能(S2)。
- 检修技能(S3)。
- 技术支持技能(S4)。
- 调试技能(S5)。

针对以上 5 大类的技能，不同生产领域人员可能又有很大差别。因此，需要对它们进行细分：

- 管理技能(S1)

厂级生产管理制度要求的技能、部门级的生产管理制度要求的技能等。

- 运行技能(S2)

运行规程要求的技能、运行试验细则要求的技能等。

- 检修技能(S3)

维修规程要求的技能。

- 技术支持技能(S4)

在役检查程序要求的技能、化学分析程序要求的技能、燃料吊装程序要求的技能等。

- 调试技能(S5)

调试大纲和管理程序要求的技能、调试试验规程要求的技能等。

(3) 态度分类

针对运行电厂生产人员所涉及的态度可以分成以下 4 个大类：

- 管理活动中的态度(A1)。
- 人际交流中的态度(A2)。
- 团队工作中的态度(A3)。
- 身心状况中的态度(A4)。

针对以上 4 大类的态度，不同生产领域人员可能又有很大差别。因此，需要对它们进行细分：

- 管理活动中的态度(A1)

法律法规的要求、技术规格书的要求、管理制度的要求、规程和程序的要求、安全文化的要求和明星自检的要求等。

- 人因中的态度(A2)

有些人际因素方面的能力还没有被完全认识，特别是对比较复杂的任务。下面根据功能把人际因素方面的能力作如下分类：

(a) 沟通

——核电厂内部人员间接口。

——与外部机构或团体的接口。

——通报核电厂情况。

——发言和主持会议。

——编写运行报告，规程和其他文件。

——报告问题并提出解决方法。

(b) 团队建设及工作

——促进团队工作,使用团队技巧。

——尊重别人。

——获得帮助和指导。

(c) 管理与监督

——绩效强化标准。

——对下属或学员使用辅导和教学的方法。

——积极果断。

——信息判断。

——调动下属积极性。

——监督下属。

——对下属提出忠告。

——进行人员绩效评估。

——提供建设性的反馈意见。

——应用肯定技巧。

——计划组织工作。

(d) 领导能力

——异常或应急事件中保持镇静。

——让同伴保持镇静。

——对反应堆安全持保守态度。

——提倡建设性和质疑的态度。

——展现积极乐观的态度。

——建立鼓励向监督人员报告问题的环境。

(e) 分析方法

——应用解决问题的基础知识。

——确定优先项。

——识别危险和后果。

——识别同事和下属的异常行为。

(f) 人-机接口

——识别规程和文件的薄弱环节。

——识别核电厂的控制和显示在人-机接口中的薄弱环节。

5.3.2.3　岗位及任务分析的类型

核电厂 SAT 分析主要包括岗位任务分析(JTA)、岗位全面工作能力分析(JCA)、JTA/JCA 相结合的分析等类型。

5.3.3　岗位任务分析(JTA)

SAT 的分析就意味着岗位任务分析。图 5.3-2 为岗位任务分析的流程。从该流程来看,SAT 的分析首先是进行岗位分析,建立岗位任务清单。然后,从岗位任务清单中筛选出需要培训的任务,形成需要培训的任务清单。其次,是进行任务分析,把需要培训的任务分解成分项任务。然后,明确完成这些分项任务所需要的知识、技能和态度(KSA),形成岗位全面工作能力清单。在设计阶段,把岗位工作要求的全部 KSA 与参训人员已具备的 KSA 相比较的不足之处用来制定培训目标。下面,对岗位任务分析作详细的介绍。

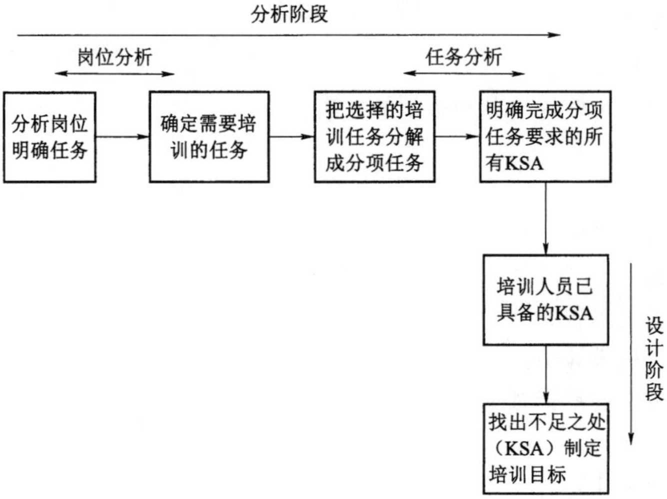

图 5.3-2 岗位任务分析流程

5.3.3.1 岗位分析

岗位分析过程,是针对某个特定岗位工作,列出岗位所需要完成的所有任务,形成岗位任务清单;并通过选择,确定需要培训的任务清单的过程。这些任务也就是岗培训大纲要完成的培训任务。因此,岗位任务清单需要对某个特定岗位工作作出清楚、明确的规定或描述。

5.3.3.2 岗位分析的方法和意义

根据各核电厂的组织机构和人力资源管理政策,确定全厂的岗位,并依据岗位规范等的要求,确定岗位的职责范围和任务要求。进行员工岗位分析具有以下两个方面的意义:

1) 确保对电厂安全和有效运行具有重大意义的任务均能体现在岗培训大纲中。

2) 确保不必要的内容不会纳入在岗培训大纲,从而保障培训大纲的有效性;并提高资源的利用率。

5.3.3.3 岗位分析资源

对于初次进行某个岗位的岗位分析,除了通过岗位任职者,负责管理该岗位的科长(或主管)外;也可以通过对标获得相关信息;还可以通过与岗位绩效相关的以下文件来明确岗位任务或职责:

- 所有岗位的岗位说明。
- 核电厂特定人员详细工作清单(如:运行、维修、培训、管理层/监管人员)。
- 已有岗位或类似核电厂的岗位任务分析资料。
- 跟各岗位工作有关的核电厂设计资料(例如:核电厂逻辑图、核电厂物项说明)。
- 核电厂设计安全导则。

- 运行规定或技术规格书。
- 核电厂安全分析报告。
- 运行经验报告或分析。
- 正常和异常运行规程、应急运行程序。
- 核电厂检修规程。
- 法规要求等。

5.3.3.4 岗位任务清单

如果某个岗位的“岗位任务清单”不全，这就要对在岗位人员进行调查；并和其科长（或主管）进行面谈来完成该工作任务清单。如果核电厂还处于计划阶段；那么，应该能够从参考核电厂或从类似设计的其他核电厂获取这些资料。

“岗位任务清单”的建立或改进通过以下 5 个步骤。

1）审查可用的岗位信息

审查以下可用的岗位信息，形成任务领域和任务的初始清单，为进一步分析做准备：

- 标准操作规程。
- 现有授权文件。
- 岗位调查表/岗位规范。
- 核电厂各级部门的程序。
- 核电厂相关政策、标准和惯例。
- 技术安全要求/标准。
- 系统设计说明。
- 设备/系统操作手册或供货商手册。
- 工作授权等。

2）选择和培训岗位分析人员

为了进行岗位分析，需要选择相关人员并进行适当的培训，掌握岗位分析的技巧和方法，明确收集岗位分析数据的目的与意义，为开展岗位分析有关的活动做好必要的准备。选择的岗位分析人员包括：

- 技术专家(SME)。
- 分析岗位的主管科长。
- 决策过程中涉及部门，如：运行、维修、技术支持、培训和人力资源等。

3）制定岗位任务清单

制定过程：

- 将岗位工作分解为任务领域。
- 制订初步任务清单。
- 撰写任务说明，描述各项任务。

4）验证岗位任务清单

验证过程需要确保：

- 任务清单包含所有需要执行任务。
- 任务说明对任务做了准确描述。

任务清单中仅列入了与具体工作有关的任务。

5）编写岗位任务问卷

岗位分析的结果应准确地反映岗位要求，并得到任职者和管理层的认可。通过对任职者进行岗位任务问卷的调查，来验证初步任务清单的准确性和有效性，并确认需要培训的任务。

5.3.3.5 培训任务清单

所谓任务，定义为在一个岗位工作内，具有明确的开始和结尾的工作序列。在任务的说明中，应明确完成任务是在何种条件下，并要求达到什么样的绩效标准。该绩效标准将用于制定培训目标。

任务明确之后，就要选出那些需要列入初始培训大纲。一般要选入初始培训大纲的工作任务有：

- 与核电厂安全和可靠运行重要的工作任务。
- 需要正式培训的有难度和复杂的工作任务。

对于那些不可能指望只有通过岗位工作来保持工作能力的任务，应列入复训大纲。如：与在役检查或核电厂应急响应有关又不常执行的任务。

科长应审查岗位工作分析结果，确认与核电厂安全可靠运行有关的全部任务都列入了任务清单，并确认选择列入初始和复训大纲的任务是恰当的。

1）选择需要培训的任务

由于各项工作任务的难度、重要性和执行频度存在不同。所以，对其所需的培训要求也不同。因此，选择要培训的任务必须基于 DIF（难度、重要性和频度）原则：

- 难度（Difficult）：根据完成任务难度和复杂情况确定。
- 重要性（Importance）：对核安全、可靠运行和岗位绩效要求重要的工作任务。
- 频度（Frequency）：根据每天、每周或每月需要完成同种任务的情况来确定。

表 5.3-1～表 5.3-3 给出了选择培训任务的原则，表 5.3-4 给出了难度（D）、重要性（I）以及频度（F）的打分原则。

表 5.3-1 选择培训任务的原则（1/3）

难度（D）	重要性（I）	频度（F）	培训推荐
低（<2.5）	低（<2.5）	低（<2.5）	不用培训
		中（>2.5，<3.5）	不用培训
		高（>3.5）	不用培训
	中（>2.5，<3.5）	低（<2.5）	初始培训
		中（>2.5，<3.5）	初始培训
		高（>3.5）	初始培训
	高（>3.5）	低（<2.5）	初始培训 & 即时培训
		中（>2.5，<3.5）	初始培训和复训
		高（>3.5）	初始培训

表 5.3-2　选择培训任务的原则(2/3)

难度(D)	重要性(I)	频度(F)	培训推荐
中(＞2.5,＜3.5)	低(＜2.5)	低(＜2.5)	初始培训
		中(＞2.5,＜3.5)	初始培训
		高(＞3.5)	初始培训
	中(＞2.5,＜3.5)	低(＜2.5)	初始培训 & 即时培训
		中(＞2.5,＜3.5)	初始培训
		高(＞3.5)	初始培训
	高(＞3.5)	低(＜2.5)	初始培训 & 即时培训
		中(＞2.5,＜3.5)	初始培训 & 复训
		高(＞3.5)	初始培训

表 5.3-3　选择培训任务的原则(3/3)

难度(D)	重要性(I)	频度(F)	培训推荐
高(＞3.5)	低(＜2.5)	低(＜2.5)	初始培训
		中(＞2.5,＜3.5)	初始培训
		高(＞3.5)	初始培训
	中(＞2.5,＜3.5)	低(＜2.5)	初始培训 & 即时培训
		中(＞2.5,＜3.5)	初始培训
		高(＞3.5)	初始培训
	高(＞3.5)	低(＜2.5)	初始培训，复训 & 即时培训
		中(＞2.5,＜3.5)	初始培训 & 复训
		高(＞3.5)	初始培训

表 5.3-4　难度(D)、重要性(I)以及频度(F)的打分原则

类别	分数	打分原则	说明
难度	1	很容易或不复杂	人员不用培训或没有岗位知识就足以能够完成
	2	有一点点容易或不复杂	不用正式培训，人员具备基本的岗位知识就能够完成
	3	中等难度或复杂	很少的课堂或岗位培训就能够按要求的标准完成
	4	很难或复杂	要求明显数量的培训和经验才能按要求的标准完成
	5	相当难或复杂	广泛的培训和实践才能要求的标准完成
重要性	1	相当低(无后果)	对电站的安全和有效运行不重要，没有恰当完成该任务也不会对安全运行产生影响
	2	低(很小后果)	对电站的安全和有效运行有一点重要，没有恰当完成该任务可能对电厂运行产生负面影响，但不会影响安全运行电厂的能力
	3	中等(大的后果)	对电站的安全和有效运行中等重要，没有恰当完成该任务可能对电厂运行产生负面影响，但可能会对安全运行电厂具有很小的风险
	4	高(很重大后果)	对电站的安全和有效运行很重要，没有恰当完成该任务可能会造成伤害或设备损坏或有很高的可能性会影响电厂的安全运行
	5	相当高(严重后果)	对电站的安全和有效运行至关重要，没有恰当完成该任务可能会造成伤害或设备损坏或会影响电厂的安全运行

续表

类别	分数	打分原则	说明
频度	1	相当小	完成该任务一年少于1次
	2	很少(每6到12个月1次)	完成该任务大约一年1次
	3	偶然(每3周到5周1次)	完成该任务大约一月1次
	4	通常(每4天到两周1次)	完成该任务大约每周1次
	5	频繁(每3天多余1次)	完成该任务大约一天1次

按照表5.3-1～表5.3-3给出的选择培训任务的原则和表5.3-4给出的难度(D)、重要性(I)以及频度(F)的打分原则，对岗位任务清单中列出的任务进行逐项筛选，把需要培训的任务形成培训任务清单(TTL)。

2) 批准岗位分析

开发的岗位任务清单和培训任务清单需要在相关处室完成校、审；并最终需要获得培训主管部门的批准。

3) 初步填写任务-培训矩阵(TTM)

任务-培训矩阵是将岗位所需要执行的任务和培训对应起来的一个管理工具。根据任务的特点，确定执行某项任务(或任务组合)所需进行的培训项目或培训课程，实现从岗位工作任务到所需培训项目或培训课程之间的对应关系。TTM可以作为培训实施的指导文件，该矩阵包括：

- 所有已被选定需要培训的任务。
- 与任务有关的培训材料和参考资料。

5.3.3.6 任务分析

任务分析的目的就是要确定圆满完成任务所需要的知识(K)、技能(S)和态度(A)，任务分析的结果就是形成全面工作能力清单(KSAL)，该清单用于设计阶段制定能力标准和培训目标。

KSAL把需要培训的任务和完成任务所需要的全面工作能力(KSAs)之间建立起了对应关系。有时，不同的任务可能涉及同种KSA；那么，为了避免重复，在KSAL中排在后面的任务，只列出前面任务中没有涉及的KSAs。

任务分析不但需要提出完成任务所需要的知识(K)、技能(S)；而且还需要提出完成任务所需要的工作态度要求，如：安全意识(运行安全和工业安全)、工作责任心方面的要求等。知识(K)、技能(S)和态度(A)构成了完成任务需要的全面工作能力((KSAs)要求。

为了明确完成任务所需要的知识(K)、技能(S)和态度(A)并建立起相应的绩效考核标准，必须将一些复杂的任务分解成分项任务。然后，针对每一分项任务，来确定所需要的知识(K)、技能(S)和态度(A)。

任务分析应由经验和知识丰富的人员使用标准方法来进行。核电厂用来进行任务分析的方法有：

- 与个人或小组面谈。
- 专家会议分析。

- 现有分析资料的审查。
- 程序审查。

5.3.3.7　岗位任务分析(JTA)经验

1) 需要的资源或信息过多

在 JTA 阶段，如果任务分解成分项任务时过细，将会产生大量的资料，而这些工作需要占用大量的人力、财力和时间；并且，这些资料还难于用于后续的培训大纲设计和培训教材的开发阶段。因此，需要把握两条经验：

- 不要把任务分解得太细，使得产生大量的任务、分项任务和相关的 KSA。
- 采用数据库管理软件来对岗位任务分析进行管理，以便于信息的维护和更新。

对于几个岗位都需要同种 KSAs 的情况，可以利用一种结构，对培训大纲设计和开发有用的方式来组织 JTA 数据。用这种方法，将完成岗位任务所要求的 KSA 一次性输入到数据库，以后可用于其他所有与之相适应的任务。如：核电厂运行人员(包括现操、操纵员、高级操纵员、值长)培训，普遍需要设备、系统、基本技术、工作方法和人际因素方面的 KSAs，见图 5.3-3。

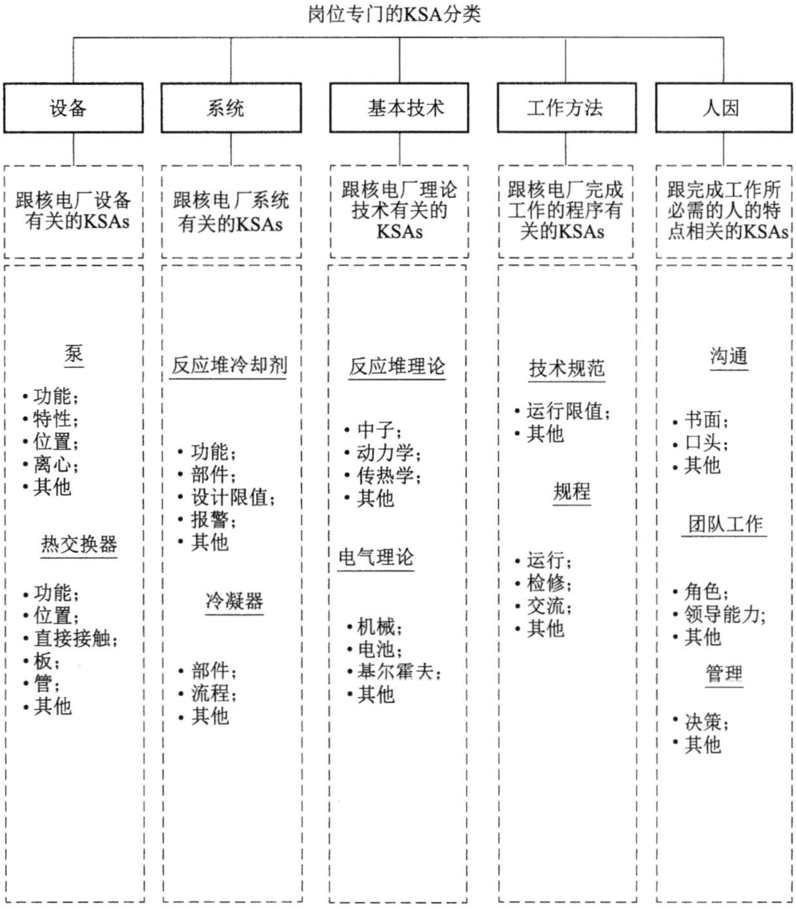

图 5.3-3　岗位专门的 KSA 分类

2）分析较高认知级别和人因全面工作能力

岗位任务范围上可能从简单任务（如：拆解一台泵）一直到复杂任务（如：寻找缺陷的任务或诊断异常和应急运行工况）。在任务分析中，把规定了工作步骤的常规任务分解成分项任务，再确定分项任务的工作顺序和相应的 KSA 及绩效标准比较简单、直接。困难的是对复杂的非重复性的任务分析，特别难以确定这类任务的绩效标准。在确定哪些岗位要求具有较高认知能力的全面工作能力（如：主控室操纵员、管理岗位、安全分析人员）要求时，必须采取结构化的专家判断作为分析的一部分。对一步步的程序还没有开发或不能开发出来的岗位任务或活动，采用这样的分析方法就尤为重要。

有些岗位任务分析方法，主要注意了核电厂各岗位的技术方面内容，没有找出诸如交际能力、班组集体工作、管理和人机关系等人际因素方面的全面工作能力。

3）利用其他核电厂的 JTA 结果

有些核电厂已经完成了某些岗位的岗位任务分析，并将其编写成正式文件。这对那些希望开发相似岗位培训大纲的核电厂是非常有用的，他们可以对相似岗位的 JTA 资料进行审查并进行必要的修改，而不必完全从头做起。对于从那些机构设置不同、人员安排不同或采用不同技术的核电厂得来的 JTA 资料，应用起来就有些困难。

已经完成了下列岗位通用的 JTAs：

- 主控室操纵员。
- 就地操纵员。
- 仪控人员。
- 电气维修人员。
- 保健物理人员。
- 化学人员。
- 教员。

5.3.3.8 岗位任务分析实例

针对培训部门培训管理岗位，可以依据上面提及的岗位任务分析方法，建立起如表 5.3-5～表 5.3-7 所示的岗位任务清单、培训任务清单和全面工作能力清单。

表 5.3-5 岗位任务清单（JTL）

处室/科室	培训处/培训科		岗位名称	培训管理工程师	版次	A-01
岗位编号	P01D29L03	任务领域名称	培训领域	任务领域编号	F09	
任务编号	任务描述		任务来源			
F09I01C01	管理程序编制		岗位规范及人力资源与培训处机构设置和职责（SM-IDP-TRN003）			
F09I01C02	程序体系建立与完善		同上			
F09I01C03	培训教材体系建立		同上			
F09I01C04	培训组织机构建立		同上			
F09I01C05	培训设施体系建立		同上			
F09I01C06	培训教员体系建立		同上			
F09I01C07	岗位任务分析		同上			

续表

任务编号	任务描述	任务来源					
F09I01C08	培训大纲的设计	同上					
F09I01C09	培训教材的开发与编制	同上					
F09I01C10	培训课程的实施	同上					
编制	签名	校对	签名	审查	签名	批准	签名
	日期		日期		日期		日期

其中：F09I01：任务分类编码，代表“培训管理”。C01 代表具体岗位和任务序号。

表 5.3-6　培训任务清单(TTL)

处室/科室	培训处/培训科		岗位名称	培训管理工程师			版次	A-01
岗位编号	P01D29L03	任务领域名称	培训领域	任务领域编号			F09	
任务编号	任务描述		任务来源	难度(D)	重要性(I)	频度(F)	选择的培训	建议的培训方式
F09I01C01	管理程序编制		岗位规范及人力资源与培训处机构设置和职责(SM-IDP-TRN003)	4	2	3	初始培训	课堂 & 岗位培训
F09I01C02	程序体系建立与完善		同上	5	3	4	初始培训	岗位培训
F09I01C03	培训教材体系建立		同上	5	3	4	初始培训	岗位培训
F09I01C04	培训组织机构建立		同上	4	2	2	初始培训	岗位培训
F09I01C05	培训设施体系建立		同上	4	2	2	初始培训	岗位培训
F09I01C06	培训教员体系建立		同上	4	2	2	初始培训	岗位培训
F09I01C07	岗位任务分析		同上	5	4	3	初始培训 & 复训	课堂 & 岗位培训
F09I01C08	培训大纲的设计		同上	5	4	3	初始培训 & 复训	课堂 & 岗位培训
F09I01C09	培训教材的开发与编制		同上	5	4	3	初始培训 & 复训	课堂 & 岗位培训
F09I01C10	培训课程的实施		同上	5	4	4	初始培训	岗位培训
F09I01C11	培训信息化系统的使用		同上	3	3	4	初始培训	岗位培训
F09I01C12	培训记录的收集与管理		同上	3	3	3	初始培训	岗位培训
编制	签名	校对	签名	审查	签名	批准	签名	
	日期		日期		日期		日期	

表 5.3-7 全面工作能力清单(KSAL)

<table>
<tr><td>处室/科室</td><td colspan="2">培训处/培训科</td><td>岗位名称</td><td colspan="2">培训管理工程师</td><td>版次</td><td>A-01</td></tr>
<tr><td>岗位编号</td><td colspan="2">P01D29L03</td><td>任务领域名称</td><td colspan="4">培训领域</td></tr>
<tr><td>任务编号</td><td colspan="2">任务描述</td><td>分项任务</td><td colspan="4">完成任务 KSA</td></tr>
<tr><td>F09I01C01</td><td colspan="2">管理程序编制</td><td>编制(程序)目的与适用范围</td><td colspan="4">公司政策;培训工作大纲知识</td></tr>
<tr><td></td><td colspan="2"></td><td>编制参考文献</td><td colspan="4">法规、规范及标准知识</td></tr>
<tr><td></td><td colspan="2"></td><td>编制职责</td><td colspan="4">公司及部门组织机构及职责相关知识</td></tr>
<tr><td></td><td colspan="2"></td><td>编制程序(内容)</td><td colspan="4">法规、规范及标准知识;培训基础理论知识</td></tr>
<tr><td></td><td colspan="2"></td><td>编制记录</td><td colspan="4">核安全导则对培训记录的要求</td></tr>
<tr><td></td><td colspan="2"></td><td>编制图表及程序格式要求</td><td colspan="4">EXCLL 制表、word 画图知识与技能;公司管理程序编制规定</td></tr>
<tr><td></td><td colspan="2"></td><td></td><td colspan="4"></td></tr>
<tr><td></td><td colspan="2"></td><td></td><td colspan="4"></td></tr>
<tr><td></td><td colspan="2"></td><td></td><td colspan="4"></td></tr>
<tr><td></td><td colspan="2"></td><td></td><td colspan="4"></td></tr>
<tr><td rowspan="2">编制</td><td>签名</td><td rowspan="2">校对</td><td>签名</td><td rowspan="2">审查</td><td>签名</td><td rowspan="2">批准</td><td>签名</td></tr>
<tr><td>日期</td><td>日期</td><td>日期</td><td>日期</td></tr>
</table>

5.3.4 岗位全面工作能力分析(JCA)

根据核电厂应用 JTA 的经验,有的核电厂采用了其他类型的分析方法。其中之一称之为岗位全面工作能力分析(JCA)。JCA 是使用一个内容提纲来收集专家组的集体经验、知识和看法,以此来确定一个特殊岗位所需要的全面工作能力的方法。

5.3.4.1 JCA 分析流程

JCA 分析方法按照图 5.3-4 给出的流程来进行。

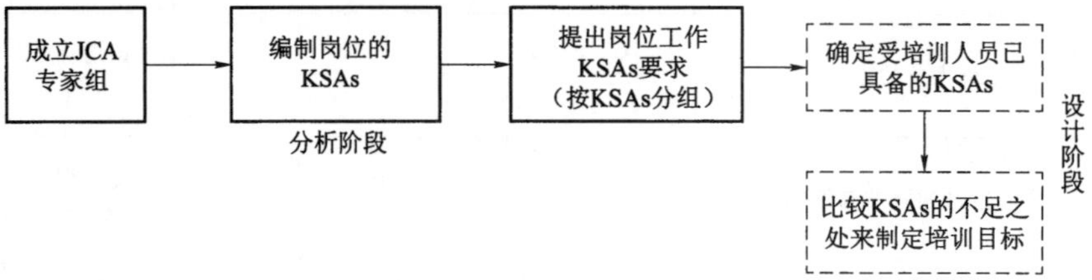

图 5.3-4 岗位全面工作能力分析(JCA)流程

1) 成立 JCA 专家组

挑选专家组,以便把所考虑岗位相关的所有必需的技能汇集到一起。专家组成员一般包括:

- 在岗人员。
- 教员,教材编写人员。
- 在岗人员的科长或经理。

• 对某些岗位，还可吸收培训部门的代表。

专家组的任务是制定出培训目标，这样就把 SAT 的分析和设计阶段结合起来了。对进行 JCA 分析的专家组要求的技能可以划分为以下几类：

a）技术类

• 核电厂设计安全导则。
• 岗位工作要求。
• 核电厂专项设计和运行。
• 执行任务的方法和限制。
• 运行经验反馈。
• 规程变更或核电厂改进带来的培训需求。

b）管理体制和人因类

• 岗位责任要求的沟通、领导能力和其他人因方面的 KSAs。
• 将要接受培训学员的经验和受教育程度。
• 在岗人员的法规及其他强制性要求。
• 核电厂的 QA 体系。
• 安全文化。
• 管理体系及和核电厂组织机构。
• 运行、检修和其他活动所使用的规程。

c）培训类

• SAT 每个阶段的知识，包括输入、输出和目的。
• 现有培训大纲的详细知识。

2）开发岗位工作内容提纲

使用 JCA 方法对某个岗位或一组岗位进行分析时，常常由专家组制定一个分析内容提纲，然后，来开发某个岗位或一组岗位的全面工作能力（KSAs）。为了使得提出的全面工作能力要求具有逻辑性、系统性和易于成文，事先要制定一个工作程序并获得批准。

3）提出岗位需要的全面工作能力（KSAs）

专家组提出完成这些任务所需要的全面工作能力（KSAs），形成初步的全面工作能力清单（KSAL）。

4）KSA 分组

对形成的初步全面工作能力清单（KSAL）需要进行整理。将所有 KSAs 按知识（K）、技能（S）和态度（A）进行分组；对同组中的知识（K）、技能（S）和态度（A），再按照一定的逻辑关系进行排序，形成了按 KSA 分组并按一定的逻辑关系排序后的“全面工作能力清单（KSAL）。该清单和 JTA 中形成的全面工作能力清单（KSAL）的区别是没有任务描述和分项任务描述栏目。“全面工作能力清单（KSAL）将用于设计阶段制定培训目标和建立绩效标准。

5.3.4.2　JCA 应用经验

经验表明，JCA 专家组构成合适、工作方法得当，可以保证 JCA 的输出项具有系统性。JCA 的一个很重要的特点是它可以系统采纳集体经验，使得制定出来的全面工作能力清单准确、完整。有些营运单位成立的专家组还负有对整个培训过程的评估责任。这为连续评估培训大纲提供了一种方式，可以使得评估阶段提出的改进要求得到恰当地实施。

5.3.5 JTA 和 JCA 相结合的方法

随着 SAT 的演变，有些核电厂认为把 JTA 方法和 JCA 方法结合起来是有好处的。图 5.3-5 给出一个 JTA 和 JCA 结合的例子。此例中，首先进行岗位分析，以提出工作任务，然后依此工作任务提出岗位要求的全面工作能力，再将该全面工作能力与一个或多个工作任务联系起来，形成培训目标。图 5.3-3 KSA 构成的例子也可以很好地说明 JTA、JCA 方法，以及它们相结合的方法的应用。

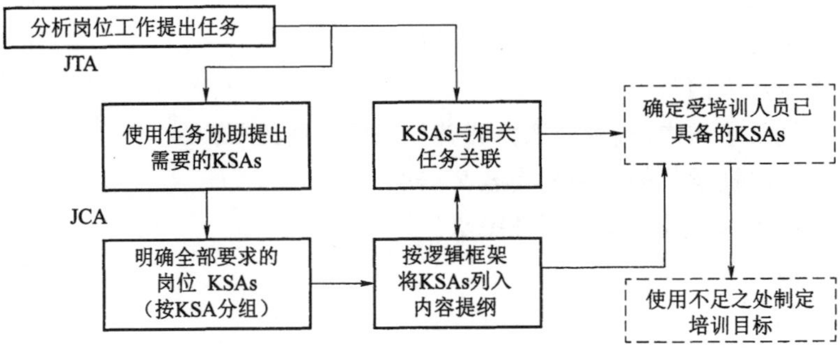

图 5.3-5 JTA 和 JCA 方法相结合

1）提出岗位任务

首先进行 JTA，提出岗位任务，并选择出需要培训的任务，形成“岗位任务清单”和“培训任务清单”。

2）提出岗位需要的全面工作能力（KSAs）

根据需要培训的任务，提出完成这些任务所需要的全面工作能力（KSAs），形成初步的全面工作能力清单（KSAL）。

3）KSA 分组

对形成的初步全面工作能力清单（KSAL）需要进行整理。将所有 KSAs 按知识（K）、技能（S）和态度（A）进行分组；对同组中的知识（K）、技能（S）和态度（A），再按照一定的逻辑关系进行排序，形成了按 KSA 分组并按一定的逻辑关系排序后的全面工作能力清单（KSAL）。

4）KSAs 与培训任务关联

把经过分组并按照一定的逻辑关系进行排序后的 KSAs 进行关联，就形成了正式的全面工作能力清单（KSAL）。这里，全面工作能力清单（KSAL）的建立和 JTA 中不同，JTA 中是先有任务，然后再去明确完成这些任务所需要的 KSAs；而在 JTA 和 JCA 相结合的方法中，是先有了完成岗位任务所需要的 KSAs，然后再去明确岗位需要培训的任务。这样一来，同一个 KSA 可能完成几项任务都会用到。因此，表 5.3-7 给出的全面工作能力清单（KSAL）变成了表 5-8 的式样。

5.3.6 不同分析方法之间的关系

从以上章节的描述可以看出，不管用那种类型的分析方法，它们的输出项都类似，都提出了岗位工作所需要的知识、技能和态度(KSA)。这些知识、技能和态度是设计阶段制定培训目标、设计培训课程、开发或改进培训大纲的基础。图 5.3-6 给出了岗位工作和任务分析(JTA)、岗位全面工作能力分析(JCA)和 JTA/JCA 相结合的分析之间的关系。

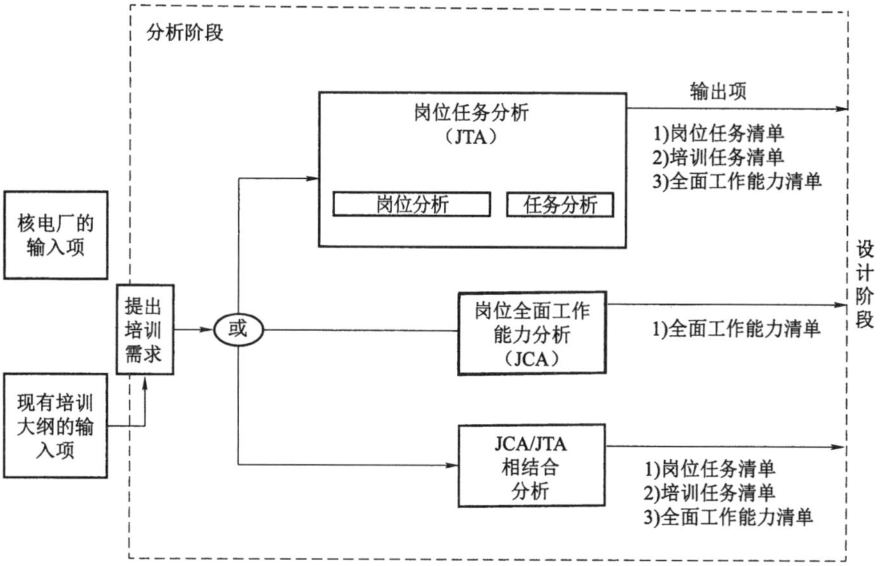

图 5.3-6 不同类型分析方法之间的关系

5.3.7 分析方法的选择

从前几节内容可以看出,没有哪一种分析方法是万能的。每个核电厂必须根据自己的实际和需要,选择恰当的分析方法。分析方法的选择要由核电厂培训方面的人员和运行方面的人员共同合作来确定。

分析方法的选择需要考虑以下问题:

- 在在岗人员中,有哪些会带来重大培训需求的绩效不足?
- 能否通过对所有的任务进行分析,找出培训领域以外的不足之处?例如规程、人-机接口和诊断技巧。
- 是否事先就知道某些任务要求较高水平的认知能力和人际因素方面的全面能力?
- 要分析的任务是否有详细的、一步一步的程序可用?
- 在考虑之中的岗位是否有现成的培训大纲?
- 人员、费用和时间资源分配?
- 多快能实施实重大培训或培训改进?
- 按考虑的分析类型,分析数据怎样能够容易地得到更新?
- 培训教材怎样容易地与核电厂的专项任务相结合?
- 分析的形式是否鼓励核电厂人员参与培训大纲并作出承诺?
- 是否计划将分析资料用于其他核电厂?

5.3.8 核电厂人员在人因方面的全面工作能力

经验证明,核电厂人员只具备技术方面的全面工作能力和核电工艺过程是不够的,还不能保证核电厂人员的能力符合已建立的国际标准。有些人因方面的能力还没有被完全认识,特别是对比较复杂的任务。因此,下面根据功能把人因方面的能力作如下分类:

1)沟通方面

- 核电厂内部人员间的接口。
- 与外部机构或组织的接口。
- 向管理层通报核电厂状况。
- 发言和主持会议。
- 编写运行报告,规程和其他文件。
- 报告问题并提出解决方法。

2)班组建设及团队工作

- 使用班组工作技巧促进班组工作。
- 尊重别人。
- 获得帮助和指导。

3)管理和监督

- 加强绩效标准。
- 对下属人员和学员进行指导和帮助。
- 积极坚定。
- 信息判断。
- 调动下属积极性。
- 监督下属。
- 同下属商量。
- 进行人员绩效评估。
- 提供建设性的反馈意见。
- 诊断能力。
- 计划与组织工作。

4)领导方法

- 异常或应急事件中保持镇静。
- 使同伴保持镇静。
- 对反应堆安全提倡保守态度。
- 提倡建设性和好问的工作态度。
- 展示积极、乐观态度。
- 建立鼓励向主管报告问题的环境。

5)分析方法

- 应用解决问题的基础知识。
- 确定优先项。
- 识别风险和后果。

- 识别同事和下属的异常行为。

6）人-机接口

- 识别规程和其他文件的弱项。
- 识别在核电厂控制和显示方面人-机接口的弱项。

5.3.9 核电员工态度要求

5.3.9.1 简介

任何培训都是为了实现知识、技能和态度的改变。知识、技能和态度是培训的三大要素，三者缺一不可。如果员工具备了扎实的知识基础和过硬的技能，但如果没有正确的价值观、积极的工作态度和良好的思维习惯，他们给企业带来的很可能不是财富，而是损失。而有积极态度的员工，即使暂时在知识和技能上存在不足，但他们会为实现目标而主动、有效地去学习和提升自我，从而最终成为企业所需的人才。因此，态度培训是企业必须持之以恒进行的核心重点。

态度是管理心理学的重要研究内容，人们的态度在很大程度上受到价值取向的影响。态度(Attitudes) 是指个体在一定环境中对一类人或事物做出积极或消极反应的心理倾向。态度的对象是多方面的，其中有客观事物、人、事件、团体、制度及代表具体事物的观念等。

态度是人们在自身道德观和价值观基础上对事物的评估和行为倾向。态度表现于对外界事物的内在感受(道德观和价值观)、情感(即“喜欢-厌恶”、“爱-恨”等)和意向(谋虑、企图等)三方面的构成要素。态度是有对象的，它总是针对某种事物的；态度具有评估性，它意味着是否赞同该事物；态度具有稳定性，它是一种对事物比较持久的而不是偶然的倾向；态度是个体内在的心理状态，往往不能为别人所直接观察到，但它最终会通过当事人的言行表现出来。

对态度的理解主要是从四个方面展开。态度是一种内部状态。态度是一种行为选择状态。态度往往表现为对一些类型行为的趋向与回避、喜爱与厌恶、接受与排斥等。它决定人们愿意不愿意去完成某些任务。态度是学习的结果。纯生物学意义的人是无所谓态度的，只有在与他人、群体、社会相互交往的活动中，人们才可能形成一定的态度，并根据情况的变化而改变自己的态度。因此，态度是通过经验组织或学习而产生的。态度具有导向性。态度一旦形成，就会对后续信息的加工起着方向性的引导作用，指导着后续信息的感知、过滤、加工和提取，从而影响个体的社会行为。

态度是个人复杂的心理状态，与其认识、情感有着直接的联系。例如一个学生对学习的认真、刻苦的态度，就是他认识到学习的重要的社会意义，并不断地体验到取得好成绩时的愉快心情的结果。态度在个人心理生活中占有重要地位，它不仅是构成人的性格特征的重要方面，而且是人的理想、信念、世界观等个性倾向性的表现。例如，优秀培训教员对学员积极热情的态度，就是和他们献身培训工作的事业心、责任感分不开的。

工作态度是对工作所持有的评估与行为倾向，包括工作的认真度、责任度、努力程度等。由于这些因素较为抽象。因此，通常只能通过主观性评估来考评。它决定人们愿意不愿意去完成某些任务。

5.3.9.2 态度分类

对态度进行分类可以是多种形式的。美国的 D. 卡茨和 E. A. 斯托特兰德(1959)认为，态度可分为情感联系态度、智能态度、动作定向态度、平衡态度和自我防御态度五种类型。一次情感反应在类似情境中可以成为比较稳定的态度，就是情感联系的类型。例如，小学生因为迟到受到严厉的斥责，可能形成对教师和学校概括化的不愉快的态度。如果一个人的态度具有充分的认知成分，就称为智能态度。动作定向态度是对客体满足需要的自然反应，认知成分是很少的。平衡态度是在寻求目标过程中获得的，是在满足需要中得到强化的。自我防御态度是由内部矛盾引起的代替反应。例如一个儿童虽然承认打了人，但却歪曲事实，硬说是因为被人推倒，出于无奈才打人的。

人有各种各样的态度，为了观察分析和研究的便利，社会心理学家对它们作了各种各样的分类。其中有两种分类法较受到注意，它们分别是按态度的表现形式分类和按态度的内容及其关联分类。

1）按态度的表现形式分类

即以何种心理成分占优势来分。如：卡茨和斯托特兰德把态度分为五种类型。

• 与情绪、感情联系的态度：由一次情感反应（如欢快、恐惧、痛苦等）的经验构成对某些客体的态度，当遇到类似情境就会出现同样的体验。如：有时人在遇到某些物品会产生莫名其妙的好感或反感，大多属于这一类态度。

• 理智性或认知性的态度：当人们依据他人的介绍或书本知识而产生对事物的态度，其中有明显的分析、联想、类比与评判，而无强烈的情感伴随。如：我们在候选人间接介绍时对他所产生的看法与抉择。

• 动作定向的态度：由于某种需要的激活而产生对有关客体接近或回避的反应，其中认知成分很不明显。

• 知情意均衡的态度：这里既有认知与思考、伴有强烈的情感，还有行动意向，三者交融在一起或交替出现。如：我们对祖国的态度。

• 自我防卫的态度：由于情势不明、内心冲突或出于防卫的动机而产生某种疑惑、拘谨或暧昧不定的态度。

2）态度的内容及其关联分类

弗格森认为，人对许多事物的态度是有关联的，它们构成了态度束，而由关联的态度束合成为态度丛，即有关一类事物的总态度。因此，态度是有层次的系列化结构。他曾要求大学生对战争、上帝的存在、爱国、罪犯处理、死刑、新闻检查、进化、节育，法律、共产主义十种现象发表看法，结果发现其中某些态度之间存有高相关。如：相信上帝存在者，会反对进化论与节育；而承认进化论者则否认上帝的存在，不认为节育是犯罪。于是他将对进化、上帝的存在和节育的相关态度，称作宗教主义的态度束。又如：主张罪犯应从轻处理者大都反对死刑与战争，反之亦然。于是他将对罪犯处理、死刑和战争的相关态度，称作人道主义的态度束。同样，还发现主张爱国者（即爱资本主义国家者），大多赞同新闻检查、维护法律和反共，反之亦然。于是他将对爱国、新闻检查、维护法律、共产主义的关联态度称作国家主义(nationalism)的态度束。这种分类决不止上述三束，它是分析不完的。它作为一种研究，对于深入了解态度间的关系及分层结构，以及从某人一种态度推知他必有其他态度，是有意义的。

5.3.9.3 核电员工态度改造遵循原则

核电员工在进行重大态度改造时，要遵循循序渐进、多人帮教和实事求是三条原则。

1）循序渐进

渐进的改造比一步到位的改造更容易成功。转变态度一定要遵循循序渐进的原则，先提出他能接受的较低要求，然后再逐步提高要求，一步步缩小差距，最后达到转变的目的。

2）多人帮教

所谓发挥集体力量，就是当对一个人进行重大态度改造时，领导不但本人要和他谈，而且要安排许多人和他谈，并运用团体的规范来约束人的行为。

3）实事求是

态度改造，特别是重大的态度改造，尤其要注意遵循实事求是的原则，忌讳言过其实。只有实事求是，才能使被改造者心悦诚服，达到长久的改造效果。

5.3.9.4　核电员工工作态度培训主要内容

工作态度是人们对于工作各个方面的心理倾向，包含了认知、情感和行为意向三种成分。对工作的认识和了解，与工作态度的认知成分相联系；工作的满意感则属于工作态度的情感方面；工作的积极性与工作态度的行为成分密切有关。

企业通过培训教育，让员工自觉自愿地反复做正确的事情，对待工作的态度从“要我做好”到“我要做好”，形成积极向上的工作态度。通过把演练和实战相结合，对业务流程熟悉、对业务标准形成条件反射，形成统一的行为模式和企业文化氛围，才能提高整个组织的责任心和敬业度，构建企业安全、高效生产的防火墙。

1）新员工入厂态度培训

核电厂新员工主要来自大学毕业的学生，他们走进核电厂需要从观念上实现从大学生向企业员工的转变；同时，还需要了解核电厂工作的特殊性；以及企业发展的要求四个方面来培养作为一名核电员工应该具有的工作态度。

- 转变观念

作为核电企业的新员工，环境的突然变化要求新人在短期内尽快适应，为了早日融入核电团队中去，必须在观念上实现转变。为此，新员工入厂培训设置了《总经理讲座》、《核工业精神讲座》、《企业文化》等课程。通过这些课程的培训，使新员工了解企业的历史背景、企业文化、企业精神、企业目标以及核电员工的基本行为准则，使新员工对企业建立起基本的认识，培养起对未来工作的认识和了解，引导员工逐步朝着建立起核电厂核心文化方面应该具备的态度方向发展。

- 改变心态

作为刚进入核电企业的员工，需要了解并掌握员工职业道德基本规范，树立忠诚核电厂、热爱团队的思想，注重加强思想道德修养，做到明礼修身，完善自我；在为人、处事上做到诚实守信、待人友善、团结协作、和谐共事、衣着整洁、仪表大方、语言文明、行为端庄、勤奋工作、敬业尽责、善于学习、求知上进、遵章守纪、纪律严明、提倡节约、杜绝浪费的职业道德规范。为此，为新员工设置了课程《三门核电员工行为规范宣贯》来改变新员工心态，通过培训，让新员工拥有一名优秀的员工所应具备的工作态度：忠诚、敬业、负责、主动、勤奋、敢于创新、善于学习，以这样的态度去工作，这个世界上就不会再有做不好的事情了。不管你做什么样的工作，在什么样的岗位，都会成功。

- 树立安全文化意识

核电厂不同于常规的水电、火电。由于核技术的特殊性，要求核电员工要牢固树立核安全意识，把核安全始终当作工作的重中之重，这是因为核电厂安全不仅仅涉及电厂设备安全、人员安全和环境安全；而且还涉及核电厂周围公众的安全。历史上的几次重大核事故带来的直接或间接的后果都反映出核事故的严重性；并对人类产生长久而深远的影响。为此，新员工入厂培训设置了基本安全相关的培训课程，包括《核安全文化》、《工业安全》、《辐射防护》、《消防》、《保卫》、《环境保护》、《应急响应》和《急救》。通过这些课程的培训，让新员工树立核安全意识，并在未来的工作中自觉、积极贯彻执行。

• 建立质量和效益意识

核电企业的发展目标就是要建设和运营安全、稳定和高效运行的核电厂。为了实现这一目标，作为核电员工，不但需要具有牢固的安全意识；还需要具备牢固的质量意识，在保证核电厂安全的前提下，使之具有更大的经济效益，支援国家的经济建设。因此，核电新员工还需要学习《质量保证》和《人因绩效工具》方面的课程，为核电厂的稳定、高效运行提供保障。

2）员工态度岗位培训

新员工进入岗位后的态度培训是一个持续的、不断巩固的过程；也是核电员工在具备了核电员工应该有的态度要求之后，在工作中践行核电厂对员工的态度要求的过程不断改进和提升的过程。内容包括处室安全培训、基本安全复训；以及核电厂定期举办的安全、质量和效益的宣传活动、内外部安全检查等。通过这些培训和工作，员工的安全、质量和效益意识得到不断巩固和加强，并在工作中自觉遵守相关要求和规定，对推动核电厂建设和运营安全、稳定和高效运行具有重要意义。

5.3.9.5 核电员工工作态度分析

1）工作态度与工作绩效的关系

工作态度作为工作的内在心理动力，影响对工作的知觉与判断、促进学习、提高工作的忍耐力等。这些功能，直接关系到工作绩效的大小。一般说来，积极的工作态度对工作的知觉、判断、学习、工作的忍耐力等都能发挥积极的影响。因而，能提高员工工作效率，帮助员工取得良好的工作绩效。这表明，积极的工作态度与工作绩效之间有着一致性的关系。

2）工作态度评估

工作态度第一，能力第二；工作态度决定一切，工作态度评估就是一切的评估；工作可以平凡，工作态度不能平庸。工作态度评估总结影响我们的行为，一个工作态度非常积极的员工，无论他从事什么工作，他都会把工作当成是一项神圣的天职，并怀着浓厚的兴趣把它做好。而一个态度消极甚至扭曲的员工，只会把工作当成累赘，当成让自己不快乐的源头，当成敌人一样地去对待。

工作态度评估决定命运的评估！气度决定格局！当我们思考人生如何走向成功的时候，必须潜到人生的水面下去，从关心根和本着手。首先，必须要有自己的工作态度总结；然后，致力于升华气度和夯实厚度。态度错偏、气度促狭的人，上帝也帮不了他成功！员工态度决定职业态度，职业态度决定职业生涯。

5.3.10 培训需求分析

所谓培训需求分析，是指在规划与设计每项培训活动之前，由培训部门主管负责人、培训工作人员等采用各种方法与技术，对参与培训的所有部门及其员工的培训目标、知识结构、技能状况等方面进行系统的鉴别与分析，以确定这些部门和员工培训需要达到的目标，是否需要培训，培训哪些内容，什么时间、地点和怎样培训的一种活动或过程。

培训需求分析也是在确定培训需求的基础上，精确界定和描述培训对象、环境因素、岗位和任务、培训内容，明确培训目的，继而开发培训目标清单的过程。

人们的学习需求常常是带有“机会主义”性质——人们总是在工作组织中的某个特定“机遇”出现时，才意识到自己需要得到一定的培训；而当培训和日常工作相冲突的时候，人们往往又放弃了进行必要的培训和学习。而对于一个核电厂或组织来说，培训需求分析既是确定培训目标，设计培训大纲的前提；也是进行培训评估的基础。因而，成为培训活动的首要环节。

培训需求分析是培训活动全流程的首要环节，是设计培训大纲、制定培训计划、实施培训活动和评估培训效果的基础。因此，正确的培训需求分析十分重要，如果这一步忽略了或出了差错，随后进行的所有的工作都可能是错误的，至少效果会大打折扣。

核电厂进行培训需求分析可以了解到自身真实客观的培训需求，使有限的培训经费用在最需要的地方；还可以体现培训部门的专业高度，赢得合作与尊重；并可以有效地激发学员的学习兴趣，保证培训效果……

因而，无论是在制订年度培训计划之前，还是在制订一个培训项目的实施计划之前，乃至在执行一次单一培训课程之前，都会进行培训需求分析。总之，这已经是培训活动过程中的“标准动作”。

核电厂可以用来进行培训需求分析的方法有许多种，如：访谈法、问卷调查法、观察法、关键事件法、胜任能力法、绩效分析法、经验判断法、头脑风暴法、专项测评法和胜任能力分析法等。

5.3.10.1　需求分析信息来源

分析的第一步是提出培训需求，这是针对某个（或某些）岗位编写或改进培训大纲的前提。可以通过收集以下方面的资料作为需求分析的输入：

- 现有岗位人员工作情况。
- 工作能力的不足之处。
- 由运行经验引起的变更。
- 核电厂系统、文件（规程，技术规格书）及法规要求的变更。
- 现有培训大纲和人员资格方面的资料。
- 法规要求。

如果没有现成的培训大纲，则可从参考电站、设计文件和安全分析报告中获取上述资料。

5.3.10.2　培训需求分析的主要作用

培训需求分析在确定培训内容、了解员工的培训态度、提供培训素材、获取部门管理层的支持、培训成本预算与控制；以及为培训评估提供依据方面具有重要的作用。

1）确定培训内容

培训需求分析能够确定员工的培训需求，比如：员工需要的是知识或技能培训，还是态度培训。例如，新员工的入厂培训和岗位培训的需求分析应确定组织需要新员工知道的，他们应做哪些调整，面临哪些困难。知道了培训需求进而就能确定相应的培训内容。比如，新员工入厂培训就应该包含：企业文化、核电科普、管理制度、基本安全、核电管理、外语技能、团队建设、核电基础理论、AP1000 系统和操作实践等。

2）了解员工的培训态度

员工的培训态度对培训的成败至关重要。如果他们不积极、不配合，培训效果多半只能很糟糕。通过培训需求分析，可以了解员工对培训究竟持什么态度；同时，还可以借机向有关人员强调培训在能力提升、岗位资格和职业发展中的重要性；并灌输某种观念，从而有助于提高培训效果。

3）提供培训素材

有的培训方式是需要在各个部门去收集相关材料的，比如：案例研究，通过培训需求分析，可以收集到相当丰富的材料，包括：工作手册、组织流程图、岗位介绍、各部门的管理及工作程序等。有了这些材料，培训就可以做到更有针对性，对员工解决实际的工作问题就更有帮助。

4）获取部门管理层的支持

培训经过了需求分析，可以让部门管理层知道：核电厂是重视培训的；同时，能充分听取他们的意见，来参考员工究竟需要什么样的培训。在各种交流接触中，自然能增强培训部门和其它部门管理层的交流、理解和信任。因此，能得到他们的大力支持。

5）培训成本预算与控制

在确定培训内容的时候，就需要分析一些与培训成本有关的问题，譬如：培训是内部培训还是外出培训。如果是内部培训：培训需要多少课时，培训需要哪些相关教材和设备；如果是外出培训：培训的地点、费用和时间等等。这些都涉及培训的成本，通过培训需求分析，培训部门就能够对核电厂一年的培训费用进行预算，到真正培训实施的时候就能按照既定的标准去进行，这无疑对节约培训经费十分有益。

6）为培训评估提供依据

培训评估的一个重要环节就是制定评估标准，培训需求分析能为培训评估标准的制定提供有用的资料。员工现有的状况通过需求分析可以了解，再和培训后的状况进行对比，培训的效果也能很轻易地显现出来。

5.3.10.3 培训需求的种类

1）按层次划分培训需求

核电厂培训需求的产生不仅仅来源于各个层次的员工个人的需要，它也同样来源于各个特定职能部门或群体的需要；甚至核电厂作为一个组织都有可能产生培训需求。这就导致了培训内容和形式的多种多样，特点也各不相同。

- 个人培训需求

在核电厂，员工为了完成岗位任务，除了存在部门、科室或班组的公共培训需求之外，普遍还存在岗位的特殊培训需求，而这些需求的确定也是比较困难的。

- 岗位培训需求

就是要挖掘特定岗位（如：跟安全密切相关岗位）对人员的知识、能力、素质等方面的要求。源于企业中特定群体的培训需求。这些群体可能是一个具体的班组、科室或部门，譬如：维修处常规泵组由于所需更换的泵技术发生了更新所产生的培训需求；又如：国家对企业财务制度提出了修改要求，那么财务部门或审计部门都可能产生培训需求等。岗位需求是对组织需求的进一步具体化，岗位需求是个人需求的基础。

• 组织培训需求

核电厂转入新的阶段(如调试转入运行)员工需要为新工作所做的准备；或法规变更，对核电厂安全提出了新的要求；或重大事故的经验反馈等，都可能给核电厂人员带来组织培训需求。

• 三种需求之间的关系

——组织需求是培训需求分析的出发点。

——部门需求是从组织需求向个人需求过渡的中间环节。

——个人需求是需求分析的落脚点。

表5.3-8给出了培训需求分析实例。

表5.3-8 培训需求分析实例

分析	目的	具体方法举例
组织分析	决定组织中哪里需要培训	• 考察组织长期目标、短期目标、经营目标来判定知识和技能需求 • 将实际结果与目标进行比较 • 制定人力资源规划 • 评估组织环境
任务分析	决定培训内容该是什么	分析个人业绩评估标准、要完成任务所需的知识、技能和态度
人员分析	决定谁应该接受培训和他们需要什么培训	• 通过业绩评估，分析造成差距的原因 • 收集和分析关键事件 • 进行培训需求调查

2) 按状态划分

• 静态培训需求

是指完成岗位要求所需要的胜任能力所对应的培训课程，它是针对组织和岗位要求而产生的，是与岗位同时存在的。注意：静态需求与人无关。

• 动态培训需求

是指某位员工到了指定岗位后，其现有能力与岗位要求以及员工的个人发展需求之间的差距所对应的培训课程。注意：我们常说的员工培训需求其实就是动态需求。

5.3.10.4 培训需求分析的内容

1) 层次分析

• 战略层次分析

是核电厂的目标、战略实现及其核电厂问题的解决对员工知识、技能和态度的要求。它是对未来的分析，由人力资源部门发起。如：核电厂从建造阶段需要进入调试阶段，或从调试阶段需要进入商业运行阶段。需要考虑改变组织优先权的因素。战略层次分析主要是预测未来比较长的一段时间后将会产生的培训需求，以便作好相应的应对准备。

• 组织层次分析

通过状态报告，找出核电厂存在问题，分析根本原因；并确定是否培训。通过考察核电厂的绩效目标和对绩效目标发生影响的因素来对培训需求进行分析。组织层次分析主要针对当前的培训需求进行分析。

• 员工个人层次分析

个人实际绩效与绩效标准对员工技能要求的差距分析。分析差距背后的原因,区分可培训与不可培训的部分。依据员工业绩、技能测试和个人需求调查问卷的方式来完成。员工个人层次分析主要针对员工个人能力要求。

2)对象分析

• 新员工培训需求分析

需要对企业文化、管理制度、核电科普、基本安全、核电管理、团队建设、基础理论、岗位技能等方面内容的培训,通常使用"任务分析法"。

• 在职员工培训需求分析

对已经获得了岗位授权的员工,还需要进行新技术、技能要求的培训,这部分内容作为员工复训内容。通常使用"绩效分析法"。

5.3.10.5 培训需求分析的作用

培训需求分析作为现代培训活动的首要环节,它在培训中具有重大作用。具体表现为:

1)充分认识现状与目标之间的差距

培训需求分析的基本目标就是确认差距,即确认绩效的应有状况同现实状况之间的差距。绩效差距的确认一般包含以下三个环节:

• 对所需要的知识、技能、态度进行分析,即理想的知识、技能和态度的标准或模式是什么?

• 对现实事件中的或现实缺少的知识、技能、态度进行分析。

• 对理想的或所需要的知识,技能、态度与现有的知识、技能、态度之间的差距进行分析。

这三个环节应独立有序地进行,以保证分析的有效性。有时需求分析并非如此简单,每一个环节都有可能面临各种挑战。很多资源被用来确认所需要的知识,技能和态度;但这些资源相互之间可能发生冲突,这就要求组织内部必须能够作出相互的协调。现代的知识、技能、态度的范围可能相当宽泛,一项不可接受的事件可能不会经常发生;但是,当它确实发生时又会产生严重的问题。当变更在组织标准和员工岗位方面都发生时,需求分析并不仅仅是简单的任务确定,它要求在变化的环境和对象中作出决策。

2)促进人事管理工作和员工培训工作的有效结合

当需求分析考虑到培训和开发时,需求分析的另一个重要作用便是能促进人事分类系统向人事开发系统的转换。人事分类系统作为一个资料基地,在作出关于补偿金、员工福利、新员工录用、预算等的决策方面非常重要,但在工作人员开发计划、员工培训和解决实际工作中等方面用处很小。

如果一个人事分类系统不能够帮助人力资源部门的工作人员确定企业员工缺少什么知识、技能和态度;以及如何获得这些知识、技能和态度,员工们就不可能在一个较高的工作岗位上开发和承担责任。如果这种系统不能包括培训的详细、特殊的需要,它对员工培训部门是没有用的,当密切结合在一起时,这种系统就会变得更加具有综合性,同时也具备了人力资源开发的功能。因此,把两项工作有机地结合在一起,更有利于企业节约成本,提高培训工作和人事管理工作的效率。

3）提供解决工作中实际问题的方法

这是进行培训需求分析的重要原因之一。可供选择的方法可能是一些与培训无关的选择，如：组织新设与撤销、某些岗位的人员变动、新员工吸收，或者是几个方法的综合。一个选择便是对已经工作在组织中的工程人员进行复训，另一个选择可能是雇佣已经获得高薪的、非常有资格的工程专家，或者是组织雇佣一些低薪的、缺乏相关素质的员工，然后对他们进行大规模培训。所有这些方法的选择具有不同的培训分类。最好的方法是把几种可供选择的方法综合起来，使其包含多层次的培训策略。这样有利于节省成本，又能够较好地实现目标。

4）能够得出大量员工培训的相关成果

一个好的需求分析能够得出一系列的研究成果，确立培训内容，指出最有效的培训战略，安排最有效的培训课程。同时，在培训之前，通过研究这些资料，建立起一个标准，然后，用这个标准来评估所进行的培训项目的有效性。

5）决定培训的价值和成本

如果进行了好的培训需求分析，并且找到了存在的问题，管理人员就能够把成本因素引入培训需求分析中去。如果不进行培训的损失大于进行培训的成本，那么培训就是必然的、可行的；反之，如果不进行培训的损失小于培训的成本，则说明当前还不需要或不具备条件进行培训。

6）能够获得各个方面的协助

员工对必要的工作程序的忽视，并不能排除部门对员工承担的责任。如果一个部门能够证明知识和技能已被系统地传授，就可以避免或减少不利条件的制约。同时，核电厂高层在对规划投入时间和金钱前，对一些支持性的资料很感兴趣。核电厂中层和受影响的员工通常支持建立在客观的需求分析基础之上的培训规划。因为，他们参与了培训需求分析过程。无论是部门内部还是外部，需求分析提供了选择适当的指导方法与执行策略的大量信息，这为获得各方面的支持提供了条件。

5.3.10.6　培训需求分析的特点

1）需求分析主体的多样性

从需求分析的主体来看，需求分析的主体具有多样性，在一个核电厂中，培训需求分析的参与者可能有以下这些人：

- 员工自身

培训的对象就是每位员工自己，了解他们想学习什么，在实际工作中存在哪些可能，需要在哪些方面加以补充，将非常有助于培训得到员工的支持和欢迎。

- 人力资源部门工作人员

培训需求分析的整个工作是由人力资源部门主持的，而且人力资源部门掌握了大量有关本核电厂员工知识、技能和态度；以及工作要求的相关资料，同时他们对每个岗位的要求和变化也是最清楚的。

- 员工上级

上级对员工的优缺点一般比较清楚，他们能帮助人力资源部门明确培训目标和培训内容。通常一些紧急培训项目的提出都是由员工上级提出；并亲自督促执行的。

- 员工下属

与下属访谈，可听到对上级的评估，发现其工作中的优点和不足，从中还可发现上级在哪些方面还存在缺陷,需要通过适当的培训来提高。

• 同事

在一起共事的人通常互相比较了解,能向培训部门提出比较中肯的建议,当然这要求员工能够对自己的同事作出公正客观的评估,参与分析的同事应该与受训员工没有太大的利害冲突关系。

• 有关方面的专家

专家具有丰富的经验和深厚的知识。因此,向专家请教,无疑会得到一些启示。

• 客户以及其他相关人员

企业外的人员对企业存在的问题分析一般会更为客观,这对培训项目的设计是有帮助的。

2) 需求分析主体的多层次性

从需求分析的客体来看,需求分析的客体具有多层次性,即要通过对部门及其成员的目标、知识、技能和态度的分析,来确定个体的现有状况与应有状况的差距,部门的现有状况与应有状况的差距及部门与个体的未来状况。

具体来说它包含了三个不同的层次:个体层次、部门层次、战略层次。个体层次是如何可以让员工在一个特定的岗位上取得更大绩效,进而得到更大的个人发展空间。部门层次的培训则着眼于部门或者机构,研究如何使得一个部门或者机构能够更加有效地发挥作用,把一个团队的绩效最大化的问题。而战略层次的培训就是以整个核电厂为客体,考虑如何维持和不断改进电厂的绩效指标,向卓越迈进。

3) 需求分析的来源

需求分析的核心在于从差距中确定培训的必要性及培训的内容。需求分析的核心就是通过对组织及其成员的现有状况与应有状况之间差距的分析,来确定是否需要培训以及培训的内容。

产生培训需求的原因可能有下面的一种或几种,具体需要:

• 任职人员的反馈

任职人员对自己岗位工作进行评估,找出自己在完成岗位工作过程中存在的问题或困难,向上级或培训部门反馈,培训部门将对此需求进行分析。

• 新的或变化的电厂流程、程序或设备

随着核电厂的投入运行,电厂的运行、维修规程、管理程序可能发生变化,或系统设备需要更新,这些都要求对相关人员进行培训,以便其能力能够紧跟电厂变化,保证机组的安全、稳定和高效运行。

• 法规要求的变更

由于法规改变,特别是对电厂安全有重大影响的一些要求的改变,需要对相关人员进行培训。

• 管理层的观察

核电厂管理层在对核电厂生产活动进行观察工程中,对一些不满足核电厂规定或管理层预期的行为,可能提出培训方面的要求。

• 运行经验反馈

运行经验反馈,特别是一些涉及电厂、设备或人员安全的未遂事件或事故,是生产人员复训的重要内容。

• 评估报告

核电厂定期或不定期组织内部或外部的审查、评估，为此可能暴露出大量的问题，通过根本原因分析，明确其中哪些需要通过培训来加以解决。

• 绩效指标审查

电厂每季度的绩效指标直接反映了核电厂当前的生产情况，通过绩效指标审查，找出绩效不足的原因，在这些原因中可能涉及人员的能力不足方面的问题，需要通过培训来加以解决。

4）需求分析结果的指导性

从需求分析的结果来看，需求分析具有很强的指导性，即它是确定培训目标、设计培训规划的前提，也是进行培训评估的基础。

5.3.10.7　培训需求分析的实施程序

1）做好培训前期的准备工作

• 建立员工背景档案。（培训档案，随时增添内容）

• 同各部门人员保持密切联系。（与各部门访谈）

• 向主管领导反映情况：采用设立信箱的形式收集需求并反馈。（个人需求—收集—向上汇报，或主动与核电厂高级管理人员访谈，如生产副总、安全副总等，落实下一步的培训发展战略）

• 准备培训需求调查。（将上述资料汇总后，将列出核电厂战略层级的培训方向并与部门经理进行访谈，部门经理再落实给员工，等等）

2）制定培训需求调查计划

• 培训需求调查工作的行动计划——即各工作的时间进度。（一般情况下核电厂每年的培训计划将在年初 1 月份左右发布实施。因此，培训需求计划在上年的 10 月份开始进行）

• 确定培训需求调查工作的目标。尽量提高可信度。（由于存在自下而上的收集程序，主观因素较大）

• 选择合适的培训需求调查方法。（繁忙企业不宜面谈；专业技术企业不宜观察，但可问卷调查或个别会谈）

• 确定培训需求调查的内容要注意不要太宽泛，要多角度进行，便于取证，否则浪费时间、金钱。（例如：培训项目、培训对象、内容、基本预算等）

3）实施培训需求调查工作

• 提出培训需求建议或愿望。（分层级采集，例如：可以开会将核电厂层面的培训发展战略布置给各部门领导）

• 调查、申报、汇总需求建议。报告给培训负责人。（开发培训预算初稿，对培训项目进行分类，如：核电厂专项培训、处室内部培训、员工外出培训等）

• 分析培训需求。（关注员工现状、存在问题、期望。共同协商，根据核电厂层级、部门层级、个人需求三个方面进行沟通访谈）

• 汇总培训需求意见，确认培训需求。形成经过修改后的初步计划和预算方案。

4）分析与输出培训需求结果（主要以分析报告为结果）

• 对培训需求调查信息进行归类、整理。

- 对培训需求调查信息进行分析、总结。
- 根据紧急程度、个别需求或当前、未来需求进行分析。
- 撰写培训需求分析报告。以调查信息为依据。

5.3.10.8 培训需求分析模型

1）循环评估模型

循环培训评估模型旨在对员工培训需求提供一个连续的反馈，以用来周而复始地评估培训的需要。在每一个循环中，都需要从核电厂组织层面、部门层面和员工个人层面进行分析。

- 两种培训者：积极的、消极的。
- 搜集、跟踪组织的业务人事和政策程序变动，及时预测和掌握组织的培训需求。
- 组织组织层面、作业层面和员工个人层面进行分析。

2）全面性任务分析模型

全面性任务分析模型是指通过对部门及其成员进行全面、系统的调查，以确定理想状况与现有状况之间的差距，从而进一步决定是否需要培训和培训内容的一种方法。其核心是通过对一项工作或一类工作所包括的全部可能的任务和所有可能的知识和技能进行分析，形成任务清单和全面工作能力清单，以此作为制定培训策略的依据。

任务分析是一个比较复杂的过程，需要耗费大量的时间，且需要一种系统的方法，应该分以下几个阶段进行：

- 计划阶段。
- 分析阶段。
- 建立任务和能力清单阶段。
- 规划设计阶段。
- 执行新的或修正的培训规划阶段。

3）绩效差距分析模型

策略与全面性分析方法相似，但绩效差距分析方法是一种重点分析方法。绩效差距分析方法的环节如下：

- 发现问题阶段。
- 预先分析阶段。
- 需求分析阶段。

4）前瞻性培训需求分析模型

在很多情况下，即使员工目前的工作绩效是令人满意的，也是同样需要培训。尤其是对知识型员工的前瞻性培训就非常必要。同时，随着核电厂经营环境的变化，战略目标的调整，核电厂生命周期的演进，以及员工个人在组织中个人成长的需要，针对适应未来变化的培训需求也会产生。图 5.3-7 给出了培训需求分析模型。

5.3.10.9 培训需求分析方法

（1）访谈法

这是一种大家都了解的方法，就是通过与被访谈人进行面对面的交谈来获取培训需求信息。应用过程中，可以与核电厂管理层面谈，以了解组织对人员的期望；也可以与有关部

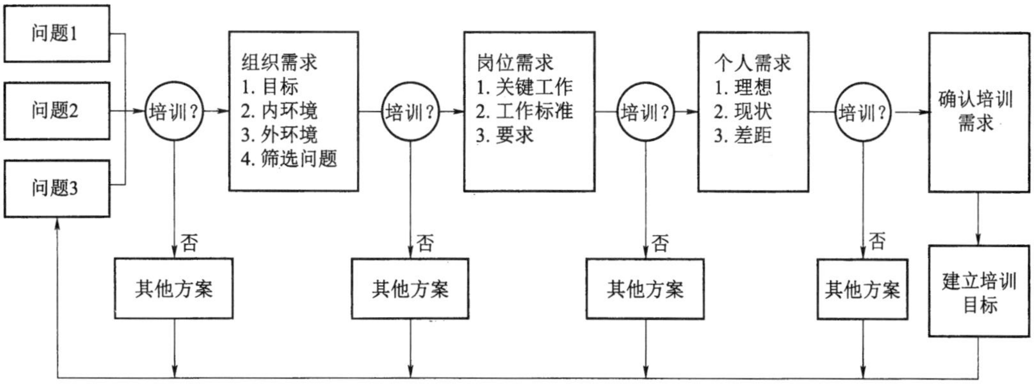

图5.3-7 培训需求分析模型

门的负责人面谈，以便从专业和工作角度分析培训需求。一般来讲，在访谈之前，要求先确定到底需要何种信息。然后，准备访谈提纲。访谈中提出的问题可以是封闭性的，也可以是开放性的。封闭式的访谈结果比较容易分析，但开放式的访谈常常能发现意外的、更能说明问题的事实。访谈既可以是结构式的，即以标准的模式向所有被访者提出同样的问题；也可以是非结构式的——即针对不同对象提出不同的开放式问题。一般情况下，是把两种方式结合起来使用，并以结构式访谈为主，非结构式访谈为辅。

1）访谈内容

访谈的内容包括：

- 对培训的认识与看法。
- 对履行工作成效的评估（自己、他人等）。
- 对工作问题/障碍解决的分析。
- 对培训的需要（内容、方式和形式等）。

2）访谈实例

A：您对目前管理团队的素质是否满意？如果不满意，具体表现在哪些方面？

B：不是很满意，主要表现为角色转换尚未完成，计划能力差，原因是他们从基层提拔上来之后，大部分精力还是放在了具体工作上，欠缺对整个部门的通盘考虑。

A：您希望本次培训是进行系统的管理知识讲授还是就某一方面的管理技能进行深入训练？

B：我觉得二者都需要，希望通过系统的管理知识讲授，帮助管理人员进行角色认知，然后就管理者的计划能力进行训练。

A：你期望培训后能看到什么样的效果？

B：能够在二季度运行目标管理的绩效考核体系。

A：您期望培训安排在工作日还是周末？能够接受的费用是多少？

B：最好安排在周末，费用不超过3.5万。

A：就本次培训，您有什么指导性建议？

B：要与培训师取得联系，讲清楚我们的需求，要求对方按照我们的需求进行课程设计。

3）访谈注意事项

采用访谈法了解培训需求，应注意以下几点：

• 确定访谈的目标,明确"什么信息是最有价值的、必须了解到的"。

• 准备完备的访谈提纲。这对于启发、引导被访谈人讨论相关问题、防止访谈中心转移是十分重要的。

• 建立融洽的、相互信任的访谈气氛。在访谈中,访谈人员需要首先取得被访谈人的信任,以避免产生敌意或抵制情绪。这对于保证收集到的信息具有正确性与准确性非常重要。

另外,访谈法还可以与下述问卷调查法结合起来使用,通过访谈来补充或核实调查问卷的内容,讨论填写不清楚的地方,探索比较深层次的问题和原因。

(2) 问卷法

这也是一种为大家所熟知的方法。它是以标准化的问卷形式列出一组问题,要求调查对象就问题进行打分或做是非选择。当需要进行培训需求分析的人较多,并且时间较为紧急时,就可以精心准备一份问卷,以电子邮件、传真或直接发放的方式让对方填写,也可以在进行面谈和电话访谈时由调查人自己填写。在进行问卷调查时,问卷的编写尤为重要。

1) 问卷开发

编写一份好的问卷通常需要遵循以下步骤:

• 列出希望了解的事项清单。
• 一份问卷可以由封闭式问题和开放式问题组成,两者应视情况各占一定比例。
• 对问卷进行编辑,并最终形成文件。
• 请他人检查问卷,并加以评估。
• 在小范围内对问卷进行模拟测试,并对结果进行评估。
• 对问卷进行必要的修改。
• 实施调查。

2) 问卷实例

姓名:	部门:	职务:	填写日期:

• 你是否参加过有关管理方面的培训?
□ 是　□ 否
• 请根据你的实际管理体会,归纳主管的基本管理工作:

• 你迫切希望提高下面的管理技能:
□ 设定目标　□ 制定计划　□ 推进工作　□ 与人沟通　□ 激励下属
• 你乐意接受的培训方式:
□ 情景模拟　□ 课堂培训　□ 小组讨论　□ 角色扮演　□ 案例分析　□ 经验交流　□ 其它
• 你乐意接受的培训教材:
□ 公开教材　□ 定制教材

3) 问卷法优缺点

优点是:参与度高。缺点是:易流于形式、填写者有心理负担、填写者对课程等不了解仅凭兴趣、工作量大、填写结果用处不大。

(3) 观察法

观察法是通过到工作现场,观察员工的工作表现,发现问题,获取信息数据。运用观察法的第一步是要明确所需要的信息。然后,确定观察对象。观察法最大的一个缺陷是,当被观察者意识到自己正在被观察时，他们的一举一动可能与平时不同，这就会使观察结果产生偏差。因此，观察时应该尽量隐蔽；并进行多次观察，这样有助于提高观察结果的准确性。当然，这样做需要考虑时间上和空间条件上是否允许。

在运用观察法时应该注意以下几点：

- 观察者必须对要进行观察的员工所进行的工作有深刻的了解，明确其行为标准。否则，无法进行有效观察。
- 进行现场观察不能干扰被观察者的正常工作，应注意隐蔽。
- 观察法的适用范围有限，一般适用于易被直接观察和了解的工作，不适用于技术要求较高的复杂性工作。
- 必要时，可请陌生人进行观察。

(4) 关键事件法

关键事件法与我们通常所说的整理记录法相似，它可以用以考察工作过程和活动情况以发现潜在的培训需求。被观察的对象通常是那些对组织目标起关键性积极作用或消极作用的事件。确定关键事件的原则是：工作过程中发生的对企业绩效有重大影响的特定事件，如系统故障、或事件、事故率过高，等等。关键事件的记录为培训需求分析提供了方便而有意义的消息来源。关键事件法要求管理人员记录员工工作中的关键事件，包括导致事件发生的原因和背景，员工特别有效或失败的行为，关键行为的后果，以及员工自己能否支配或控制行为后果等。

进行关键事件分析时应注意以下两个方面：

- 制定保存重大事件记录的指导原则并建立记录媒介（如工作日志、主管笔记等）。
- 对记录进行定期分析，找出员工在知识和技能方面的缺陷，以确定培训需求。

(5) 绩效分析法

培训的最终目的是改进工作绩效，减少或消除实际绩效与期望绩效之间的差距。因此，对个人或团队的绩效进行考核可以作为分析培训需求的一种方法。运用绩效分析法需要注意把握以下四个方面：

- 将明确规定并得到一致同意的标准作为考核的基线。
- 集中注意那些希望达到的关键业绩指标。
- 确定未达到理想业绩水平的原因。
- 确定通过培训能否达到的业绩水平。

图 5.3-8 给出了培训需求差距分析模型。

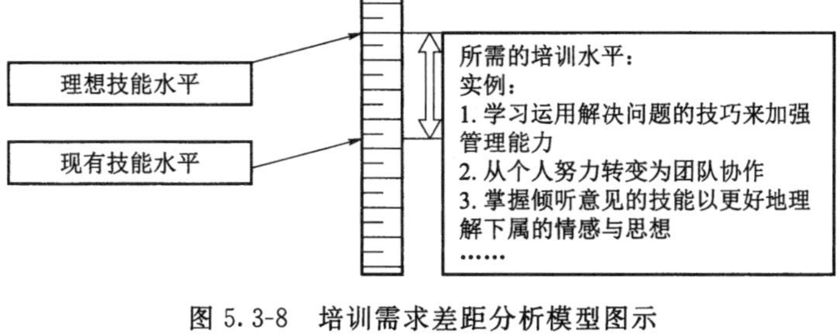

图 5.3-8　培训需求差距分析模型图示

(6) 经验判断法

有些培训需求具有一定的通用性或规律性,可以凭借经验加以判断。比如,一位经验丰富的管理者能够轻易地判断出他的下属在哪些能力方面比较欠缺。因而,应进行哪些内容的培训。又比如,人力资源部门仅仅根据过去的工作经验,不用调查就知道那些刚进入核电厂的新员工需要进行哪些方面的培训;还比如,核电厂在准备将一批基层管理者提拔为中层干部时,核电厂领导和人力资源部门不用做调研,也能大致知道这批准备提拔的人员应该接受哪些方面的培训。再譬如:在企业重组过程中,有关决策者或管理层不用调研,也能大致知道要对相关人员进行那些方面的培训。

采取经验判断法获取培训需求信息在方式上可以十分灵活,既可以设计正式的问卷表交由相关人员,由他们凭借经验判断提出培训需求,也可以通过座谈会、一对一沟通的方式获得这方面的信息。培训部门甚至可以仅仅根据自己的经验直接对某些层级或部门人员的培训需求作出分析判断。那些通常由核电厂领导亲自要求举办的培训活动,其培训需求无一不来自核电厂领导的经验判断。

(7) 头脑风暴法

在实施一项新项目或工程之前,需要进行培训需求分析时,可将一群合适的人员集中在一起共同工作、思考和分析。在核电厂内部寻找那些具有较强分析能力的人并让他们成为头脑风暴小组的成员。还可以邀请核电厂以外的有关人员参加,如客户或供应商。

头脑风暴法的主要步骤如下:

- 将有关人员召集在一起,通常是围桌而坐,人数不宜过多,一般十几人为宜。
- 让参会者就某一主题尽快提出培训需求,并在一定时间内进行无拘无束的讨论。
- 只许讨论,不许批评和反驳。观点越多、思路越广越好。
- 所有提出的方案都当场记录下来,不作结论,只注重产生方案或意见的过程。

事后,对每条培训需求的迫切程度与可培训程度提出看法,以确认当前最迫切的培训需求信息。

(8) 专项测评法

专项测评是一种高度专门化的问卷调查方法,设计或选择专项测评表并进行有效测评需要大量的专业知识。通常,一般的问卷只能获得表面或描述性的数据,专项测评表则复杂得多,它可通过深层次的调查,提供具体且较系统的信息,譬如:可测量出员工对计划中的核电厂变化的心理反应;以及接受培训的应对准备等等。由于专项测评法操作要求极高,并需要大量的专业知识作支撑,企业一般是外请专业的测评公司来进行。然而,使用外部专业公司提供专项测评,会受到时间和经费的限制。

(9) 胜任能力分析法

胜任能力是指员工胜任某一工作所应具备的全面工作能力——即独立完成该工作所需要的知识、技能和态度。核电厂需要依据其保证安全、稳定和高效运行的最高战略目标来建立各岗位的胜任能力模型,以为核电厂员工招聘与甄选、培训、绩效考评和薪酬管理提供依据。

基于胜任能力的培训需求分析有两个主要步骤:

- 岗位描述:描述出岗位的任职者必须具备的知识、技能和态度。
- 能力现状评估:依据任职能力要求来评估任职者目前的能力水平。

使用这一方法的公司或培训经理普遍认为,当职位应具备的能力和个人满足职务的实际能力得到界定后，确定培训需求就变得容易了。

最后，运用这些方法分析培训需求时，需要慎重考虑每一种被使用的方法的具体使用效果：其中的一些方法本身就可能无法得出“全面客观”的结果；而其中的另一些方法则需要你“用到位”才可能产生“全面客观”的结果。

如何通过岗位胜任素质要求和绩效考评结果来获取培训需求？

- 根据工作说明书分析标准。分析个人业绩评估标准、要完成任务所需的知识、技能和态度。
- 确认理想绩效与实际绩效差距，分析其成因及重要性。
- 根据分析确认需求和对象，拟定培训项目需求。

胜任能力分析法优点是参与性好、精确度高；缺点是要求部门主管很专业、各岗位的胜任力模型，各岗位的职责说明书需要很全、很专业，评估人的评估技巧要求高，人数越多，工作量越大。

5.3.10.10 培训需求分析的基本框架

培训需求分析的基本框架，它可以归纳为有逻辑的三个步骤：

1）找出部门或个人绩效差距

培训需求分析应从何入手，有关培训的理论认为应当从绩效差距入手：培训之所以必要，传统理论认为是因为企业工作岗位要求的绩效标准与员工实际工作绩效之间存在着差距；新的理论则认为也应包括企业战略或企业文化需要的员工能力与员工实际能力之间的差距，这种差距导致低效率，阻碍企业目标的实现。只有找出存在绩效差距的地方，才能明确改进的目标，进而确定能否通过培训手段消除差距，提高员工工作效率。

2）寻找分析差距产生的原因

发现了绩效差距的存在，并不等于完成了培训需求分析，还必须寻找差距的原因。因为，不是所有的绩效差距都可以通过培训的方式去消除。有的绩效差距属于环境、技术设备或激励制度的原因，有的则属于员工个人难以克服的个性特征原因，只有在员工不是因为难以克服的个性特征原因而存在知识、技能和态度等方面能力不足的情况时，培训才是必要的。

3）确定解决方案

产生培训需求找出了差距原因，就能判断应该采用培训方法还是非培训方法去消除差距。企业根据差距原因有时采用培训的办法，有时采用非培训的解决办法，有时也采用培训与非培训结合的解决办法，一切都根据绩效差距原因的分析结果来确定。

培训的成功与否在很大程度上取决于需求分析的准确性和有效性。进行培训需求分析，除了以上对培训需求的形成原因的客观分析外，还要着重从培训需求的不同层面、不同方面、不同时期来进行培训需求分析。

5.3.10.11 需求分析结果

由于岗位所属组织机构层面新的要求，可能会产生培训需求。因此，弄清特定岗位的培训需求，首先必须在组织机构层面，通过对新任务的详细审查来进行。

为明确培训需求，还需要检查工作中的不足之处，并提出恰当的解决方法。改进或增加培训大纲的内容并不是唯一的方法。也就是说，需求分析可能会产生不需要通过培训就能够使工作中的不足之处得到解决的办法，这样的解决办法如：

- 改进规程。
- 改善设备。
- 改进安全。
- 改进监管。

而需要通过培训来解决的工作问题，就是所谓的有效培训需求。因此，只有在确定了有效的培训需求之后，才能进行下一步岗位(工作)及任务分析工作。

5.3.10.12 培训需求分析应注意的问题

1）重视培训需求分析，完善培训管理体系

核电厂培训需求反映了核电厂要求具备的理想状态与现实状态之间的差距，这个差距就是培训需求。要想获得有效的培训，为核电厂的经济效益带来收益，管理层必须加强对培训需求分析的重视程度。培训需求分析就是判断是否需要培训及培训内容的一种活动或过程，它对企业的培训工作至关重要，是真正有效地实施培训的前提条件，是使培训工作实现准确、及时和有效的重要保证。

在培训工作中，企业的培训制度往往体现着高层领导的管理理念，也决定了培训在企业中所处的位置。因此，企业的领导应协同人力资源部门经常与员工沟通并进行培训需求调查，科学地把握不同学历、不同年龄层员工对培训各方面的需求，确定员工需要进行哪些方面的培训，哪些员工需要培训，培训的内容和方式是什么，培训真正见效所需要的时间，培训的成本如何。只有针对员工真实的需求进行培训，才能切实地达到培训的目的，取得良好的培训效果。

只有在准确定位培训需求后，才能进行培训方案的设计，开发培训计划，从而避免培训工作流于形式。特别是人力资源部门要了解核电厂的目标、面临的挑战以及迎接挑战中需要具备何种技能的人；随后，人力资源部门与高层领导共同进行现状分析，来探讨企业总体的培训需求、确定培训的方向与重点；然后，人力资源部门再召集各部门负责人，了解其对部门员工的期望。同时，在员工岗位绩效评估的过程中设自我开发的栏目，了解员工的培训需求，而后将两者结合起来设计部门、员工的年度培训计划。无论是组织内部还是外部，通过需求分析收集了制订培训计划、选择培训方式的大量信息，这无疑给将要制定的培训计划的实施营造了良好的氛围，使培训规划得到全员性的支持。

2）建立短期与前瞻性培训需求分析相结合的分析模式

为了解决企业在培训工作中短期培训需求分析与前瞻性培训需求分析相脱节的现象，在进行员工培训需求分析时，企业人力资源管理部门应透彻理解企业战略，准确把握企业发展方向，突出前瞻性培训需求分析实际效能。采用前瞻性培训需求分析方法，预测企业未来工作变化、职工调动情况、新职位对员工的要求；以及员工已具备的知识水平和尚欠缺的部分。因此，负责培训和开发的工作人员应该在制定培训计划以前要把握住这种变革，满足技术的不断进步和员工在组织中个人成长的需要。然而，需求分析的“前瞻性”未必都是战略与发展要求的响应，如果由于企业缺乏明确战略规划，就会存在着与企业战略目标相脱节的风险。这种直接依据企业战略规划或经营管理报告等企业文献得出前瞻性实质内容的风险将更大。这时就需要短期培训需求分析作为有效的补充。短期培训需求主要是分析企业现阶段的生产经营目标、生产经营目标实现状况、未能实现的生产任务、企业运行中存在的问题等方面，找出问题产生的原因，确认培训是解决问题的有效途径。因此，在改进分析模式时，应将取其“前瞻性”的精髓融入各阶段的短期培训需求分析中，从而使企业战略性发展与现阶段业务发展方向对培训需求的影响分析进行有机结合，形成机制化的分析模式。

3）科学收集信息，奠定培训需求分析基础

收集培训需求信息的方法有很多，主要有六种：调查问卷法、观察法、关键人员访谈法、阅读工作说明书法、访问专家法、重大事故记录法等。在具体收集培训需求信息时，不能只片面地使用一种方法，而要结合使用两种以上的方法，避免得到的信息不全面或不真实。准确全面的培训需求信息，可以为培训需求分析工作奠定坚实的基础。

4）强化我国代企业培训需求的层次化分析模式

企业的培训需求是由各个方面的原因引起的，确定进行培训需求分析并收集到相关的资料后，就要从不同层次、不同方面、不同时期对培训需求进行分析。培训需求分析可以在三个层次上进行，即组织层次分析、工作岗位层次分析和员工个人层次分析。并且，这三大层次并不是截然分开的，而是相互关联、互有交叉。因此，在进行培训需求分析时，应把三个层次综合起来，以保证培训需求分析的有效性。

• 组织层次分析

它指的是确定组织范围内的培训需求，以保证培训计划符合组织的组织目标与战略要求，需要对组织的外部环境和内部环境进行分析，包括政府的产业政策、竞争对手的发展情况、企业的发展目标、发展战略、企业的生产率、事故率、疾病、辞职率、缺勤率和员工的工作行为等进行分析，关键问题是发现组织目标与培训需求之间的联系。因此，在分析的过程中应该根据需要确定培训需求和培训对象的实际，综合考虑组织未来要求的人事计划、培训成果转换的组织培训气候和改善组织气氛与个体满意度三个方面因素。

• 工作岗位层次分析

这一层面的分析需要确定培训的内容，即员工达到理想的工作绩效所必须掌握的技术和能力，包括系统地收集反映工作特性的数据，并以这些数据为依据，制定每个岗位的工作标准。同时还要明确员工有效的工作行为所需要的知识、技能和其他特征。工作分析、绩效评估、质量控制报告和顾客反映等都为这种培训需求评估提供了重要信息。这个层次的培训需求决定了培训的内容。

• 员工个人层次分析

主要是确定员工目前的实际工作绩效与企业的员工绩效标准对员工技能的要求之间是否存在差距，主要是为了将来评估培训的结果和评估未来培训的需要。信息来源包括员工业绩考核的记录、员工技能测试成绩以及员工个人填写培训需求问卷等资料。

5.4 SAT设计阶段

5.4.1 概述

设计阶段的目的就是把分析阶段选出来的全面工作能力/KSA转换成培训目标，然后，把这些培训目标进行排序，形成培训课程，最后，再编排成初始培训和复训大纲，制订相应的培训计划。图5.4-1表示出直到SAT设计阶段的各输入和输出项。

图5.4-2表示了在设计阶段各项工作的关系。重要的是第一步，把KSA转换成可衡量的客观的培训目标。这一步和培训大纲确定的入学水平要求（如，学历、经验、以前的培训情

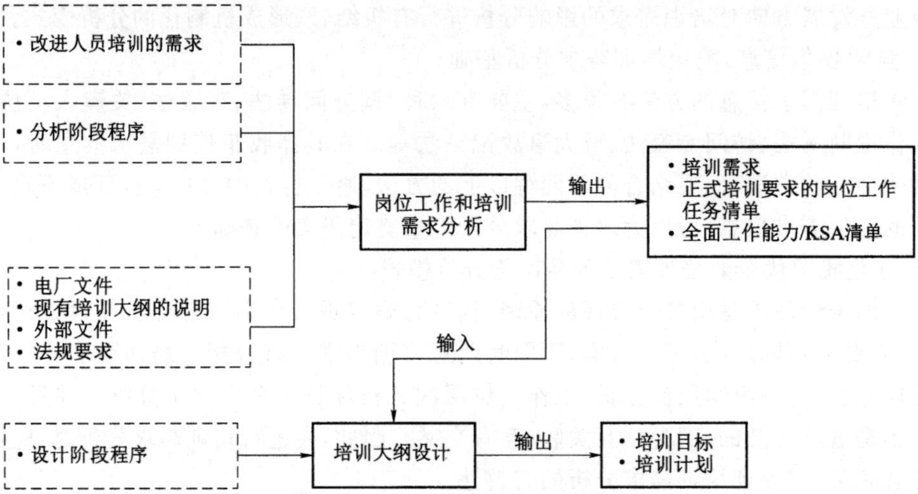

图 5.4-1 设计阶段的输入和输出

况)有内在联系,以此来决定要写入什么样的培训目标。图 5.4-2 的所有步骤为到培训计划的输出项。

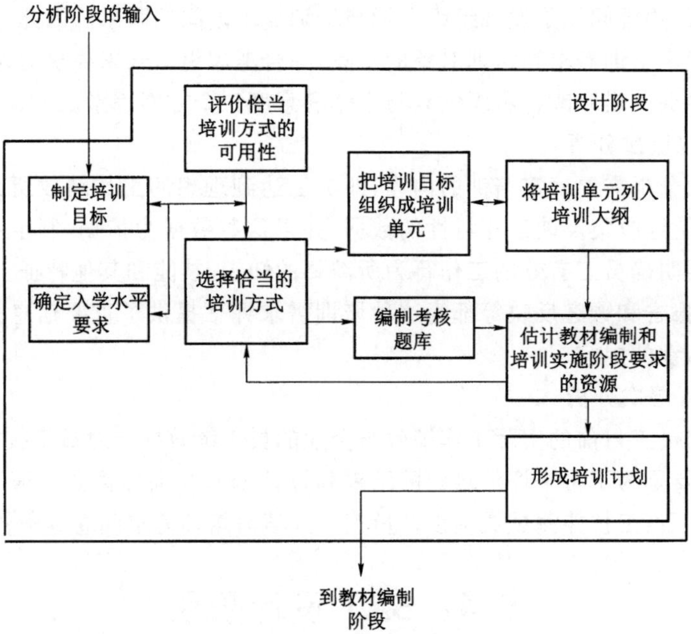

图 5.4-2 设计阶段各步骤间的关系

培训计划由下列部分构成:

- 列出培训目标。
- 实现上述培训目标的培训方式。
- 初始培训和复训的培训单元进度。
- 列出在初始培训和复训都要讲到的培训目标。

- 列出适用于多组或相类似岗位人员的培训单元。
- 学员入学水平要求。
- 考核项目。
- 估计开发和实施阶段的资源(人力、物力和财力)要求。

培训计划还应指出培训大纲的开发和实施的责任,审查和批准培训教材的责任。大多数岗位的培训大纲的实施责任,由培训部门和核电厂有关人员承担。

5.4.2　培训目标

培训目标指明学员完成了某个阶段培训之后能够干什么,在什么条件下达到什么标准。培训目标须包括下列要素:

- 主体(学员)。
- 行动(可衡量的行为)。
- 客体(针对什么采取行动)。
- 条件(在什么条件下采取行动)。
- 标准(学员必须达到的)。

培训目标要清楚地提出学员能力标准,这样考核学员是否完成培训或部分完全培训就有了依据。培训目标直接把岗位工作与培训大纲联系在一起。培训目标不仅对教员是重要的,对学员也很重要,它清楚地告诉学员对他们的要求是什么。培训目标分为两类——最终目标和分解目标。

5.4.2.1　最终目标

最终目标直接与某项任务和全面工作能力有关,说明完成培训大纲之后,对学员的能力要求。对于每项全面工作能力的培训都要制定其最终目标。下面就是最终目标的例子(见表 5.4-1)。

表 5.4-1　最终目标开发实例

主体和行动	客体	条件	标准
学员完成培训之后学员能够指出	从冷凝泵入口到主给水泵入口冷凝系统中每个部件和联接	在汽轮机厂房跟踪系统	在 40 分钟内能 100%正确地指出所有部件和联接

5.4.2.2　分解目标

分解目标(能干什么)是在完成最终目标之前必须达到的培训目标,分解目标一般由两项或两项以上组成。

下面是分解目标的实例(见表 5.4-2)。例如,主控室操纵员在反应堆功率变化时,控制氙振荡的任务为最终目标有关的分解目标。

表 5.4-2　分解目标开发实例

主体和行动	客体	条件	标准
学员经该培训后	反应堆裂变产物毒物	笔试	写出两个对反应堆运行有意义的毒物名称

5.4.2.3 培训目标清单实例

表 5.4-3 给出了培训部门培训管理岗位培训目标清单的实例。

表 5.4-3 培训目标清单(TOL)

处室/科室	培训处/培训科	岗位名称	培训管理工程师		版次 A-01
岗位编号	P01D29L03	任务领域名称	培训领域		
任务编号	任务描述	分项任务	完成任务 KSA	培训目标	分解培训目标
F09I01C01	管理程序编制	编制(程序)目的与适用范围	公司政策及培训工作大纲知识	掌握公司政策及培训工作大纲对培训制度有关的规定	1) 了解公司政策和培训原则;2) 明确培训管理机构;3) 了解培训管理制度
		编制参考文献	法规、规范及标准知识;	掌握法规、规范及标准对核电厂人员培训的有关规定和要求	1)明确核电厂人员需要具备的资格要求;2) 掌握对核电厂各类人员的培训要求;3) 明确核电厂人员的授权要求
		编制职责	公司及部门组织机构及职责相关知识	了解公司及部门组织机构及职责相关知识	1)了解公司部门组织机构与职责;2) 了解本部门组织机构及职责
		编制程序(内容)	法规、规范及标准知识、培训基础理论知识、现有程序及接口等	掌握法规、规范及标准知识和培训基础理论知识	1)明确核电厂人员需要具备的资格要求;2) 掌握核电厂各类人员的培训及授权要求;3) 明确核电厂人员的授权要求。4) 掌握系统化培训方法SAT 的各个阶段等
		编制记录	核安全导则对培训记录的要求	掌握核安全导则对培训记录的要求	1)了解记录的建立与分类;2) 掌握导则所明确的记录管理制度;3) 掌握导则规定的储存、保管和保卫要求
		编制图表(基本知识,可不列)及程序格式要求	EXCLL 制表、word 画图知识与技能和公司大纲和管理程序编制指南的规定	掌握 EXCLL 制表、word 画图知识与技能及公司大纲和管理程序编制指南的规定	1)掌握 EXCLL 制表的知识和技能;2) 掌握 word 画图知识与技能。3) 掌握公司大纲和管理程序编制指南的规定

编制	签名	校对	签名	审查	签名	批准	签名
	日期		日期		日期		日期

5.4.3　选择培训方式和安排培训单元进度

按照培训大纲开发培训计划，就是把培训相关的培训目标组织到课程中，由课程构成培训单元，再把这些培训单元按顺序排列，以提高学习效率和效果。每一个培训单元在一个培训方式下进行。对核电厂运行和维修人员的培训方式主要有：

- 课堂培训。
- 模拟机培训。
- 在岗培训。
- 实验室或车间培训。
- 计算机辅助教学培训。
- 自学。
- 模拟体。

在岗培训、课堂培训、模拟机培训及其他培训方式交替使用，能调动学员的积极性。培训大纲的设计人员要对某种培训方式的培训时间作出规定。学员不应脱离岗位时间太长，避免使以前的培训和实践获得的能力受到荒疏。多种培训方式可提高培训效果，当然也不是所有的人都以一种模式进行培训。各种各样的培训方式提供了不同的学习手段。例如，有些操纵员培训，先进行两周课堂培训，接着进行在岗培训，最后，再进行为期两周模拟机培训。

对于某些岗位可以针对一组任务（全部岗位工作的一部分）设计几个培训单元。这样，就有可能使某些人员在完成全部培训大纲之前就可以有能力干某些实际工作。对维修人员常用这种办法。例如，有些维修人员在没有接受全部辐射防护培训之前，可以在无污染的设备上工作。

5.4.3.1　影响选择培训方式的因素

经验证明：没有一种万能的培训方式。作为一个培训计划开发和实施人员，应对现有的培训方式有所了解，知道每种培训方式的优点、缺点和限制条件。选择能完全达到培训目标的方式，还要考虑下列条件：

- 学员的水平和能力。
- 教材类型。
- 要求的（人力、物力、财力）资源。
- 要求的培训手段。

由于某些培训方式的条件限制，特别是当原来选择的方案不利于核电厂运行（例如，在岗培训使设备停止运行）时，应选择备用培训方式。为了保证现有的培训方式得到充分利用，应注意下列问题：

- 及时利用核电厂的培训设施。
- 在岗培训安排要考虑到核电厂运行工况（包括停堆）提供的进入现场的机会。
- 核电厂专用设备或模拟机的可用性。
- 教学设施的可用性。
- 实验室设备的可用性。
- 学员保持最佳规模，人数不要太多。

培训方式影响培训的真实性(模拟实际工作环境的精确程度)。培训方式的选择要考虑为达到有效培训的真实性要求。为此,培训任务可分为要求完全模拟的任务、不要求全部模拟的培训任务和可分组和单独进行的培训三类。

1)要求全模拟的任务

这类任务有两个特点:

- 对核电厂的安全、可靠运行非常重要。
- 不用全模拟的方法就不能满足培训标准要求。

例如主控室操纵员对异常或应急工况有关的培训。全范围模拟机和实际核电厂设施/设备可用来进行完全模拟的培训。同样,对维修人员来说利用核电厂设备或全尺寸模拟体可进行这种完全模拟的培训。用于检修和标定反应堆保护系统有关的培训越来越多地采用模拟体,模拟体可进行完全模拟的培训,而不会影响核电厂运行。

2)不要求全部模拟的培训任务

没有必要所有的培训都选择用最真实的培训方式。因为,有些培训任务用较少的时间和经费同样可达到相应的培训目标。这样的培训可以在部分任务模拟机或不必与岗位环境完全相似的实验室或车间进行。

例如传感器的标定,重要的是要求能使用适当的仪器来进行这种标定,而不一定要模拟环境。

3)可分组和单独进行的培训

有些培训目标可以采用课堂教学或自学的方法。在许多情况下,这种培训方法可用于前两类培训方式的预备培训。

5.4.3.2 课堂培训

由教员指导的培训,包括:

- 讲课。
- 利用资料、图纸、模拟、照片、电影、透明胶片等进行演示。
- 讨论。
- 在教员指导下解决问题。
- 实际训练。

采用SAT方式的课堂培训是最适宜的,因为:

- 保持讲课内容的一致性,能达到标准的要求。
- 在有限的时间内提供大量信息。
- 可同时有较多人参加培训。
- 比其他培训方式费用低,也容易组织。
- 不影响核电厂运行,与核电厂运行状态无关。
- 培训环境舒适(照明、温度、环境)。
- 可有效地使用教具(投影仪、幻灯机、录像、电影、计算机辅助教学、模型和模拟体)。
- 有利于与教员以及在学员之间进行讨论。
- 易于考核。

在培训大纲中,可把课堂培训分成几个单元,每个单元有一定期限。再把单元分成若干个节,一般称为课。掌握一堂课的时间,以能吸引学员的注意力为准。

5.4.3.3 模拟机培训

许多核电厂仅对操纵员采用模拟机培训，也有不少核电厂已扩大模拟机培训范围，对检修和其他运行人员也用模拟机进行培训。模拟机培训在核电厂人员培训中的重要性是显而易见的，本节讨论的不仅是模拟机对操纵员的培训，还要讨论模拟机用于核电厂其他岗位人员的培训。

(1) 模拟机分类

本节说明核电厂通常使用的模拟机类型，模拟机应符合“核电厂人员培训模拟机”(IAEA-TECDOC-685)标准的要求。

1) 全范围模拟机

使用最广泛的模拟机是全范围主控室模拟机，它可以模拟主控室实施的所有操作。全范围主控室模拟机通常要参照核电厂，尽量复制核电厂的系统，包括通信系统；完全复制主控室的环境，一般，这样的模拟机能模拟某座核电厂的典型工况，并保持核电厂系统的动态特征，其硬件和软件可再配置。这种模拟机的还可用于仪控(I&C)技术人员对反应堆保护系统的检修和标定的培训。培训目标包括故障排除，反应保护系统或重要系统的故障判断的培训，只能在全范围模拟机上进行。

2) 部分任务模拟机

部分任务模拟机是针对某个核电厂的特定项目和进行现场专项培训而设计的。它既可以模拟单个系统运行，也可以详细模拟核电厂主系统出现的故障。正如它的名称那样，它不能对一项任务进行全方位的模拟。

3) 基本原理模拟机

基本原理模拟机一般用于分解目标培训，而不是对最终目标进行培训。它用简化的模型或设备，让学员理解复杂的系统或工作的原理。

实际上，还有很多种上述三种基本类型模拟机的变异体。值得一提的是：有一种多功能模拟机，它的适应性强，费用合理。

4) 多功能模拟机

这种类型模拟机的核电厂系统运行模型与全范围模拟机的模型一样，只是简化了控制和仪表指示。多功能模拟机可以达到有些基本原理模拟机、部分任务模拟机或全范围模拟机能达到的培训目标。当然，与主控室环境相关的培训目标的培训用多功能模拟机是办不到的。

无论从培训的观点来看，还是从模拟机的开发和计算机配置管理的角度来看，多功能模拟机可为核电厂专用性，高度真实性和复现性模拟机有用的先驱。

现代模拟机所达到的模拟能力是很强的，可适用于多种培训任务。最终选择哪种装置，取决于对所选择任务的培训效果和模拟机的费用。然而，近年来计算机辅助培训(CBT)与模拟机培训相结合，增强了采用模拟机培训的选择余地。

(2) 主控室操纵员初始培训大纲中的模拟机培训内容

核电厂对主控室操纵员和值长进行初始培训和复训普遍使用模拟机。对主控室操纵员的模拟机培训，包括对正常、异常和应急运行工况响应的操练。这些操练提供了非常有价值的实践机会，可以操练很少遇到或在实际中碰不到的操作。常常把模拟机培训分为若干个有关的单元来进行，包括：

- 正常运行。
- 异常运行和故障。
- 应急和事故运行。
- 主控室值长培训。
- 值长培训。

也有些培训和课堂培训结合起来，在基本原理模拟机上可以演示比实际快的核电厂瞬态或利用CBT进行培训，效果也很好。以主控室操纵员掌握氙的反应性为培训目标的培训为例，完成培训大纲后，主控室学员能够在下列功率变化下，画出由于^{135}Xe浓度的变化引起反应性的变化：

- 100%到0%，即紧急停堆。
- 0%到100%。
- 50%到100%。
- 100%到50%。
- 平衡工况的近似反应性值、峰值以及大致时间范围。

在模拟机上可模拟这些现象，跟课堂培训相比，其优越性是显而易见的，特别是它不只是让学员听或看，而且还能够让学员动手操作。

另一个主控室操纵员培训相关的培训目标的实例就是完成培训大纲后，主控室学员能够：

- 在没有教员的帮助下，按照规程，实时地从停堆换料启动整个机组到满功率运行。
- 给定规程，详细说明上述每个规程步骤符合规定的标准。

如果有全范围模拟机，对于上述的培训当然是首选全范围模拟机。如果没有全范围模拟机，恰当培训方式的选择就存在些问题。目标的第一部分可采用课堂培训、基本原理模拟机（如果有的话）和延长OJT的培训时间相结合的方式来达到培训目标，在这些培训过程中，学员可以进行演示操作，在监护下操作，在监护下实际操作。最后，在监督下对其进行实际运行考核。

培训目标的第二部分可用多功能模拟机来实现。使用课堂培训和自学相结合使用的CBT方式或许比采用全范围模拟机能更有效地达到培训目标。

在更加高深的培训部分，可能包括如下的培训目标：

完成培训大纲后，主控室学员能够按照规程，借助同事按步骤读指令，诊断并缓解设计基准事故的后果，采取必要的行动。培训小结课中，参阅规程，详细说明上述规程各步符合规定要求的原因。

如果没有全范围模拟机，该培训目标的第二部分可以通过使用在前面机组启动的例子中建议的方法来达到。可是，该目标的第一部分由于OJT不是一种选择而存在一个较大的问题。较少使用全范围模拟机是可能的。但是，就必须增加课堂培训和主控室规程的演示(walkthrough)。

很明显，全范围模拟机是实施该培训目标的最好方式。可是，必须牢记，是培训大纲重要特点的目标的实现，而不是方式的实现。

人因相关的培训目标也需要加入进来，下面是这样一个培训目标的实例：完成培训大纲后主控室学员将能够按照核电厂规程规定，作为担负核电厂全面运行的主控室值班成员，应起到的正确作用。

全范围模拟机是学员达到该培训目标的最佳方式。但是，采用课堂培训、OJT和多功能模拟机培训相结合的方式同样可以达到该培训目标。

(3) 非主控室操纵员基于模拟的培训大纲内容

在SAT的分析阶段就要明确许多要求KSA的运行岗位，其相应的培训可利用模拟机来进行。会从模拟机培训收到较好效果的岗位最可能有：

- 倒班技术顾问。
- 值长。
- 现操。
- 经理。
- 核工程师。
- 仪控技师。
- 场外技术支持人员。
- 人因专家。
- 规程编写人员。
- 教员。
- 核安全局人员。

有些岗位可以使用与操纵员培训同样的模拟机，而有一些类型的模拟机，也可以成功地用于上述人员的培训。也有可能不用全范围模拟机对上述人员培训，而采用其他培训设施可能更为有效。

下面给出可能使用模拟机培训的表格(没有全部列出)，鼓励核电厂管理层安排非主控室的运行人员进行模拟机培训。

1) 仪控技师

反应堆保护系统模拟机可进行故障排除故障诊断培训，人们可以引入故障继而进行诊断和纠正。用全范围(复制)模拟机为好。简单的控制回路及其相关传感器的模拟既可用全范围，也可用部分任务模拟来达到。有三个终端控制器的CBT模拟可用于表现增益变化效果。

2) 辐射防护人员

保健物理仪器能复现对模拟信号的响应而不受辐射，可以采用仪器培训，而不违背ALARA原则。可用荧光材料和外观复制的保健物力仪器来很简单模拟污染情况。

3) 机械维修人员

核电厂设备或备用设备的模拟体可以用于模拟实际工作场所。

4) 电气维修人员

这类人员的模拟培训一个简单的例子是用真实的电气保护设备来模拟电气系统的故障。

5) 现操

有些核电厂采用装换料机模拟机进行培训。还有些核电厂用装换料机在控制盘“模拟”模式下进行这些设备的一些真实操作培训。

6) 化学技术人员

在有些核电厂，水处理厂有自己的控制室。当长期的在岗培训不适宜时，使用多功能模拟机证明是适宜的。

7）电气控制室人员

有些核电厂电网系统的操作在独立的控制室进行。全范围或多功能模拟机对电网系统扰动和电气保护设备运行培训是适合的。

8）管理和应急支持人员

有些操纵员培训模拟机与现场技术支援中心和场外应急设施相联接。这就使得可以利用这种模拟机进行应急准备人员的培训。

5.4.3.4 在岗培训(OJT)

在岗培训在核电厂人员培训中占的时间最长。由于在岗培训对学员达到培训目标起的作用最大，而且在岗培训教员一般都是兼职，因此，对在岗培训应特别重视。有不同类型的在岗培训，它们是：

- 在某个岗位上跟踪岗位人员(影子培训)，看他是怎么干的。
- 在合格人员的监护下执行某项任务。
- 跟踪系统。
- 现场见习。
- 观察专门安排的事件。

SAT方法的在岗培训是一个系统性的方法，它使学员在实际工作环境中获得岗位要求的KSA。它不仅仅是在岗位上在合格的人员监护下工作，还涉及培训目标、培训导则和培训标准的运用，以及学员的考核问题。它向学员提供了动手机会，使学员熟悉核电厂的日常工作。这种培训应该在合格指定人员的指导下按规定的方式进行。

下面是适用于在岗培训的最终目标的实例(见表5.4-4)，因为没有什么运行限制条件影响实现这个培训目标，因此它适用于在岗培训，也就没有必要为此而建造该设备的模型或模拟体了。

表5.4-4 在岗培训目标实例

主体和行为	客体	条件	标准
完成培训后学员能指出	在冷凝系统中从冷凝泵入口到主给水泵入口的每个设备和联接	在汽轮机厂房察看系统	在40分钟内100%准确地指出所有部件和联接

当选择在岗培训作为培训方式时，应考虑下列因素：

- 培训以小组进行。
- (从核电厂条件考虑)不存在明显的阻碍达到培训目标的限制条件。
- 在在岗培训期间，鼓励对培训任务/目标进行实际操作和演示交替进行。
- 应由合格的人员进行培训和培训管理，并对学员的绩效进行评估。

5.4.3.5 计算机辅助教学(CBT)

计算机辅助教学(CBT)主要用于辅助其他培训方式，如课堂培训或自学。由于CBT日益受到重视，故在本节单独讨论。和其他的培训方式一样，只有当它能高效地、费用合算地实现培训目标时，才能选择它。

CBT培训之所以日益重要，是因为：

• 培训可按学员个人计划进行调整，而不依赖于教员或其他学员的计划。

• 学员可自行调整培训持续时间(包括重复某些选项)，以期完全理解所学的内容。

• 在许多情况下，可更有效地利用培训时间，缩短了某些培训单元的时间，从而减少了培训费用。

• 教员有更多的时间来对学员进行培训大纲最困难部分进行帮助。因为，他们没有必要讲授整个模块课程。

• CBT 软件可设计有考试程序，包括自动评分和记录保存。

• 显然，在选择培训方式时主要考虑费用，有些培训目标适用于若干座核电厂，由于大量人员要进行同类培训，这时选择 CBT 就是合算的。

在选择 CBT 作为培训方式时，也要知道它潜在的不足之处：

• 当核安全法规、核电厂系统和规程发生变化时，CBT 系统更新需要花费更大的投资。

• CBT 系统各国费用不同，有的很昂贵，特别是交互试听系统。

• 对于某些特殊应用，必须有一班设计人员，至少包括高素质的专业人员、图形工程师和软件工程师才能开发 CBT 系统。必须有 CBT 系统设计手册。

目前，即使是在最先进的核电厂人员培训大纲中，CBT 也仅仅只占很小的份额。

5.4.3.6　实验室、模拟体和车间培训

选择实验室、模拟体和车间方式进行培训可以提供类似于学员未来工作环境的培训。一般来说，实验室、模拟体和车间培训允许：

• 模拟实际的岗位条件。

• 学习岗位要求的实际技能。

• 培训运用知识解决实际问题。

• 辅助以课堂培训以讲解部件和系统的修理和维护的详细知识和技能。

• 培训支持任务绩效的基本技能。

核电厂设备的模拟体或实际的备件对达到培训目标可能是十分有用。例如，蒸发器下封头模拟体，按布置、入口、温度和噪声(无辐射和污染)安置在模拟电厂状况的环境中。当有必要进入蒸发器进行检修时，利用这种设备可进行即时培训。

5.4.3.7　自学

自学(也称之为自控制进度或个性化的学习)，不总是有教员在场的情况下，按自己安排的进度来学习。自学包括：

• 阅读教材或其他书面培训材料。

• 个人研究或解决问题的训练。

• 计算机辅助教学或其他类似技巧。

虽然不要求教员总是在身边管理，但教员要给学员以帮助，并定期对他们的进展进行考核。

在培训教材充足，并且培训目标适于自学时，可选择自学为培训方式。一般来说，作为课堂教学的补充，自学适合于基础理论培训、系统培训或部件说明。

当自学适用于核电厂培训时，必须保证有意义的培训在没有教员管理的情况下就能进

行，并对学员不会造成伤害或对设备造成损坏。适合于自学的任务具有简单的特性，不要求复杂昂贵的设施、设备或材料。

5.4.4 复训要求

5.4.4.1 概述

复训主要有两类：

• 第一类：复习初始培训中通过岗位工作，能力不能得到保持的培训目标。这种培训目标的一个例子是那些保证核电厂安全运行不常执行的重要任务的培训目标，如：对异常或应急工况响应相关的培训目标。

• 第二类：在核电厂设计、核电厂规程和法规要求变更上的培训，以及运行经验反馈方面的培训。

因此，复训的目的不仅仅是为了保持人员的能力，而且是为了满足核电厂安全、可靠运行所要求加强的那些全面工作能力。图 5.4-3 说明复训与核电厂人员全面工作能力变化的关系。本图说明在完成了初始培训之后，人员的能力有向上的趋势。可是，对某些岗位工作领域，需要定期复训来保持其全面工作能力水平。

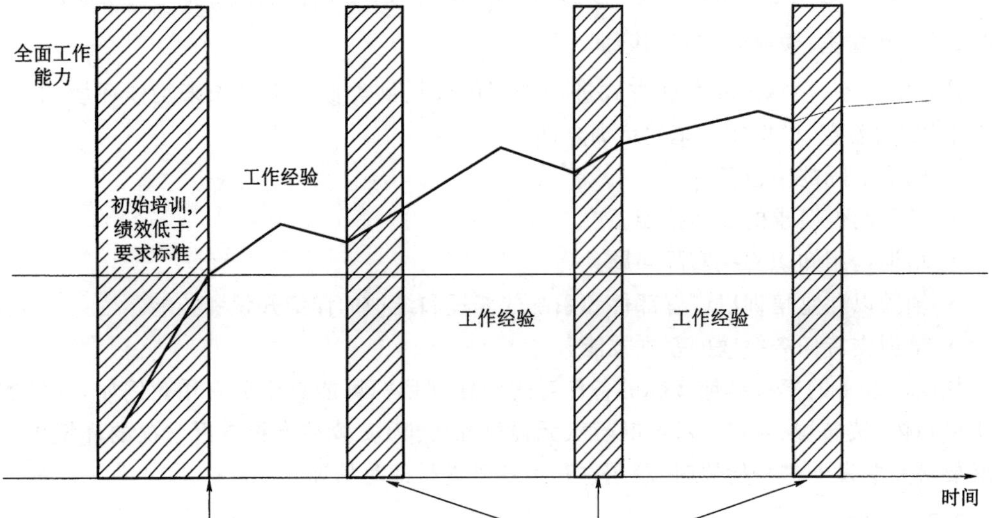

图 5.4-3 复训人员的全面工作能力变化

5.4.4.2 主控室操纵员与值长

需对主控室操纵员进行复训的一个典型事例是应急状况的缓解。下面是有关该复训需求的培训目标的例子。第一是对主控室操纵员班组，第二只针对值长。

完成了模拟机培训之后，主控室操纵员班组将能够：

诊断并缓解设计基准事故的后果，在同伴的帮助下，按步读规程指令，并按规程要求采取必要的措施。

完成了模拟机培训之后，值长将能够：

在设计基准事故期间，监督主控室操纵员的行动，按照规程与厂内外机构联络，宣布相应的应急水平。

经验表明：主控室操纵员的复训应该具有下列特点：

• 频率应该至少每年 2 次。

• 每次应为 3～5 个工作日。

• 总的复训时间，应保证每年 50～100 小时的模拟机复训时间（包括操练前的介绍和操练后的小结）。

对于复训，重要的是强调正确地使用核电厂规程，对主控室操纵员尤其是按照规程进行通信联络。最好是让操纵员参加各个岗位轮流值班。这样，可处理好人际关系，使他们更好地了解与其他值班员的关系。许多主控室模拟机可操练通信功能。因此，可以让主控室操纵员和技术支持人员（如，维修人员和辐射防护人员）之间进行角色演练。有时，管理层和技术支持人员（可能在实际应急情况下主控室中要求的人员）在模拟机场景演练时，扮演他们在实际电厂中所承担的角色，这对复训是非常有益的。

由教员和值长共同来考核学员是有好处的，这是保证核电厂和培训机构都用同样的绩效标准的一种方法。

关于课堂培训，有些营运机构认为，通过复训在课堂上定期地复习初始培训的部分内容是有益的。建议对主控室操纵员在热工、反应堆物理、流体力学和电气理论方面的培训采用课堂培训。建议复训前，进行预测验，确定认知领域中复训内容的必要性。理论方面的复训应与实际的核电厂的系统和特点相结合，以便展现培训与运行的关系。

5.4.4.3 维修人员

对维修人员的复训，跟运行人员一样，分为两类：

• 第一类：复习初始培训中通过岗位工作，能力不能得到保持的培训目标。

• 第二类：在核电厂设计、核电厂规程和法规要求变更上的培训，以及运行经验反馈方面的培训。

然而，有些核电厂，在一定的时间间隔内，采用“即时培训”作为复训的选择方式。这种培训恰好安排在干某项工作之前进行。它特别适用可以事先计划好的不常干的工作，如：大修期间的检修工作。

5.4.4.4 其他人员

对核电厂人员，通过日常工作保持各方面的全面工作能力一直是普遍的惯例。然而，随着时间的推移，人员某些方面的工作能力可能会下降，对所有的核电厂人员都是如此，而运行人员最为突出。

5.4.5 适用于多岗位培训模块的确定

5.4.5.1 人员通用培训

对核电厂人员、承包商人员，以及参观人员的通用培训，最明显的要求就是在无人陪护下进出核电厂各个部分所需要的安全培训，这通常称为一般人员培训。

对一般人员培训的培训要求分析将要指明在工业安全方面和应急事件下正确响应能力方面的 KSA 范围。在工业安全、防火、应急响应、保健物理、核电厂设计、组织机构和出入非辐射区管理制度方面所要求的知识深度取决于人员类别。知识深度分两类：

第一类：通过短期培训，可以使他们在无监护或管理下在非辐射区工作。

第二类：通过短期培训，可管理他人或引导他人进入工作区工作。

对于那些职责要求他们在辐射或污染区工作的人员，要增加辐射安全程序方面的培训，他们在进出和工作在这些区域时必要遵守这些程序。

许多核电厂每隔1或2年对一般人员进行一次复训，对初始培训进行复习；并通报有关要求的变化和获得的经验教训。

5.4.5.2 基础理论与核电厂设计

核电厂有些不同的岗位要求掌握共同的(部分或全部的)基础理论(如，传热学)和核电厂系统(如，主冷却剂系统)的知识。只要培训目标适用这些岗位，就要对这些课程作适当裁剪，使这些培训课程适用于不同的岗位在一起进行培训。通过在这样的通用培训单元增加学员人数，可以提高培训效率。

5.4.5.3 核电厂人员在人因和其他方面的通用全面工作能力

下面列出的人因方面的全面工作能力适用于大多数核电厂岗位。因此，在这些全面工作能力上的培训目标和设计培训的单元应该适用于许多不同组别的人员。章节5.9详述了人因方面的全面工作能力。

- 沟通。
- 班组建设。
- 管理与监督。
- 领导。
- 分析方法。
- 人机接口。

5.4.6 学员初始水平要求

图5.4-4给出了岗位全面工作能力要求、初始水平要求和培训大纲内容之间的关系。岗位全面工作能力要求(KSA)是由分析阶段来确定的。核电厂管理层根据多种因素，其中主要是学历，来建立学员的初始水平要求(学历、经验、先前的培训)。岗位全面工作能力要求和学员初始水平之间的差异正是初始培训大纲所必须提供的培训。复训大纲的培训，可以保证人员的岗位全面工作能力不断更新，并保持在最低标准以上。

准确地确定学员初始的KSA水平，可以使得培训在恰当的水平来开始；并可避免不必要的培训。学历固然重要，但它还不足以确定专门的KSA应是初始水平，或应该包含在培训大纲。在许多情况下，必须是先估计学员岗位需要的全面工作能力初始水平的范围。然后，在培训大纲实施前，通过对学员进行预测验来核实这种估计。

5.4.7 考题设计与组卷

对于每项培训目标，应该要开发一道或多道考题。考试可以是对获得技能的考核(笔试或口试)或实际的演示(在岗培训、实验室或模拟机培训)。电厂见习常用来考核学员的系统和设备位置或标识知识。能力演示应尽量地涉及实际的工作能力。模拟性的能力考核应该

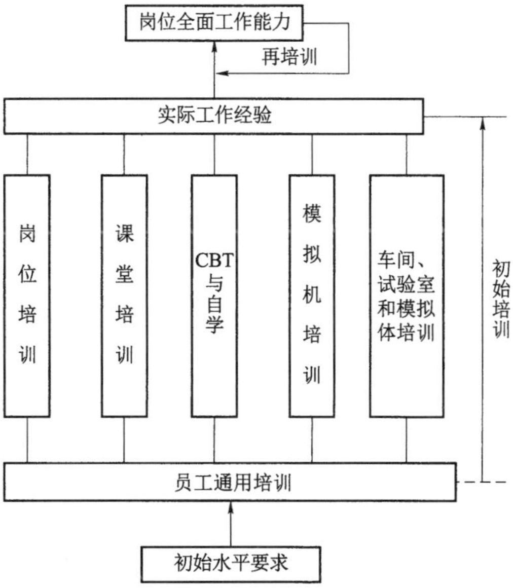

图 5.4-4　岗位全面工作能力实现的通道

尽量在实际的条件下进行。

对操纵员的 KSA 考核不可能在实际的核电厂进行的部分，应该在模拟机上进行。模拟机上的操练，可以显示他们处理正常、异常和应急工况的能力。除了考核单个学员之外，模拟机还可用于考核一个运行班组作为一个整体的工作能力。

此外，培训大纲设计还应规定每个教学单元和最终考试的考核方法。例如，对每个培训单元，培训大纲可以作如下规定：

- 用日（或周）进度考试来评估培训效果，当学员在达到某个培训目标有困难时，应该加强培训。
- 每个教学单元要安排笔试或口试。
- 要成功完成一个单元，学员的笔试或口试最终平均成绩必须在 70 分或 80 分以上。

5.4.8　评估所需资源

实施培训计划的最后一步就是评估开发和实施初始培训和复训大纲所需的资源（即，教员、教材编写人员、核电厂人员、设施和设备）。作为一个项目管理工具，这种估计很重要。当可用资源少于其估计值时，就要考虑修订培训计划。

SAT 过程只有进行到这一阶段，才能形成一个详细的进度，明确培训教材开发的具体资源。

5.4.9　培训大纲

5.4.9.1　概述

核电厂人员的培训，都是围绕人员岗位培训大纲来展开。人员岗位培训大纲代表了岗位对相关人员独立开展岗位工作的要求。初始培训大纲重在满足执行岗位任务所需的最低要求;而复训大纲则重在保持和不断改进工作业绩。为了提高培训效率和更具有可实施性,除一些关键岗位外(如反应堆运行人员岗位分成:现操、RO、SRO、值长、倒班技术顾问),培训大纲是针对一部分类似岗位来建立(如:机械维修人员、辐射防护人员、化学人员等)。培训大纲在建立后,需要定期维护,使培训大纲中规定的培训课程或内容真正满足岗位对人员的全面工作能力要求;而这些能力要求是随电厂设备、系统的变更,规程和法规变化等需要做相应的变化,从而保证培训大纲的有效性。本章节将对培训大纲的制定、制定原则、制定办法、职责、培训大纲的结构和内容、培训大纲认证、培训大纲认证的关键原则和培训大纲认证标准。后续章节 5.4.9.2 ~5.4.9.5 将对一些关键岗培训大纲的编制要求进行描述。

1)培训大纲的制定

采用SAT培训方法进行人员培训的一个重要环节,就是建立起基于岗位任务分析的培训大纲,在此基础上开发出相应的培训教材,并进行人员培训。然后,对培训各个环节进行评估、反馈,据此对SAT培训的各个阶段(分析、设计、开发、实施和评估与反馈)进行改进。通过不断的循环,最终建立起跟核电厂安全、稳定运行和绩效改进相适应的,针对性强的核电厂生产人员培训大纲。为了保证这些培训大纲的有效性,需要对这些培训大纲进行定期认证,按每四年进行认证资格的延续审查。

2)制定原则

在岗培训大纲的制定需要体现安全第一的方针;而培训目标、培训内容和培训方式要与人员所承担工作的安全质量重要程度相适应。

3)制定办法

核电厂根据核安全法规、导则、行业标准的要求及核电厂实际,对各岗位进行岗位任务分析和培训需求分析,提出培训需求,制定并实施各类人员的培训大纲,包括初始培训和复训大纲,以确保核电厂工作人员满足所在岗位的基本要求,达到并保持足够的业务熟练程度。

4)职责

• 部门管理层

核电厂用人部门的管理层对培训大纲的制定和有效实施负责,保证培训大纲内容适当,执行有效,能培养合格的、专业的员工。

• 培训部门管理层

负责各培训大纲的组织实施、总体协调和管理。

• 核电厂管理层

负责对培训大纲实施的有效性进行定期审查和验证;并适时组织人员对培训大纲进行修订。

5)培训大纲的结构和内容

• 培训大纲的结构

培训大纲针对各岗位对核电厂安全稳定运行的重要性和任务的复杂性,恰当划分培训阶段,确定每一阶段的培训目标、培训内容、培训方式、培训时间、培训先决条件和培训考核标准。只有在完成或等效完成前一阶段的培训,并通过考核、评估之后,方可进入后续阶段的培训。

• 培训大纲内容

培训大纲向学员提供执行岗位任务所需的知识、技能和态度。岗位任务分析结果、核电厂现行有效的程序、规程、技术文件、核电厂及行业运行经验、现有岗位合格人员的培训实践等，都可作为制定培训大纲的重要输入，并用以验证培训大纲的内容是否完整、正确。

初始培训大纲的内容应重在满足执行岗位任务所需的最低要求。复训大纲的内容则应重在保持和不断改进工作业绩，包括工作中的经验反馈、概率风险分析、正常运行时较少涉及的操作、事故处理、电厂改造、程序修改以及其他培训科目的复训等。

6）培训大纲认证

美国需要 NRC 认证的培训大纲都是和安全直接相关岗位人员的培训大纲，通过认证，使得这些岗位人员培训大纲的有效性得到确认，从而，保证这些岗位工作的人员都具备了这些岗位要求的全面工作能力；并且电厂的安全性、稳定性和绩效能够得到充分的保证。

中国需要国家核安全局认证的培训大纲只有操纵员的培训与再培训大纲，其他培训大纲还没有实现认证，随着我国核电事业的不断发展，美国的良好实践将会被借鉴；并在我国核电培训领域得到推广。下面是美国核电厂必须要参与 NRC 认证的 12 个培训大纲。

• 运行领域

——现操培训大纲。

——反应堆操纵员（RO）培训大纲。

——高级反应堆操纵员（SRO）培训大纲。

——持照人员的复训培训大纲。

——值长培训大纲。

——倒班技术顾问培训大纲。

• 维修领域

——机械维修人员培训大纲。

——电气维修人员培训大纲。

——仪控维修人员培训大纲。

• 技术领域

——保健物理人员培训大纲。

——化学人员培训大纲。

——技术支持人员培训大纲。

7）培训大纲认证的关键原则

• 美国核电厂培训大纲的认证包括下面三个关键要素：

——运营公司的自评估。

——NRC 认证小组的现场访问。

——国家核认证理事会的审查和决定。

• 对活动的绩效，认证小组完全为 NRC 负责。

• 在做决定权上，国家核认证理事会是独立的，它可以对授予认证或推迟初始认证并对已认证培训大纲认证延续、观察或撤销作出决定。

• 国家核认证理事会决定授予初始认证或认证延续是基于运营公司的培训大纲满足认证目标。对授予或延续认证按一个规定的期限。

8）认证目的与标准

• 认证目的

为了保证核电厂人员培训满足电厂安全、可靠运行和业绩不断改进的需要，电厂人员培训内容可能根据电厂的实际情况，实时进行调整或补充，这样，就需要对相关人员的培训大纲进行改进或修订。为了保证培训大纲得到不断地改进或修订，NRC 一般可每 4 年对核电厂培训大纲进行审查，保证早先认证的培训大纲资格的有效性。为此，各个核电厂需要在 NRC 开始检查前 1 ~1.5 年前开始电厂范围内的培训自评估，为迎接 NRC 的检查作好必要的准备。

- 培训大纲认证标准

美国 NRC 对培训大纲的认证（授权 INPO）制定了 6 个目标，为支持评估核电厂培训大纲是否满足这 6 个目标，在每一目标下建立了相应的认证标准，供评估人员进行认证评估。NRC 认证目标和标准描述了一个有效，管理良好培训大纲的预期结果，这些目标主要强调广泛的功能领域，力图使需要认证的培训大纲满足这些目标。认证标准是支持目标的准则和方法，并用于专业评判。如果一个目标完全满足，不必所有支持标准都满足。6 个目标涉及以下 6 个方面：

——培训是为了改进绩效。

——培训过程与资源管理。

——初始培训与资格评定。

——复训。

——培训实施与学员评估。

——培训的有效性评估。

我国核电厂对培训大纲的认证方面正在参考美国的做法进行推广，由于目前我国核电厂人员培训采用 SAT 还处于起步阶段，基于该方法的认证标准还不能全面推广，后续还有大量的基础工作要做。

5.4.9.2 运行人员培训大纲

(1) 核安全导则（HAD 103/05）要求

1) 大纲内容通用要求

受训人员必须学习核电厂正常运行的日常工作及对核电厂各种变化（如果不进行人为干预，这种变化可能造成破坏性事故）的响应。大纲必须注意改进学员的诊断技能，必须包括正常运行和预计运行事件的运行程序以及设计基准事故和尽可能多的包含严重事故的响应行动。必须在模拟机上练习，以便让学员能够认识到错误操作或违反程序的不利后果。

2) 操纵员和值长的培训要求

操纵员应该在核电厂诊断、操作控制、值内工作和行政管理任务等方面获得广泛的经验。应对值长进行监护方法和联络技术方面的附加培训；与其他操作人员的培训相比，操纵员和值长的培训一般应更为广泛。

3) 现操培训要求

现场操作员除了要接受一般员工的培训外，还必须接受与其职责相当的全面运行培训。所有此类人员必须具备核电厂运行特点的详尽知识和现场操作经验。

4) 培训方式与培训计划

操纵员的培训应包含专题培训、专题讨论会、在岗培训和模拟机培训。应对在岗培训做出计划和实施管理，以保证完成培训期间必修的全部专门课程；模拟机培训应该详细计划和组织，以确保适当覆盖有关专题。这种练习应包括预先的简要介绍和跟踪评估。

5）通用培训要求

必须接受一般员工的培训和与专业管理人员类别所进行培训可以相比较的全面运行培训。

6）反应堆系统培训要求

操作人员的正式培训必须包括履行其职责所需水平的各种技术领域。必须对他们进行核电厂各种系统的功能、布置及运行理论和实践知识的全面教育。对于这种培训来说，参与运行前试验和核电厂启动活动、核电厂已发生事故和事件的分析讨论及运行经验交流，都是很好的培训机会。培训的重点应放在具有重大安全作用的系统上；应该强调维持核电厂运行限值和工况的重要性及偏离这些限值的后果。

7）模拟机培训要求

对于实时处理核电厂行为的直接后果和可能遇到的不能用核电厂实物来演示的低概率异常工况而言，操纵员在有代表性的全范围模拟机上培训是头等重要的。必须将操纵员看成一个整体来培训，使他们作为一个运行值的成员在相互协作中发挥作用。

（2）培训目标

由于运行人员工作疏忽可能给核电厂，核电厂工作人员和公众带来灾难性后果。因此，运行人员的培训和资格对核电厂的安全、运行就显得特别重要了。运行人员培训大纲的目的是要培训出合格的运行核反应堆及其辅助系统和设备的人员，以及这些工作的管理层，使他们能按照核电厂的法规、规程、工业安全标准和有关的管理制度来进行工作。

（3）运行人员的职责

为了确定核电厂运行人员的培训和资格要求，必须首先确定他们的岗位职责。一个标准核电厂的运行人员职责为：

1）值长

为核电厂一个运行班的负责人，当值期间，对核电厂负责，这包括按照专门的规定和程序对整个运行进行监督；并协调各项检修活动。

2）主控室操纵员

负责监视核电厂所有系统的运行情况，按照运行规程在主控室进行运行控制，并指导现场操纵员操作系统和设备。

3）现场操作员

负责按照运行规程和指令，在现场操作系统和设备。

（4）运行人员的能力要求

要求值长有较高的分析判断能力。由于可用于进行决策的时间受核电厂运行要求的限制，这就要求值长对核电厂的了解和对规程的了解广泛而深刻。操纵员就是按照规程行事，当没有现成的规程时，就是按值长的指令操作。因此，操纵员应具有分析应用能力，但是对核电厂的了解必须广泛。当然，如果操纵员对核电技术和核电厂的知识和技能的掌握达到值长的水平，而不仅仅是照章办事，这就有益于值长和操纵员之间的技术交流。

一般来说，从核电厂外部和营运机构外部招聘来的人员，不能满足对运行人员独特的、专门的KSA的培训要求。因此，直接从工科院校和大学招收人员在核电厂或其他培训机构经过专业理论培训、在岗培训、专门的系统、设备培训和模拟机培训是通常的惯例。

(5) 培训大纲的设计和开发

由于没有良好的操纵员培训可能会给核电厂、核电厂人员和公众带来影响非常巨大。因此,一个完备的运行人员培训大纲特别重要。然而,本节不想为培训大纲的开发提供一般性的指导,而主要放在进行运行人员培训时,有些容易忽视的地方。

1) 基础理论

反应堆操纵员需要牢固的基础理论知识来了解系统运行、整个电厂的运行,以及诊断系统和部件的问题。这些基础理论知识涉及堆工、热动、电气、机械、自动化和化学等多个专业。

为了拓宽操纵人员的专业基础理论知识面,操纵人员在原来学校所学专业的基础上还需要补充核电厂相关专业的基础理论知识。这些课程包括:

- 核反应堆物理。
- 核反应堆热工水力学。
- 工程热力学。
- 核电厂辐射防护。
- 核电厂材料。
- 核电厂通用机械设备。
- 核电厂水化学。
- 核电厂电气原理与设备。
- 核电厂蒸汽动力转换系统。
- 核电厂核蒸汽供应系统。
- 核电厂仪表与控制。
- 核电厂核安全。
- 核电厂运行概论。
- 核电英语。

2) 核电厂主要系统与设备

通过核电厂主要系统和设备的培训,使操纵人员对核电厂的所有生产流程中的系统建立起整体概念。复习主控室中控制或监控的电厂所有系统,尤其是那些跟核安全和电厂可靠性相关的系统。包括相关参数值、控制室的指示和控制、连锁、信号器、假想故障、运行规程和跟每个系统相关的限制。强调监督试验期间,以及正常、异常和应急运行工况期间的整个电厂运行和操纵员的相应。对主要设备的材料、结构、原理和运行维护全面地进行学习,提高操纵人员的实际运行水平。

- 反应堆冷却剂系统。
- 核流体系统。
- 辅助流体系统。
- 蒸汽与动力转换系统。
- 电气系统。
- 仪表和控制系统。
- 放射性废物处理系统。
- 通风系统。

- 机械操作系统。
- 换料操作系统。

3）在岗培训

在岗培训主要包括如下内容：

在岗培训第一阶段：一回路、二回路、BOP、电气检修、仪控检修 5 个岗位进行，每组每个岗位为期 1 个月的在岗培训。

在岗培训第二阶段：一回路、二回路、BOP、技术支持岗位、仪控检修 5 个岗位进行，每组每个岗位为期 2 周的在岗培训。

主控制室在岗培训和影子培训：培训时间为 04 届主控室在岗培训为 7 个半月，影子培训为 10 个半月；05 届主控室在岗培训为 4 个月，影子培训为 5 个月；06 届主控室在岗培训为 6 个月，影子培训为 9 个月。

在岗培训和岗位绩效评估给操纵员取照候选人员在持照操纵员的直接监管下提供倒班运行中的动手（Hands-on）经验。在岗培训和岗位绩效评估是两个独立的、不同寻常的阶段。

在岗培训专题内容包括：

- 维持对电厂状态的了解。
- 监控主控室仪表。
- 用手动和自动模式运行系统或设备。
- 对操纵员的行动预计的电厂响应。
- 进行倒班巡查，工前会和交接班。
- 通过维修人员使用规程，监控工作进展。
- 理解和运用预防措施和限值。
- 规程步骤顺序化。
- 确定并纠正程序中的错误。
- 维修后恢复系统。
- 调查没有预计到的结果。
- 将维修行动成文。
- 把电厂监督/性能试验成文。
- 参数趋势化并明确不利趋势。
- 成文设备状态变化。
- 倒班组织机构。
- 作为一个道班组成员进行工作。
- 沟通和指导非持照操纵员的活动。
- 和电厂其他部门接口。
- 在电厂启停期间，为启动反应堆，增加功率达到加热点，并使用反应性控制停堆等。

4）其他培训

- 应急响应培训

对事故响应和管理方面的培训是运行人员培训的基本部分。有些针对应急的运行操作，只靠模拟不能进行有效的培训，而应该进行实际操练。因此，必须采用现场操练来学习实际的应急响应和动手能力。通常，运行人员要和其他有关人员一起接受这些培训。这些操练包括：

——消防演练

消防演练必须包括灭火和氧气面具设备的使用，和核电厂其他部门人员及地方消防队一起进行报警程序的演练，也包括急救演练。

——核电厂应急演练

应急演习应包括辐射监测和防护设备的使用，以及放射性向厂内外释放情况下警报程序的演练。核电厂内部、外部支援人员都应参加这些演习。

——电厂设备的操纵

操练在应急情况下，在一定的时间内，须启动的核电厂设备。这些演练应与设备定期试验结合起来。

——主控室撤离

在发生火灾或有毒气体释放的情况下，撤离主控室。电厂从主控室外停堆。

——非预计核电厂工况的处理

由遥控系统、控制设备等的故障引起的非预计核电厂工况。

核电厂演练应以个人或小组的方式进行，每项演练的步骤应按演练脚本和应用程序进行。演练脚本必须反映核电厂实际情况，尽量利用模拟研究的成果，以达到实际应急时，尽量减少操纵员错误的概率。培训可以通过现场演练，让学员观看核电厂的应急活动，进行核电厂模拟应急操作来进行。

核电厂应急演练脚本和模拟机操练脚本一样要精心准备，包括培训目标，最终工况和参考资料。此外，核电厂应急演习不得危及核电厂的安全。

• 应急运行规程培训

必须有一个综合性的培训大纲，使运行人员完全理解并熟悉所在核电厂的运行规程，特别是核电厂应急运行规程(EOP)。如果完好地执行一个设计完整的应急运行规程培训大纲，将会使运行人员深入地理解 EOP 的基本概念、EOP 的术语和结构、在实施 EOP 时他们的作用和责任。最终，在实践中能使用 EOP。深入地进行 EOP 培训特别重要，它可以克服在紧急情况下运行人员举止无措。这种专业培训是很需要的，使得 EOP 的使用方法，包括术语和表格都被充分理解。使核电厂人员能一致地正确理解 EOP。由于紧张对个人表现的特殊影响不能准确地预知。因此，操纵人员必须深入地理解并熟悉应急运行规程是什么，怎样使用。这将增加所有运行人员正确执行运行规程的可能性。

EOP 实施培训应包括(但不只是这些)：

——按要求，利用图标实例，说明核电厂对各种引发事件的响应。这种说明须根据最佳估算或实际核电厂运行参数。对于每种类型的事件有几套备选方案是很有帮助的，并应该说明核电厂是如何通过控制征兆，把核电厂带到安全停堆状态。

——每类事件的基本恢复方案和可能的备选方案的讨论。在备选方案中必须给出计算结果，以及限制条件和包含的约束。

——通过维持一套临界安全功能，对保证核电厂的原理的说明。

——包含运行班组每个成员的作用的规程包逻辑和结构的说明。

——规程中恢复方法的描述，每一步骤或相关步骤目的的讨论。

——规程在什么条件和要求下可以被修订的说明，包括要求的参考，技术文件中可能的变更。

EOP 培训的一个重要组成部分就是电厂全范围模拟机培训。尽管模拟机是保证操纵员更好地了解运行规程的强而有力地工具，但也要避免过多地依赖模拟机。培训、开发与保持操纵员个人的诊断能力也很重要。这使他们能够辨别偏离正常运行工况及其潜在的偏离原因。

最近开发了一种根据征兆、功能和状态定向的运行规程，它覆盖了所有偏离正常运行工况事件的核电厂状态，以使操纵员采取补救措施，从而避免烧毁堆芯。在发生异常事件情况下，这些规程可以和事件定向规程结合起来使用。在各种情况，重要培训目标之一是及时地干预。当初始事件诊断不准确时，这种干预要根据征兆、功能和基于规程的状态，根据事件定向的规程并补充到进行的行动项中。

- 班组集体工作能力的培训

对核电厂中运行人员的大部分活动，通过培训培养起来的工作态度和工作方法非常重要。在下面的细则和规程中，最重要的态度是纪律性，以及对上下级的态度。纪律可以通过加强培训的重要性来培养，也可在车间实际操练培训中和在核电厂监督实习过程中遵守正确的规程来培养。期望所有管理人员在执行其职责方面作出表率，管理层与他得下属人员的关系的很重要的方面之一就是沟通——即在恰当的时间，准确而又全面地在上下级之间传递信息。在组织内部沟通方面的培训有助于在电厂部门内部或部门之间形成一种建设性的、相互合作的关系。

在核电厂运行的许多活动中，班组工作是十分重要的。每个值班成员的工作都与核电厂的运行有关，核电厂总是要求他们要进行正确的操作干预。核电厂运行值班人员之间比其他运行人员领域有更多的相互依赖。每个班的人数不多，同一批人要在一起工作相当长的一段时间，这就决定了工作是班组方式的特点。

班组工作要求明确每一个人的任务和责任，他不仅要了解自己的任务和责任，还要了解他的同事们的任务和责任，班组成员能够借助彼此之间的互相支持。通过对核电厂的全面了解，他们能够对解决出现的异常问题作出有益的贡献。成功的班组工作也要求守纪律。班组工作可通过培训得到改进，模拟机培训是这种培训的最好机会，当然有指导的在岗培训也可以用于培养班组工作。

- 识别能力培训

核电厂运行人员的一项至关重要的能力就是在复杂的不熟悉的情况下，特别是在有压力的情况下，能采取正确的方式进行评估和决策。所谓的决策、评估能力就是在运行范畴内，选择适当措施所要求的一整套活动。该定义包括从发现要求采取措施的初步征兆开始，到采取实际措施，最终，根据引发的核电厂响应采取行动的整个过程。在核电厂运行的大多数情况下，有现成的运行规程用来指导操纵员进行行动的选择。

尽管营运机构为了使运行规程保持高度准确性和完整性；但有不断增加的迹象表明：规程不能提供在异常和应急情况下所需要的一切。这有两个原因：一可能是规程没有对某项操作提供足够详细的指导；并且很难控制和改进规程来消除所有错误。二是有些情况十分复杂，规程难以恰当描述，正是由于这些情况，已经导致了核电厂的事件。

尽管有了从基于规程的事件到基于规程的征兆的转变，即从诊断和了解当前电厂状态

(如:失误、系统故障等)的要求到要求操纵员监视少量的紧要安全功能或参数的状况,在整个可能的核电厂故障(upsets)期间,都不能保证操纵员正确的行动。由于这些原因,运行人员和其他技术人员不仅要依靠规程,还要靠自己对核电厂状态的理解,并采取一套恰当的控制措施。换言之,要求培养操纵员的识别能力来弥补规程,并提供多种冗余监控能力。运行人员培训大纲应力图培养培训操纵员在紧急的不熟悉、有压力情况下解决问题的能力。在模拟机上利用编写好的演练脚本进行培训,特别适用于培养评估和决策能力。

(6) 复训

一个人的能力一旦建立,一般来说,会随着经验的增长而增长,但也可能随着时间的推移而下降,特别是那些很少使用的知识和技能,可能会忘掉。同样,那些很少操作或不常规操作或相当长时间才操作一次的工作能力,可能会衰退。由于核电厂硬件、操作方法、规程和管理规定的变化,对岗位能力的要求也可能变化,且运行值班人员对核电厂的安全和可靠运行有最直接的影响,因此,他们的复训大纲要定期审查,来保证大纲内容满足实际要求。根据运行规程、查看核电厂运行的绩效缺陷、模拟机培训和报告的事件,可以对这些人员的各种任务作十分准确的分析。

基于 SAT 的分析阶段,应审查初始培训的题目,决定哪些任务及其相关的 KSAs 应写入复训大纲。依下述原则选择进入复训的内容:

• 反应堆操纵员和值长要定期复习在日常工作中很少应用的工程技术基础知识(如:热工流体力学、反应堆物理及动力学)。这种复习与核电厂系统培训和模拟机培训结合起来进行,更会有益于保持和改善他们的分析判断能力和识别能力(分析、综合和评估)。

• 平时很少使用的规程(异常和应急规程)都应定期复习。包含一些使用频率低的正常运行规程(如:电厂启动规程)或许也是非常有益的,如最近一段时间一直没有使用或者对运行绩效要求作出改进的规程。

• 一般人员初始培训包括的内容有人身安全、辐射防护、现场规定、应急准备、消防和急救等。

• 严重事故管理。在严重事故中要遵守的规程要定期复习和操练。这些操练特别有益于帮助运行人员,在班组工作,在存在压力情况下的沟通和完成工作方面保持高水平的能力。

系统了解核电厂最近的运行经验和核电厂人员的绩效情况也应列入复训大纲之中。这应该包括对人员绩效不足及其原因的讨论。复习也应该考虑由质保和质量控制监查发现的不足。在类似电厂通过事件报告体系的使用对运行经验的复习可以用于明确复训牵扯到的主题。所有的运行机构都应设立一个正式的系统来接收并审核来自其他核电厂的报告,并把这些报告分发到核电厂有关部门及其培训部门。

为计划的运行和检修工作改进核电厂人员准备也应该当作为是设计一个很好的复训大纲的一部分。在这种情况下,培训工作要计划周到,并在运行和检修工作开始之前完成。

最后,由于很多核电厂运行岗位的职能大致相同,在制定核电厂复训大纲时,参考其他核电厂的培训大纲是有益的。

核电厂营运机构在采用 SAT 方法制定复训大纲时出现了一大趋势。此方法的第一步是进行分析,由部处经理和主管提出个人的复训需求。这些需求主要根据每个人在岗的工作情况和对他们工作绩效的考核。在需要情况下,这种分析也可以包含一次或多次测验,来明确复训相适应的知识领域。这样就可以构建起基于个人情况的培训大纲。

此外，谁都知道随着时间的推移，人们参加培训的积极性会下降。通常，复训的参加人员比初始培训的参加人员更重要。参加复训逐渐倾向于改进个人岗位工作有关的方面及提高工作绩效方面的要求。这些内容是设计复训大纲的有价值的输入项。个性化的复训可以提高人员参加培训的积极性。

5.4.9.3　维修人员培训大纲

(1) 核安全导则(HAD 103/05)要求

1) 通用培训要求

对维修人员的初始培训，必须使其掌握核电厂布置和核电厂系统的一般特性和目的、质量保证和质量控制、维修程序和实践(包括监督和检查)及专门维修技能。

2) 特殊培训要求

维修人员的培训必须强调由于技术或程序错误所造成的潜在的安全后果，必须反复讲解由于以往错误所造成的故障和危害。

3) 人员资格要求

应该建立控制措施，以确保合格人员在指定的设备上工作。这种资格要求以在设备制造厂家进行的培训、设备模型上的培训和有经验人员监护下的在岗培训为基础。维修人员应当在培训模型上进行必须快速完成而又不能用实物演练的维修活动的培训。无论在什么地方进行维修培训，其培训的有效性仍然是核电厂经理的责任。应该在资格确定之前，对每个维修人员进行执行其指定维修活动的技能和知识评估。

(2) 培训目标

大量工作的统计资料表明，核电厂许多事件都是与维修有关的设备或人因问题。其基本原因，与岗位任务的执行、检修规程的应用、备件或工具的使用等有关，也可能由于对维修人员的培训不够，或忽视了对人员全面能力的更新。

为此，要高度重视维修人员的培训。为保证机组高度安全性和可利用率，必须坚持培养安全文化意识。每个人必须知道维护安全的重要性，以便在岗位工作中更加仔细，磨练出质疑的工作态度。

本节并不想详细说明维修人员培训大纲是怎样制定的，只想提供在用 SAT 制定各检修岗位人员培训大纲方面的经验。

(3) 维修培训需求分析

检修工作涉及面广，要求核电厂若干个部门来完成。核电厂的检修组织机构取源于运行组织机构及其规模的历史、地方或国家的工业基础设施，在某种情况下，有些时候还取决于国家所采取的能源政策以及一些其他因素。例如：一些营运单位所有的检修工作都是自己干，而有的核电厂把所有的检修工作都承包给供货商或其他承包商。世界上，核电厂选择的维修机制各种各样，这取决于它们的营运政策，特备是它们的承包政策。

不管作何选择，核电厂的安全责任还是营运单位的。就维修工作及维修工作的实施而言(由营运单位人员或承包人员来干)，只是其履行责任的方式不同。

同样，检修岗位工作的人员资格水平必须适应于所从事工作的复杂性，可能的安全后果以及监督、评估及管理的系统。一般来说，只对直接在核电厂及现场工作的人员提出资格要求。

1）检修工作及其相关的全面工作能力分析

为了清楚地确定维修人员的资格等级，必须先对质量相关和安全相关的活动作出规定。这样，执行这些工作所必需的全面工作能力（按前面的 KSA 分类）也就可以得到建立。

对各技术领域的检修工作分析表明，全面工作能力有两类：

• 正确执行岗位技术任务所要求的技术和专业方面的全面工作能力。

• 跟风险管理有关的、人因方面的全面工作能力，它使工作在符合安全要求的前提下得到实施，从而控制对核电厂和维修人员造成的后果。

维修人员的这些全面工作能力也可分为以下三个方面：

• 跟核电厂及其运行相关的技术能力，与其相关的主要内容有：

——核电厂通用布置。

——核电厂和检修工作有关的部分。

• 质保方面的全面工作能力，主要有：

——适用于特殊岗位的通用规程和规定。

——质保规定及其在岗位工作中的应用。

• 安全相关的全面工作能力，主要有：

——了解自己的岗位工作对核电厂安全的影响。

——具有核电厂所有岗位人员的安全文化意识。

通常由专业工程师或专业技术人员根据维修人员在核电厂所从事的工作和任务，提出全面工作能力清单。

2）维修岗位分析

每个岗位要求的人员全面工作能力，取决于他们所从事的工作。通常，让一个人执行工作任务之前，必须先对其个人能力进行考核。

不管什么专业，负有维修责任的人员（电气、机械、仪控等），分几个责任等级。例如，在班长或工段长领导下从事的简单工作，或者是独自进行复杂的工作。同样，当工作涉及监督一个小组的时候，也有不同的资格等级要求。

在某个检修专业内，有些是临时的，有些是长期的，其职能各异。根据工作的简易、监督检查性工作、准备工作，还是工程技术性工作，要求的全面工作能力也不相同。

将维修工作按上述三个建立的标准（专业、等级、职能）进行分类：

• 个人技能的培养，从而个人在工作中也得到进步。

• 在各个专业中进行调动专业工作。

• 培训大纲的开发，以及多专业培训模块的创建。

（4）维修培训大纲设计

1）初始培训

维修人员初始培训分成几个阶段。前三个阶段适应于所有岗位，而后面的几个阶段专门适用于涉及跟核电厂运行、维修相关风险的岗位。

• 学习相关专业的基础理论（机械、电气等）

维修人员一般在参加工作前或参加工作后，从国家教育机构，或营运机构和核电厂的培训大纲来获得知识。

• 在要检修的设备上进行实际培训

这类培训通常有设备制造厂或核电厂营运机构和核电厂来承担。它可以在核电厂、核电厂培训中心或设备制造厂进行，这要取决于经济因素或设备制造厂的意愿及其提供培训的能力。

• 风险预防培训以及人员和设备的工业安全培训

所有核电厂工作人员都要接受该项培训。该项培训通常在现场或培训中心进行，由专家上课，着重说明核电厂应急组织机构和消防设备的使用。

• 核安全和质保培训

采用加深理解的教学手段进行课堂培训，培训有关人员的质量和安全的基础知识。有关检修工作的安全概念，在设备上进行实际操作培训时，逐渐培养。通过这些培训可培养判断能力、风险分析、班组集体工作、人际关系、质疑的态度、警惕性、沟通、组织、责任心和管理等方面的全面工作能力。演示核电厂各项工作的多重专业培训，可提高对安全相关因素的理解。

• 核电厂知识的培训

对维修人员的这类培训是在教员利用模型来进行的。常常利用现场见习向学员说明各设备的位置，教员要清楚明确地解释主要核电厂设备的作用和运行情况，这种培训会促进维修人员与运行人员的交流。

• 辐射防护培训

与风险培训一样，所有维修人员都要参加辐射防护培训。该培训通常在现场由专家讲课，讲解辐射安全原理和辐射防护设备的使用。

• 应急计划培训

该培训通常是在一个大教室讲解现场应急计划和多种专业人员的演习。分析和评估这种演习是运行经验反馈的主要部分，它有利于提高人员的应急能力。

2）维修人员的复训

一般来说，检修工作技能可以靠在岗位工作实际应用来保持。可是，由于有些工作不常干，或由于要求昂贵的或十分专业化的培训才能获得的特殊技能，从资源的有效使用的角度，可以让少量人员获得这种特殊资格。例如：核电厂计算机工作人员，就属这一类。

其他不频繁进行的任务，如预防性检修，可以提前预先计划好。进行初始培训和定期的复训有个成本和效益选择问题。这通常涉及即时培训。选入即时培训的那些任务不列入初始培训大纲；而完成这些任务的特殊培训是包含在完成任务的计划之中，并在完成任务之前提供（如工作开始几周或几天之前）。即时培训可以认为是复训的一部分，而培训时间由相关工作计划决定。

为保持维修人员的全面工作能力，对每个检修岗位都要开发一个复训大纲。如此的培训主要是用于修订或介绍：

• 重要初始培训内容的修订。
• 新技术或新工艺。
• 新设备。
• 新规程。
• 新的法规要求。
• 相关领域发生的新事件。

该培训大纲也用于跟培训内容和和过程相关的经验反馈(教员、培训方法等),用新的实例可提高培训的可信性。

管理层对每个维修人员的岗位都要进行定期评估。由此引起的观察活动用于管理层和维修人员一起开发专项培训要求清单。该专项培训必须满足核电厂要求,特别是针对在检修工作中发现的不足之处的培训要求。

(5) 开发维修培训大纲

工作能力是由获得、选取和运用给定领域的全面工作能力组成。通常,这可以在行动中观察得到。生产部门管理层进行这种观察活动来评估某个维修人员是否具有从事某特殊岗位或活动所必备的全面工作能力。

基于成本和效益的选择,获得全面工作能力可以有几种不同的方式。差别如下:

• 培训技能有关的知识,这种培训一般在课堂或实验室进行。

• 为直接获得技能的技巧培训,这种培训可在与核电厂相似的模型或设备上进行,或定期地参加运行、影子培训、在岗培训、或车间培训等。

在所有的与安全有关的工作中,应该有效地灌输安全文化。对安全而言,越是重要的工作或活动,越是要求更有效的培训,并投入更多资源(工具、材料等),以避免差错,疏忽和方法不当。

使用模拟实际设备的模型进行培训,和在模拟同样工作条件的模拟体上进行的培训都可以使学员面临与实际工作相同的复杂情况,获得与实际操作同样的准确程度,尤其是在污染介质中(如,蒸汽发生器水室、主泵)更是如此。

如现场焊接培训就很好地用到这种模拟培训方式,这种培训方式可以用来培训若干种不可逆转的操作(如蒸汽发生器堵管)。为了保证一次成功,规程必须经过核实,维修人员必须合格。这种培训常常在现场、制造商厂房或培训中心跟安装在控制区一样的设备的样品上进行。

出现复杂情况(技术困难、不好进出、有辐射)的模拟体培训,也可以演习过去的事故。然后,评估维修人员在这种情况下的反应能力,和取得的工作经验。这样的培训可以开发和改进人员在技术和人因方面的全面工作能力。

(6) 维修培训大纲的实施

维修人员培训可以在具有必要的技术能力和设备的制造厂进行,在这种情况下,设备制造商充当培训机构的角色。

在制造商厂房中的培训,必须要具有与核电厂进行的培训同样地质量保证,必须是在核电厂完全控制情况下来收集学员能力的资料。这就是说,实施该培训所要求的水平和期望的绩效标准必须明确规定,并严格监控。

每个培训大纲必须明确规定:

• 培训目标。

• 教学指导。

• 使用的资源。

• 评估体系。

• 加入了核安全、工业安全和经验反馈方面的内容。

核电厂或营运单位与培训部门之间应签署相互承诺的协议。该协议应详细规定在整个培训期间，核电厂管理层实施质量控制的办法，以确保达到包括安全文化在内的培训目标得到满足。为了维持和提高教员的全面工作能力，为培训部门工作的教员应参加核电厂对设备的实际检修工作。

(7) 维修人员培训大纲的评估

为执行质保要求或其他目的，对所有为获得岗位全面工作能力的一切培训活动，无论是在核电厂或在外部培训机构进行的，都必须进行评估并保存记录。

评估或跟踪培训活动可让管理层检测人员绩效的提高。培训有效性体现在岗位绩效的提高，如：

• 学员的培训活动占总运行活动的比例(如电气人员可能用 20%的工作时间在某个特殊的设备部件上)。

• 学员的资格与岗位工作要求的资格进行比较。

管理层在评估新获得的全面工作能力方面的重要作用也应该强调。评估必须：

• 能够使各部处经理了解每个人与岗位技术和人因相关的全面工作能力。通常，经理根据培训考核结果，获得的岗位相关工作经验，以及在遇到不同情况下保证专业责任的能力来进行评估。

• 能够使得受培训人员意识到执行其岗位工作必须具备的全面工作能力，能够承担赋予他们的责任和义务。

管理层和受培训人员之间形成一个共同的承诺是重要的——即安全是关注的核心，每个人必须承担安全责任。赋予每个人的安全责任必须限定在他已获得的，必须的，全面工作能力的任务或活动之中。

评估培训活动的标准可定义为：

• 培训效率标准：评估学员的接受水平，这个标准也可以用提问的方式，这是一个比较学员观点和教员观点的有趣练习。

• 相关标准：根据事先的问卷，让学员评估所有培训单元是否达到了培训目标。

此外，为了改进和修订培训大纲，核电厂管理层和培训部门要定期召开意见反馈会(通常每年一次)，会上，应对培训大纲进行总结，分析培训大纲对核电厂改进方面所起的作用。

(8) 承包商维修人员的培训

为了完全符合承包商人员的职责要求，营运单位必须做出保证，特别是向核安全局和广大公众。必须主动提供证明核电厂维修人员和承包商维修人员工作能力的资料。

与核电厂维修人员一样，对承包商维修人员有两大类全面工作能力(KSA)要进行培训：

• 专业技术方面的全面工作能力：维修承包商负责其人员的培训和资格，必须有资料表明他们的人员具备了必要的全面工作能力。这方面可采用国际标准(ISO)。营运单位只是审核维修承包商维修的 ISO 证明(如果有的话)，或者承包商的质量保证书。

• 人因相关的全面工作能力(KSA)：包括跟核工业风险管理相关的内容。

维修承包商也要对还不具备核相关全面工作能力人员的进行培训和资格负责。必须建立全面负责维修承包商人员培训的培训机构。

在这种情况下，营运单位与维修承包商对有关人员的进行安全、质保、核电厂知识、风险预防和辐射防护等方面的强制培训。

营运单位应定期地对该培训机构进行监查，保证培训维持在高质量水平，教员保持了其技术和教学方面的全面工作能力。

从事同样工作的承包商维修人员必须具有同核电厂维修人员一样的资格和工作能力的起码要求，例如：在保证保证、风险预防和 ALARA 这些方面的能力。这样，对承包商维修人员完成任务的绩效产生信心，并使得承包商维修人员与核电厂人员之间保持良好关系。

例如，有一个营运单位把承包商维修人员所接受的培训大纲记录记载在核电厂出入证上，凭此证，其持有者可在各个现场进行维修工作。这也指明了他所接受的培训，雇主给颁发的证书等级，以及在各个现场接受的总辐射剂量。该证书也可作为质保工具。因为，它可对进入现场的人员进行控制，它也是雇主对维修承包商个人合法的合同约束。

5.4.9.4 管理层培训大纲

(1) 核安全导则(HAD 103/05)要求

章节 4.3.5 规定了管理层的培训：

- 除上述培训外，专业管理层可能需要掌握额外的技术知识、技能和管理技能。
- 管理层应当通过基础培训和在核领域内长期的经历精通所在岗位的技术知识。他们应当通晓有关的标准、规定和法规；他们还应对核电厂及其系统有很好的全面的知识。在应急准备组织内负责岗位上的人员应当接受有关其应急职责方面的专门培训。
- 由于管理层处于核电厂机构的领导岗位，他们应获得一种特殊的本领，主要是靠典范作用去促使其下属在所有日常活动中时刻具有安全第一的自觉性。
- 应当有管理发展规划，以保证有足够数量的合格人员可派往紧急需要的管理岗位。管理层和他们的后续人员的培训应当包括管理技能的课程和专题讨论会。

(2) 培训目标

核电厂良好的管理对核电厂安全性和可靠性至关重要。因此，经理的关键职能要求特别强调他们的全面工作能力。从这种意义来说，对管理层就应该使用基于分析、设计、开发、实施和评估的 SAT，跟运行人员和维修人员一样来制定培训大纲。

核电厂管理层包括：

- 一线经理，如，运行值班长、化学值班长。
- 二线经理，如，运行处处长、维修处处长、培训处处长。
- 电厂厂长。

1) 一线经理(科长，班组长)

这类管理层直接在处内领导科室或班组工作。典型的岗位头衔：运行值班长、化学班长、堆芯监督班长、辐射防护班长。在这些管理层中，特别是值长和安全工程师，由于他们的岗位工作跟处理核电厂事件面临的挑战有关，所以要进行专门的管理培训。

2) 二线经理(处长)

处长负责跟核电厂主要职能之一相关的多个专门的班组。这些经理中典型的岗位头衔有：运行处处长、检修处处长、机械设计处张和培训处处长。通常每台机组有 4～6 个部门处长。

3) 现场/核电厂经理

这些经理全面负责一个或多个机组的核电厂运行安全，包括核电厂全体人员的全面工作工作能力。

(3) 管理层培训需求分析

1) 技术知识及技能

对管理层的基本要求与核电厂其他人员一样，要具有技术方面的全面工作能力，包括能完整地理解和应用诸如机械、电气、自动控制、化学、运行等方面的知识和经验，与他们岗位任务相关的全面工作能力必须明确。运用SAT方法，采用跟其他岗位一样的方法，确定专门的培训需求，并设计、开发、实施和评估培训大纲。

2) 拓宽知识领域

管理层的知识面必须要宽，不限于组织内专门任务相关的知识。他还必须了解他的同事们的有关的技术和安全方面的知识，及现行的管理制度。因此，核电厂整个管理层需要具备下列基本知识：

- 反应堆物理和辐射防护。
- 至少知道所在核电厂堆型的反应堆安全理论及原理。
- 核管理条例及要求。
- 工业安全和消防规定及原则。
- 核电厂专门的规定和要求。
- 质保原则。

3) 经验

为了领导别人，至少要具有人员任务领域的工作经验。所谓“具有经验的人员就是凭过去的经验能圆满地完成其工作的人”。经验本身没有经典性的培训定义，但就管理层培训而论，它却是很重要的部分。上级管理部门常常对就任某管理岗位的人员提出最低经验要求，培训大纲或岗位规范须定义出管理层的最低经验要求。

根据管理层次不同，通常经理门应具有下列实际工作经验：

- 一线经理：1～3年所负责领域的工作经验。由于承担重大安全责任(如安全工程师、值长)，经验越多越好。
- 二线经理：3～5年的所负责领域的工作经验。
- 核电厂厂长：5～10年核电厂各运行岗位的工作经验。

4) 人因方面的全面工作能力

除了技术方面的全面工作能力之外，管理方面的全面工作能力包括：

- 个人和班组工作的协调。
- 人力资源管理。
- 对人员的激励、授权和培养。
- 指导和鼓励人员解决问题的能力。
- 保证有效沟通。
- 监管下属工作。
- 领导变更或改进流程。

(4) 管理层培训大纲的设计

在核电厂或运行组织内，管理层初始培训大纲通常是长期职业生涯计划的一部分。因此，管理层培训贯穿整个个人的职业生涯发展，而不是对一个专门的岗位准备的短期模式。基于SAT的管理层培训大纲促进了长期管理层培训的控制、连续性和完整性。

对管理岗位，人际因素方面的全面工作能力和管理技巧方面的专门培训大纲有助于造就技术专家。一个宽范围的管理层培训大纲是有用的。这些大纲需按SAT来设计、开发、实施和评估。

(5) 管理层培训大纲的实施

管理层的培训主要由外部机构来实施。培训的目的和目标、教员的质量、要求的资源和所采用的方法必须遵守；并符合核安全和工业安全的要求。在进行管理层培训前，外部教员熟悉核电原理和SAT方法是非常重要的。

(6) 管理层的复训

管理层的复训大纲也要根据SAT分析的结果来制定。由于管理层的日常工作任务重，不能保证经常参加复训，尤其是不频繁进行的但对电厂安全重要的任务，如应急准备这样的任务，都必须在复训大纲中进行培训。在一个核电厂中，管理层完成他们自己的复训要求也是安全文化的一部分。

复训大纲还必须考虑人际因素方面全面工作能力的培训。复训不仅是基础知识复习，而且还是对管理制度、核电厂机构和方法的变化等需要的复训，并通过不断地评估和反馈，来改进复训大纲。

5.4.9.5 应急准备培训大纲

(1) 培训目标

由于核电厂发生应急的概率很低。因此，应急准备演习就成为对核电厂人员包括场外应急人员对付核电厂事故能力的培训，成为保持并改进应急反应效能的唯一的实际机会。应急准备演习是一个学习的过程，使所有人员包括场外应急人员都要学习在紧急情况下完成非常规工作所必须的KSA知识，提供了平时不在一起工作的班组人员共同工作的机会。所进行的演习必须类似于事故时出现的情况。

不少营运单位要求对其人员进行超设计基准事故(BDBA)的管理及减轻事故后果的培训。因此有必要对所有人员，包括主控室操纵人员，在进行应急准备培训时强调BDBA管理及减轻事故后果的培训。

本节不打算详细说明面临应急情况的全面培训大纲，而主要说明用SAT制定应急准备培训大纲所遇到的问题。

(2) 工作任务分析

应急响应要求核电厂人员和场外人员进行大量的工作。他们的任务和责任各不相同。因此，他们的资格要求也不一样。在分析应急准备培训需求时，下面是需要考虑的活动事例：

- 在发生逸出边界事故情况下，通知国家和国际的有关当局。
- 初始响应包括：清点人数、集合和安全撤离。
- 包括准备场内调查的设备、摄入途径监督、取样分析、数据处理和趋势监督的辐射监督。
- 包括：源项评估、气象数据评估、投射剂量评估、以及厂内和环境数据的相关性的场外暴露评估。
- 包括剂量计制作方法、照射授权和管理、签发工作许可，及专项辐射防护措施的个人剂量估计和管理。

• 包括发放防辐射药片、撤离和屏蔽程序、交通管制、设立收容中心、农产品管制的现场外防护措施。

• 包括急救、潜在受照射人员的筛选、污染或高照射人员处理的医疗服务。

• 包括主要安全系统和裂变产物屏障的状态、事故分级、可能的纠正措施或减少放射性释放措施的事故分析。

• 包括立即向公众发出报警、启动公共信息中心、向公众通报情况、免得引起公众恐慌的公共信息。

• 包括启动应急控制和协调中心、保持记录、安排值班人员、后勤保障的行政管理。

• 包括急救、消防、呼吸器使用；受影响区域出入管制，以及危害估计及管理的现场恢复措施。

• 超设计基准事故(BDBA)的管理。

(3) 初始培训大纲

应急准备演练是提供给核电厂人员有效地实施应急计划，获得经验必须的培训和评估手段。除此之外，还要对应急准备人员进行某些专业化应急职能的培训。

1) 核电厂人员的培训

核电厂有些人员担负应急任务，如应急协调员、事故评估组、辐射监控组、消防队、急救队、化学取样队和场外响应组。而核电厂人员的应急任务是基于其承担的日常岗位任务，因此，他们有接受跟他们应急期间必须要完成的职责相关的、专门培训的需求。这些培训的目的是：

• 证明应急计划或其中的一部分能够多么有效地得到实施。

• 确认该计划处理应急的适应性，并明确潜在的改进。

• 验证恰当的通信线路得到建立和维护。

• 验证所有参加演习人员都熟悉并能够履行安排的应急职责。

该培训必须强调：

• 应急相应计划的不同环节。

• 相关规程，如，保健物理和应急操作规程。

• 设备的使用。

如有可能，培训课应该考虑具有类似或补充应急职责的人员或班组(如消防、急救和营救人员)的合作和相互协调的培训需求。

有关 BDBA 管理的初始培训和复训，可以综合运用模拟机培训、应急演习和课堂培训等方式进行。全范围模拟机一般不能有效地进行 BDBA 培训，用模拟机对运行人员进行 BDBA 培训时应特别小心。可考虑用其他类型的模拟机。现在有一种倾向，要更新所有全范围模拟机的数学模型，以模拟更大范围的事故。然而必须强调，用模拟机进行 BDBA 培训是个新领域，至今尚无多少经验。

2) 核电厂与公众合作的培训

为了保护公众，减轻事故后果，地方行政部门和新闻媒介参加应急工作是很重要的。他们在应急时，除了进行决策和发布信息之外，还要采取响应行动。他们介入的范围可以是现场监督、运输和交通管制、通信和公共信息、协助公众就医和财产保护。此外，国防和政府实验室通常也对地方行政部门给予设备和人力的支持。由于这些原因，与公众应急有关人员要应该经过适当的培训并熟悉核电厂应急规程的要求是非常重要的。

可能向公众发布信息的公众人员和新闻媒介人员要通过定期地同营运单位人员讨论和对核电厂的参观,来熟悉应急计划安排。还要给他们讲解在应急事件中可能遇到的问题,如辐射控制和污染的原理、辐射防护和测量仪器的操作。营运单位应为这些培训和了解情况提供方便。也可以对公共服务部门,如地方消防队和急救队提出要求,支持现场应急行动。尽管这些人员对他们自己的专业很熟悉,但可能对现场布置和应急时可能遇到的情况,如放射性水平、蒸汽的逃逸和有毒气体,就不太熟悉。因此,这些人要与核电厂人员一起培训,以逐渐适应他们可能遇到的潜在的、有害的工作环境。

(4) 应急准备演习的评估

在应急准备演练期间,应该明确熟悉应急响应的人员,在演习过程中他们不干别的,而是去观察和评估其他人员的应急响应表现。为了能提供建设性的意见,评估人员必须有足够的知识能够跟踪并了解其评估人员进行的应急行动。这就要求评估人员或是具有经验的应急响应人员,或者是经过应急培训在他们所从事的领域有经验的人员。

(5) 复训

复训的频度,须考虑特定的工作任务的性质和复杂程度,以及每一项应急任务必须保持的绩效水平。例如,要求迅速响应的人员或小组(消防、急救和场外辐射监督)要定期进行操练。建议所有负责实施应急计划的人员至少每年应参加适当的复训。

(6) 应急准备培训大纲的评估

采纳应急准备演练提出的建议和应急准备培训工作中的反馈意见来改进应急准备培训大纲、应急计划、实施程序和应急设备是很重要的。发现的任何不足之处,无论是程序、设备或人员绩效,都要找出根本原因并立即进行纠正。

5.5 SAT 开发阶段

5.5.1 概述

开发阶段的目的是要编写出一套适用于实施初始培训和复训大纲的培训教材。要求所有的培训教材要与核电厂文件保持一致。诸如核电厂系统方面的培训教材最好就是根据核电厂系统说明文件的格式编写的。图 5.5-1 说明了 SAT 开发阶段的输入项和输出项。

图 5.5-2 给出了设计阶段的培训计划与开发阶段的教学单元和课程计划之间的关系。教学单元和课程计划是细化了的培训计划中的活动。

5.5.2 单元计划

设计阶段开发的培训计划详细规定了构成一个培训大纲的教学单元数。通常制定一个如图 5.5-2 所示的框架提纲,来控制开发流程达到要求的最详细的文件程度。要求的第一项就是制定单元计划,在每个单元里再把相关的培训目标以适当的课时分配到课程中去。(有些国家用“培训课程”代替“培训单元”)。

单元计划的目的是提供该培训单元的概要,并保持文件的母版。下面是单元计划一般应包括的内容:

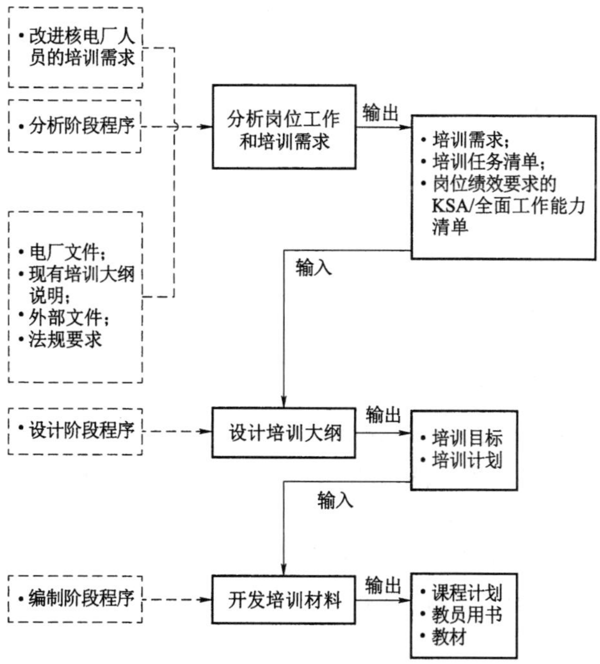

图 5.5-1　分析、设计和开发阶段的输入和输出

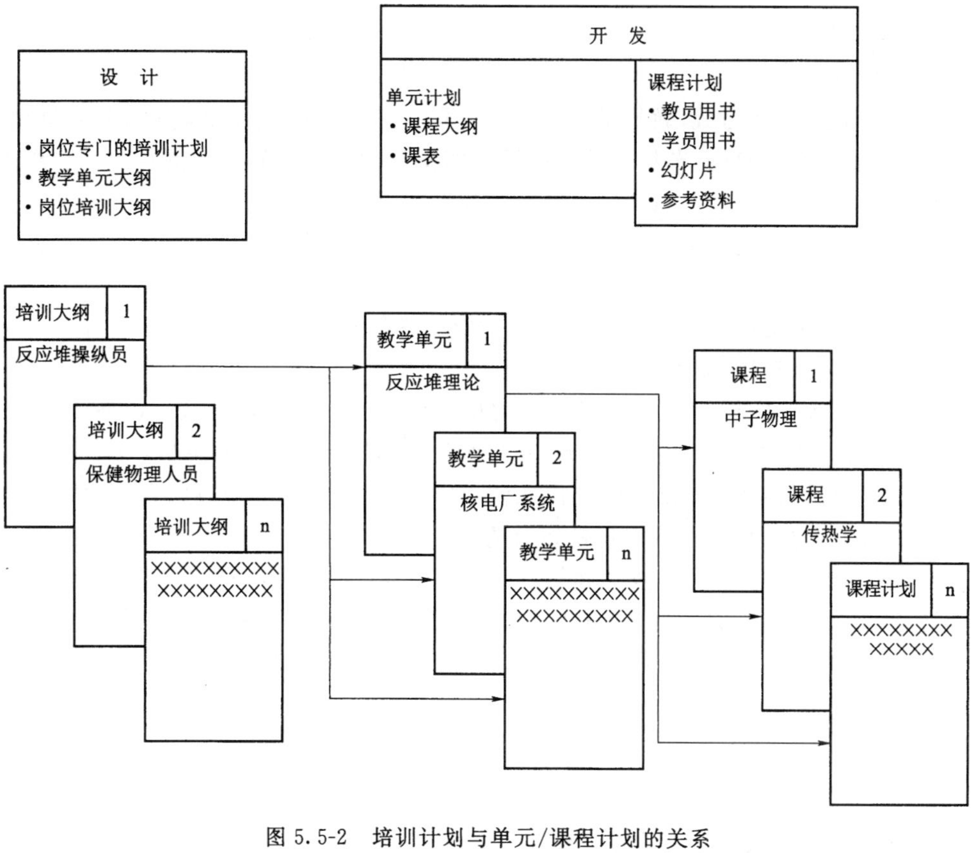

图 5.5-2　培训计划与单元/课程计划的关系

- 单元目的，按要实现的最终目标和分解目标清单，把它们分配到课程中去。
- 以培训大纲/单元先决条件的形式，期望的学员初始技能和知识水平。
- 课表。
- 培训实施要求。
- 可用考题的套数。
- 评估标准表。
- 批准的记录。
- 修订的记录。

5.5.3 课程计划

课程计划的目的是让教员作好教学准备，并仅按该计划进行培训课。

下面是课程计划文件通常要包含的内容：

- 培训实施要求（如：教室、投影仪、基本原理模拟机和教员的人数等）。
- 课程要实现的培训目标。
- 教员用书（包括参考资料、课本）。
- 学员用书（包括参考资料、课本）。
- 该专题的考题。
- 试听教具（投影仪等）。
- 参考资料（如核电厂规程和检修规程）。
- 批准的记录。
- 修订的记录。

针对不同的培训方式，教员用书也不尽相同。一般来讲，初始培训的课程计划也不同于复训的课程计划。下面几节给出课堂教学和模拟机教员用书的典型例子。一般来说，不管采用什么培训方式，培训教材的编写都要遵守下列原则。

- 图表和重点说明应在教材之中，并紧接有关段落，并依照教员用试听教具顺序排列。
- 深度适合学员初始水平。
- 必须作为书面培训教材的一部分，始终为学员提供学习目标。
- 教材应该清楚、准备、简明。
- 一般来说，基本的内容都要在教材之中，而不要让学员到处去找。可是，培训教材也不应该重复或包含核电厂专门的受控文件，并是须经改变的；但应该包含对那些电厂文件的参考。
- 教材应该涉及学员培训的岗位工作，说明岗位工作的环境、教材内容如何在岗位工作中应用，以及学员学会这些内容是如何重要。
- 教学中经常用到透明胶片和幻灯片来辅助教员的解释，如果教材中没有作为图解把它们包括进去的话；那么，它们的复印件应该作为给学员书面教材的一部分，包含在教材中。
- 学员用书必须和教员用书保持一致，并具有密切的联系。

5.5.4 课堂培训

5.5.4.1 学员用书

培训过程中提供给学员的教材有时是教科书，有时是根据培训大纲专门编写的讲义。

教科书作为掌握培训目标的一种方式很少完全满足。教科书往往包含不相关或过多的内容，有些也不容易得到。但是，在教材的编写阶段可以作为参考，特别是有些理论课，如反应堆物理、热力学。教科书可以作为参考书，来扩展知识面。很少有人编写教科书来进行培训的。

一般来说，编写的教材要能支持一个培训课程的一系列培训目标，这才是更加有效和高效的。

5.5.4.2　教员用书

说明教学活动的最重要资料就是课程计划。教员用课程计划来指导教学过程并规范教员和学员的活动，它保证了几个培训教员之间并从一个班到另一个班授课的一致性。它们主要，有两栏内容，见表 5.5-1。

表 5.5-1　课程计划格式

关键词和教员活动	支持材料及预计或计划的学员活动
陈述目标 （幻灯片 1）	• 按顺序实现每个目标 • 学员必须清楚地知道课程结束后对他们的要求是什么
系统概述 （幻灯片 2-系统图）	所有带技术细节的部件都要列出来，如泵的容量、电源位置等。为了满足培训目标，应该稍微包含比要求更多的资料，应该有更详细的问题，这对备课是有用的
系统部件 （幻灯片 3-一级泵图）	详细位置及其他有关事实
（幻灯片 4-泵的联接）	这是一个展示部件相互位置的单线图 与系统中第一级泵相连管道和阀门的详细图
提问：如：一级泵的位置	详细的答案，一些或所有都可能在介绍期间有用

5.5.4.3　试听教具的选择

利用多种试听教具，包括录像带、光盘、多媒体计算机，还有幻灯和透明胶片。下面是培训中心常用的培训教具：

- 黑板。
- 投影仪和胶片。
- 幻灯机和幻灯片。
- 电影机和影片。
- 录音机/录像机。
- 音响设备和盒式录音机。
- 比例模型（在学习主要设备特点时十分有用。通常把它们制成剖面，或者是可拆卸式的）。

这些教具常常用来说明电厂专门的活动，如换料、检修和重大设备运输等。激光视盘有很大优越性，找寻快，常与计算机联接，可用来自学。但是，必需的硬件和软件是很昂贵的。

使用电影和录像可以给学员提供其他方法难以传达的信息。为了更好地发挥这种教学手段的作用，它必须结合并参考既定的课程计划。

在选择培训教具时要考虑的因素有：

- 所用教具的使用周期费用比其他同类型教具为低。
- 财政资源允许，特别是教具需要不断的资金投入的情况。
- 适用于在给定的时间将要培训的学员人数。
- 培训教具适用于要经常变化的或不经常变化的培训情况。
- 制备教具的时间与用于培训的时间相匹配。

选择教具应考虑培训效率与投入费用的平衡。例如，有一个每年只有两天的课程，由两名教员用投影幻灯就能办到的就不一定用费用相当高的录像。

5.5.5 模拟机培训

在开发模拟机培训教材时，如下的因素要考虑：

- 场景介绍、学员辅导、演练监视操和学员反馈的时间分配，通常把这些过程称之为操作简介、监视操作和课程小结。
- 已批准的教员用书，包括课程计划（在模拟机培训时，该培训材料称之为场景导则）。
- 已批准的学员用书。
- 模拟机课程要结合岗位和角色的轮换。
- 可用的核电厂文件（应急运行规程、正常运行规程、技术规格书、通信规程）。
- 对规程要进行监查，以保证其一致性和新颖性。
- 发现问题要反馈到核电厂。
- 有全面评估培训大纲的有效性的手段，有收集讲课效能的恰当手段。

5.5.5.1 学员用书

对不同类型的培训课程，学员用书实际上应该是不同的。如：对主控室操纵员，在他们的培训大纲中，一个早期初始培训模拟机单元将不同于一个有经验的班组的复训课程要求。初始培训课程材料可能包括专门的，如跟压水反应堆一回路硼酸浓度控制相关的目标。或许包含图，可能简化的有关控制棒价值和硼酸价值的技术资料。对复训，按照程序，可能仅仅只给班组接替班组和连续评估的宽广的目标。

模拟机培训的学员用书应该对场景中遇到的运行问题最好给出解决办法。

通常，一个参考电厂的模拟机将用于主控室操纵人员的初始培训和复训的后期阶段。（不同类型的模拟装置可以用于维修人员的初始培训和复训），当情况发生变化的时候，学员用书必须强调模拟机电厂和实际电厂学员之间的不同，需要描述的不同不但要按电厂的设计特点和规程，而且在两个电厂间通过不同的方式实现同样的目标中的潜在不同。

5.5.5.2 教学用书

教员用书需要包含关于模拟机的资料以及要达到的培训目标。明确要求模拟机用户手册，而且，单个的模拟机课程计划还应该包括有关模拟有效性维护的专门细则。

在模拟机练习情况下，课程计划（有时也叫做场景导则）包含足够的怎样运行模拟机的资料是非常重要的。所有的练习都应该事先准备并实时运行来检查模拟机性能令人满意和模拟机课程计划的适应性。

对全范围模拟机练习，课程计划应该得到核电厂管理层的认可。模拟机跟核电厂的情况一样，必须按照电厂管理层提供的正式规程来运行。模拟机课程计划必须反映和加强核电厂的运行标准,如:规程和沟通规则的使用。

教员用书必须可以来让教员完成足够的练习前的介绍和练习后的小结,以及场景本身,教员用书包含的内容如:

- 早期的功率史。
- 电厂工况。
- 进程变化(如电厂启动)。
- 没有投入的设备。
- 异常设备。
- 电厂维修史。

模拟机课程计划有多种形式。典型的有四项内容。表 5.5-2 给出了一个简单进程的模拟机课程计划,以此作为一个应用例子。

表 5.5-2　模拟机课程计划实例

变化进程	教员活动	期望的学员活动/响应	备注:如,要求的提问,要做的专门观察
引入控制棒系统故障,使稳压器释放阀打开	观察学员	反应堆操纵员撤销报警,正确判断控制系统故障。通知值长,进入规程	
反应堆冷却剂系统压力下降	观察压力下降速率,以及学员反映	反应堆操纵员依规程立即采取措施。值长确认判断,并通知仪控人员	
	观察如何维持压力限值	反应堆操纵员手动连续控制压力	询问值长对采取的措施是否满意
	作为核工程师,打电话给反应堆操纵员了解核电厂详细的主要参数		保证值班人员不要因为质问而分散注意力

5.5.6　在岗培训

国际原子能机构(IAEA)运行安全评审团的经验是,许多单位进行的在岗培训的效果不如其他培训方式,其原因之一是教员和学员资料开发不足;另外一个原因就是通常没有可用的评估在岗培训的程序。

5.5.6.1　培训教材

有些在岗培训只给学员发一份培训最终目标的清单,对于比较复杂的培训目标就要开发一份工作手册形式的专项任务书。

5.5.6.2　教员和考核人员的材料

下面对改进在岗培训效率提出一些建议(本节前面已讨论很多了,清楚地说明了在岗培训对核电厂人员取得在某个专门系统上操作能力方面起到了重要的作用):

- 必须明确培训目标和能力标准,并向学员、教员和考核人员讲清楚。
- 考核人员和教员不应该是一个人。要开发培训材料和考核材料,各负其责。

- 在在岗培训指导书中应列出上述材料，并提供给学员，以便在培训和考核中使用。

5.5.7 实验室、模拟体和车间培训

1∶1的部件模拟体对维修人员的技能培训师非常合适的。它可以使学员操练某个操作过程和程序，直到掌握它。还可以操练在辐射区要做的工作，从而减少受照射的时间。最常用到的模拟体是带有检修出入口的蒸发器下堵头，用来进行蒸发器传热管检修。

5.5.7.1 培训教材

在模拟设备上进行培训要尽量使用核电厂规程。同样在车间进行检修培训时，也应提供实际工作中用的检修规程。

5.5.7.2 教员用书

由于实验室、模拟体和车间培训要尽量模拟核电厂真实环境，所以教员用书类似于在岗培训的教员用书，形式也与在岗培训教材一样。

5.5.8 计算机辅助教学(CBT)

计算机辅助教学(CBT)培训教材通常要有与实际培训有关的软件，其大部分不必成文。当然也有一部分要写成文字，如教员用书就应包括设备手册和CBT系统操作指导书。

培训教材应包括下列内容：

- 培训目标。
- CBT使用手册。

培训目标没有必要都写在纸上，但是培训目标对所有的培训方式来说都是最重要的。

不管教员的还是学员的培训材料都要经过调整，以适应CRT系统和教学要求。例如，有些课程只不过一些屏幕显示(即电子翻页)，这时对学员来说，CBT系统只不过是个屏幕打印机。如选择CBT培训方式，要用到多媒体或更复杂的模拟形式，那么在培训大纲的设计阶段就要考虑开发合适的培训教材。

5.5.9 自学

严格地讲，自学不是一种培训方式，因为它可以在核电厂、车间、家里的计算机终端或工作场所进行。培训教材应该适应实际的自学情况。例如进行系统跟踪或现场见习，要求学员在无监护下进入核电厂某个区域，这就要求在教员用书中写入足够的管理方面的内容，而在学员教材中要说明安全主要事项。

5.5.10 培训教材的审核

培训教材在使用前必须经过审核，从未保证其内容上的完整性、技术上的准确性，能支持培训目标。不管怎样，在使用前都要对一少部分学员进行试用。

审核的目的是：

- 技术上准确，符合实际。
- 能实现培训目标。
- 支持学习过程。

审核由专家或专家组来进行，他们把反馈意见提供给培训大纲的制定者。课程计划、课本、教材和讲义、试听材料和考核项目都要进行审核，并找出不足之处。

5.5.11　考核项目有效性检查

对每一个考核项目都要进行有效性检查，检查分三步：

- 同行检查。
- 试点分析。
- 经常了解学员成绩。这对新课程的早期实施阶段尤其重要。

对于上述的第一步，最好先制定一个检查项目清单，要提的问题有：

- 该考核项目与什么培训目标有关?
- 标准答案是否正确？与培训目标的联系是否得当?

（标准答案必须是完全正确的）

- 该问题与统一考核中其他问题是否有矛盾的地方?
- 学员是否清楚该问题的得分占总分数的比例?
- 学员是否清楚该问题的得到占总分数的比例?
- 问题是否清楚而不会发生歧义?
- 在标准答案中是否考虑了部分可接受的备选答案?

5.5.12　培训教材应用审核

培训教材经过审核进行修订后，还应在小范围学员或具有初始水平的未来学员中进行试用。在教材的初步试用中，所进行的培训还应尽量模拟实际环境。培训教材要面向实际，进行考试、评分。所有的资料都要收集起来，进行分析，以便改进课程计划、教材等，也可用来检查教员的教学方法。

当然不是所有的课程都能进行试用的，特别是课时长的课程。一种解决的办法是就其最重要的部分，对少数学员进行测试。对于没有进行小组审核的内容，要注意在实施最初阶段的监督检查。

试用培训的结果是非常有价值的资料，可以用来判断学员达到培训目标的程度。学员如没有达到规定的培训要求，那就要修订教材或改进教学方法。如果得分很低，就要检查考试项目是否与岗位的 KSA 有关，是否包含在教材之中。答疑、辅导得到的资料可用来评估培训大纲的难度、长度、清楚程度、术语、进度和整体结构。

5.5.13　培训课程开发与设计策略

5.5.13.1　概述

培训课程开发是教员的核心能力，能否开发出满足培训对象需求、具有一定理论深度、教学效果良好的培训课程是衡量一个教员水平的重要标志；而拥有一批具备培训课程开发能力的优秀教员，又是核电厂培训具有核心竞争力的集中体现。然而，由于核电厂培训要求具有较强的针对性与实用性；加之培训学员的类别层次非常复杂，市面上难以找到合适的培训课程。因此，要求核电厂必须基于以上原因，考虑培训课程在培训对象、培训内容、培训方式方面存在的差异，找到一定的规律性来开发满足核电厂人员岗位资格要求的培训课程。

开发是为达成某种目的，进行创造性活动并不断改进的过程。设计是指建立在分析与综合基础上的规划或方案制定。通常以问题或需求的沟通为起点、以解决问题或需求的实施计划或方案为终点。

培训课程开发是指对培训内容本身、培训方式、培训媒介、培训资源等一系列与培训有关的元素的开发。包括确定课程目标、选择和组织课程内容、实施课程和评估课程等阶段。

培训课程开发是指培训组织在培训课程设计和授课指导方面所做的一切工作，是一个可持续发展而且可以变通的过程。课程开发探讨的是课程形成、实施、评估和改变课程的方式和方法，它是确定课程、改进课程的活动和过程。

培训课程开发，就是培训课程开发人员依据培训计划书的培训目标、课程大纲以及学员的状况分析，选择和组织课程的内容。

课程的开发受社会生产力发展水平、教育方针、培训政策以及文化传统的影响。

- 系统综合原则：考虑系统中各要素及其相互间的关系。
- 针对性原则：要针对培训的性质、特点、对象的不同，设计不同的大纲、安排不同的进度、选择不同的教学设备与教学方式。
- 最优化原则：如何用最少的时间获得最大的效果　优化程度＝培训效果×时间。

课程开发时，要充分考虑培训需求，学员兴趣、动机、学习风格等方面的种种因素，应对参训者的学习方式进行开发，这就等于把握住了培训的本质最有决定性的一个方面，这也恰恰是培训课程开发的精髓所在。课程开发的成果主要包括：培训师手册、学员手册、练习及案例手册、测试题库、演示稿等材料。

课程设计是指课程的实质性结构，课程基本要素的性质、组织形式或安排。这些基本要素一般包括目标、内容、学习活动、评估、学习材料、时间、学员、执行者和教学策略。课程设计是课程开发的总体规划，其具体任务是构建一门课程的形式与结构，明确培训目的、培训目标、培训内容、内容的重要性及难易程度、培训方法、案例要求、考试方式、与其他课程的关系等。

5.5.13.2 培训课程的构成要素

1）培训目标

明确学习的方向和学习过程中各个阶段应达到的标准。分别可以按认知领域学习水平、按动作技能领域学习水平和按情感领域学习水平分成三类。

2）课程内容

是由学科领域的概念、原理、方法和技能技巧，也可以是过程、程序、步骤、规范和标准等构成。课程内容的安排在垂直方向顺序要符合学员逻辑思维和学习习惯，在水平方向课程范围的安排上要注重综合性、及时性。

3）课程教材

囊括所有学习内容的资料包，包括：课程简介、课程教学大纲、课程计划（教案）、学员用书、教员用书和演示课件等。

4）教学方式

学习活动的安排和教学方法的选择，与课程目标直接相关。需要从以下三个方面来选择恰当的教学方式：

- 有效体现课程内容。
- 采用配套的组织与教学方法。

• 激发学员学习动机，提高学习效率。

5）教学策略

教学程序的选择和教学资源的利用，是学习活动的组成部分。

6）课程评估

评估学员对学习内容掌握的广度和深度，以及课程目标完成的程度。

7）教学组织

可以采用面向学员的班级授课；也可以根据学员学习能力和学习进度不同，将学员分成若干学习小组进行培训，“因材施教”个性化教学。

8）课程时间

培训课程的课时安排原则就是要提高时间利用效率，可以从以下三个方面考虑：

• 课程设计者要巧妙地配置有限的课程时间。
• 教员使学员在整个课程执行期间积极地参与学习活动，提高学习效率。
• 科学地安排课后作业，有利于提高课堂时间和利用率。

9）课程空间

主要指教室及其他可以利用的场所。如：图书馆、实验室、展览室、艺术室、研讨室、运动场等。

10）培训教员

根据培训课程目标和内容要求确定，是培训课程的执行者。要求能力广泛，能驾驭课程，引导学员达到课程目标；形式上突破了“一个教员上一门课”的传统。

11）学员

是培训课程的主体，他们不但是课程的接受者，同时也是一种可以利用的学习资源。需要全面考察学员学习背景和学习能力。

5.5.13.3　培训课程开发的特征

1）以能力为教学核心

课程开发必须围绕岗位工作能力这个核心。知识、技能是能力训练的基础，确保各项能力都有相应的课程或课程模块。

2）以操作目标体系为框架

能力教学必须通过训练过程，使学员符合核电厂岗位资格标准。强化操作能力，淡化概念和推理，体现终身职业培训的思想。

3）满足共性与个性同步发展为主题

将课程设置与培训目标、层次相适应，符合能力（技能）发展规律，为受训者职业生涯发展奠定良好的基础。

4）动态和灵活性

在核电厂的生产运行中，电厂将需要不断改进，课程开发必须体现动态化、灵活性的特点，做到紧跟电厂变化，才能保证电厂安全、稳定、高效运行。

5.5.13.4　培训课程开发原则

1）一致性原则

开发某一课程，课程目标应符合核电厂课程体系总目标的前提下，与该培训目标保持一致。注重根本性、核心性、关键性。

2）系统性原则

应在培训课程体系的基本框架内，开发针对某一培训项目或培训活动的培训课程。开发培训课程，应把具备的课程门类或科目全部开发出来，并保证要素的完备性。

3）技能性原则

课程必须体现以岗位技能为主，突出技能操作的特点，基础理论和专业理论知识科目都要服从和服务于技能训练需要。

4）操作性原则

科学地安排课程的实操训练或动手能力训练，将每一个训练科目细化后，分解到培训课程体系中。

5）针对性原则

内容上要切合员工的实际需要，不仅要开发具有共性特点的通用性课程内容，更要开发符合某一特点岗位工作需要的、个性化突出的课程内容。

5.5.13.5 培训课程开发方法

培训课程开发方法分选择移植法、能力中心法和任务分析法三种。不论采用何种方法确定课程内容，一定要针对培训对象的切实需要。

1）选择移植法

将大学或职业院校的现有课程内容，有选择地加以调整后移植过来，开发成核电员工培训课程。选择不是原封不动地套用，而是按需要调整内容的范围、程度，定性、定量论述的比例等，选择需要的部分，并作适当补充。这种方法比较多地运用于基础理论，有计划地补缺、拓宽、更新知识和能力的课程。

2）能力中心法

以课程要求达到提高某项工作能力(技能)的目标为中心，围绕这一中心选择、确定直接为之服务的内容。适用企业开展培训、复训，需要开设具有企业特殊性、实用性、综合性比较强的课程。内容包括与提高该项工作能力直接有关的基础理论知识、专业知识、职业道德、相关知识、操作要求、程序、方法、能力(技能)训练等。

3）任务分析法

是以全面工作能力为中心选定课程的方法，它是在岗位任务分析的基础上再确定所需全面工作能力的。

5.5.13.6 培训课程开发与设计流程

培训课程开发是指培训组织在培训课程设计和授课指导方面所做的一切工作，是一个可持续发展而且可以变通的过程。课程开发探讨的是课程形成、实施、评估和改变课程的方式和方法，它是确定课程、改进课程的活动和过程。

课程开发是对课程的实质性结构、课程基本要素的性质，以及这些要素的组织形式或安排的设计。这些要素一般包括目标、内容、学习活动及评估程序。

课程设计就是构建一门课程的形式与结构，解决课程整体逻辑设计，是课程开发的总体计划。

图 5.5-3 给出了培训课程开发与设计流程，包含确定课程目的、需求分析、培训目标确

定、培训课程设计、开发课程资料、试讲与课程评估和课程修订与确认 7 个步骤。

(1) 确定培训课程目的

进行课程开发的目的是说明员工为什么要进行培训。因为，只有明确培训课程的目的，才能确定课程的目标、范围、对象和内容。

(2) 进行培训需求分析

进行培训需求分析的目的是以满足核电厂人员的岗位要求为出发点，从岗位任务、电厂改进、绩效目标层面上进行调查和分析，从而判断核电厂人员是否存在培训需求以及存在哪些培训需求。需求分析方法包括问卷法、观察法、测试法、分组讨论法、记录报告法和访谈法。

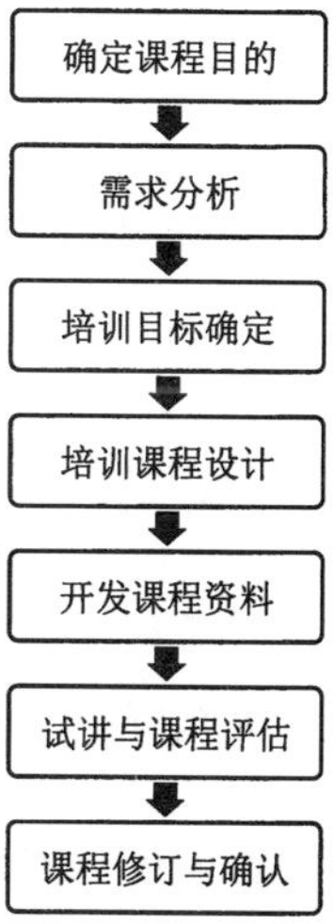

图 5.5-3　培训课程开发与设计流程

(3) 确定培训课程目标

1) 培训目标分类

培训课程的目标是说明员工培训应达到的标准。它根据培训的目的，结合上述需求分析的情况，形成培训课程目标。课程目标是课程教学设计活动的出发点和最终归宿，它是分析教材和设计教学活动的依据、为教学评估提供科学依据、激发学员学习动机、帮助教员评估和修正教学过程。课程培训目标分以下三类：

- 按认知领域学习水平分类：记忆、理解、简单应用、综合应用、创见。
- 按动作技能领域学习水平分类：模仿、对模仿动作的理解、动作组合协调、动作评估、新动作的创造。
- 按情感领域学习水平分类：接受、思考、兴趣、热爱、品格现成。

2) 培训目标的设计与编写

- 培训目标的基本要素

——行为：通过教学以后将能做什么。

——条件：说明学员表现学习行为时所处的环境、条件因素。

——标准：合格行为的最低标准。

- 编写培训目标的基本要素(ABCD 模式)

——A(对象 Audience)：阐明培训对象。

——B(行为 Behavior)：说明通过学习后学员能做什么(行为的变化)。

——C(条件 Condition)：说明上述行为在什么条件下产生。

——D(程度 Degree)：规定达到上述行为的最低标准(达到要求行为的程度)。

- 编写认知学习目标可选用动词

学习目标层次	特征	可参考动词
——知道	对信息的回忆	列举、说出、复述、描述、标明……
——领会	用自己的语言解释信息	分类、叙述、归纳、区别、引申……
——应用	将知识运用到新的情景中	运用、阐述、解答、修改、说明……
——分析	将知识分解，找出关系	分析、分类、比较、对照、评析……
——综合	重新组合知识	编写、提出、归纳、总结、计划……

——评估　　　　根据一定标准做出判断　　　　鉴别、比较、判断、证明、总结……

• 动作技能学习目标可选用动词

——感知能力　　根据环境刺激作出调节

——体力　　　　基本素质的提高

——技能动作　　进行复杂动作

——有意交流　　传递情感的动作

• 编写情感目标可选用动词

——接受或注意　愿意注意某些事件或活动

——反应　　　　乐意以某种方式加入某事，以做出反应

——评估

——组织

——价值与价值体系的性格化。

• 条件的表述

包括环境因素(空气、光线、气温、噪声等)、人的因素(单独、集体、在指导下等)、设备因素(工具、设备、图纸、说明书等)、信息因素(资料、教材、笔记、图标等)、时间因素(速度、时间限制等)、问题明确性的因素(为引起行为的产生，提供什么刺激和刺激的数量)、标准的表述(一般从行为的速度、准确性和质量来确定)、培训目标的编写(行为的表述是基本部分，不能省略;条件和标准可以不必一一列出)。

(4) 培训课程设计

在培训课程的设计阶段，需要根据目标开发课程名称、构建大纲框架、编排课程内容、选择课程的授课方式、确定培训资源。

1) 课程名称

课程名称要能够让受众清晰了解课程的核心主题，名称要具有一定的震撼力和艺术性，突出个人的创意。它可由大标题和小标题构成，大标题富有创意，且琅琅上口、易于记忆，小标题则直述主题。课程名称的设计需要根据培训对象和培训的主题，在确定课程名称的基础上，可根据主题收集内容。

2) 构建大纲框架

——课程整体设计

课程整体设计是针对某一专题或某一类人的培训需求所开发的课程架构。进行课程整体设计的任务包括划分课程单元、安排课程进度以及选定培训场所等。

——课程单元设计

课程单元设计是在进行整体设计的基础上，具体确定每一单元的授课内容、授课方法和授课材料的过程。课程单元设计的优劣直接影响培训效果的好坏和学员对课程的评估。在培训实施过程中，作为相对独立的课程单元不应在时间上被分割开。

3) 编排课程内容

教学内容的选择与组织由整体到部分，由一般到个别，不断分化、确保从已知到未知、按事物的规律排列、注意教学内容之间的横向联系。

4) 选择课程的授课方式

常用教学活动有讲授法、演示法、讨论法、训练和实践发、合作学习法、示范模仿法、强化

法、情景模拟法等。

5）确定培训资源

明确在不同的教学条件下，为达到不同的教学结果所采用的方式、方法和媒体。

6）培训效果的评估

培训效果的评估从确定培训目标就已经开始，贯穿整个开发过程。

（5）开发课程资料

课程培训资料主要包括课程简介、课程大纲、课程计划、教员手册、学员手册和演示文告等。课程资料在使用前必须经过审查，审查原则是内容要完整、技术要准确、支持学习过程；并有助于实现培训目标。

1）课程简介

课程简介包括四个部分，分别是培训目标、培训对象、教员简介和培训时间。

——培训目标：期望达到的目标。做好需求调查、划分学员技能水平（入门：没经验，也意识不到自己缺乏的知识、新手：有一些经验和意识，但几乎不具备知识和技能、有经验：在专业方面有某种水平，需要实践或支持来提高、专家：知识渊博，技术高深，但无法表达自己知道什么和如何完成任务，其知识处于无意识阶段）。

——培训对象：在现成书面描述时，不必详细描述学员的具体特征。

——教员简介：可以在主讲过的课程上下工夫。

——培训时间：描述实施该课程所需要的课时。

2）课程大纲

是培训主管部门对某项培训课程以纲要的形式提出的统一要求和具体规定，是编写培训教材、确定教学目的、任务、教学时间、教学方法的指导性文件，是检察与评定学员培训质量的标准，是主管部门指导和监督培训工作的一种依据。课程教学大纲具有明确的指导思想和目的性。因此，它的开发要求极为严格，必须强调科学性、规范性和准确性。

3）课程计划

课程计划是以课时为单元设计的具体教学方案，是教学中的重要环节。课程计划的基本组成部分是教学进程，内含教学纲要、教学活动安排、教学方法的具体应用和各种组成部分的时间分配等。是对教学进程和必要事项的系统设计。课程计划是教学的剧本，是教员教学的依据。

4）教员手册

教员手册包括：

- 开场设计：所有开场应包括：

——目的：培训的原因。

——重要性：为什么要达成这个目的。

——预习：对培训的结构、方法、主要内容的大概介绍，让学员了解培训的整体。

- 主题内容：一般包括理论知识、相关案例、测试题、游戏、故事。
- 结尾。

5）学员手册

学员手册包括：明确的学习目标、充足的思考空间、实践与经验结合、合理应用活页（通过活页的发放缩短与学员的距离，激发学员学习兴趣)。

6）演示文稿

培训课件是培训教员在正式授课时展示给所有学员看的内容，它一方面能吸引学员的注意力；另一方面能帮助培训教员把握下一部分的讲解内容。培训过程中，PPT是开展现场培训使用频率最高的培训材料。

(6) 试讲与课程评估

即使设计了好的培训课程，也并不意味着培训就能成功。如果在培训实施阶段缺乏适当的准备工作，也是难以达成培训目标的。实施的准备工作主要包括培训方法的选择、培训场所的选定、培训技巧的利用以及适当地进行课程控制等方面。通过试讲的方式，从课程内容及授课技巧方面给教员提供建议，以确保培训实施的授课效果。

课程实施后，根据课程事先设计的培训目标，总结课程效果，并反馈教员改进授课效果。培训课程评估是在课程实施完毕后对课程全过程进行的总结和判断，重点在于确定培训效果是否达到了预期的目标，以及受训学员对培训效果的满意程度。

(7) 课程修订与确认

随着核电厂内外部环境出现诸如：设计变更、经验反馈、法规改变等方面的变化，对课程进行修订是必须的，对生产人员培训一般是规定一年修订一次，其他人员培训一般两年修订一次，或者根据组织要求和培训对象变化等情况适时对课程进行修订，以适应形势所需。培训课程修订后需要经过专家校对，相关部门领导审核，并最终获得核电厂培训教材审查委员会的审查确认，才能作为正式培训教材发布并投入使用。

5.6 SAT实施阶段

5.6.1 概述

培训的实施阶段即是要利用前一阶段开发的培训教材和课程计划进行培训的过程。因此，这个阶段的主要输入项是学员，而主要的输出项是合格的学员。图5.6-1表示了这些输入项和输出项的关系。

5.6.2 实施阶段的主要工作

进行培训之前要创造必要的条件，使学员全心投入培训。学员要完全脱离岗位参加培训，要选择合适的培训期间。一般而言，在周末和假期的培训效果不如正常的工作时间好。培训的效果也与培训环境有关。要有适当的照明、供热、空调和通风，排除外界干扰。在培训区域附近有些娱乐或体育设施就更好了。

实施阶段主要有四项工作：

- 教员准备讲课。
- 预测验。
- 进行培训。
- 考核。

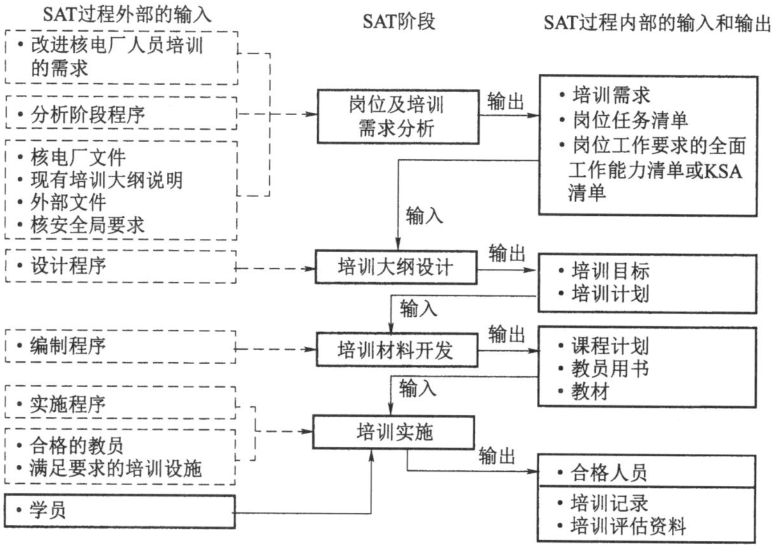

图 5.6-1　SAT 方法培训流程

5.6.3　备课

讲课之前必须给教员以时间，进行备课。一般来说，对于一个有经验的教员他的备课时间和教学时间是相当的。如果教材需要修订，那么就要增加一些时间。备课期间教员要按计划审核全部教材的内容，找出要特别注意或要特别解释的地方。教员还要检查教学设施和培训教材情况（规程、图表、讲义、考试题、工具、媒体、模型、模拟机、教学设施和设备）。如要对这些培训教材和培训设施进行必要的修整，须在开课前完成。

模拟机培训时，教员必须事先对模拟机进行检查，消除影响达到满足的培训目标的缺陷。如果是新课程或有不确实的，教员要先做一遍。模拟机房应备有主控室文件的复制件，以供给学员使用（这一条只适用于参照核电厂模拟机）。

除了审核课程计划外，所有教员还要审核控制教学进度的程度，以及测试内容是否与培训有联系。

5.6.4　预测验

为了保证达到预定的培训目标，学员要符合培训大纲要求得入学标准。在事先不太了解学员背景和能力的情况下，要进行培训前的预测验。预测验得到的情况可指导教员以最好的方式达到培训目标，确认哪些原定的培训计划对某些学员是不必要的。

预测验结果可用来：

- 确认学员符合培训大纲的入学水平要求。
- 对尚未达到入学水平要求的学员提出必要地附加措施。
- 由于确认学员已经掌握了某些内容，可以加快培训大纲中某部分的教学进度。
- 确认以前培训大纲中没有满意地达到培训目标的部分，或没有讲到的部分。
- 为培训大纲的效率评估提供资料。

- 针对某些学员的弱项和强项，确定教学方针。

有些情况下对学员的水平十分了解(如对从技术院校新毕业的学生)，就不必进行预测验。

5.6.5 培训的实施

5.6.5.1 课程培训

课程计划写明了培训目标、教员好学员的活动及支持培训所需要的资源。教员在课程开始就应说明培训目标，在培训结束时再检查是否达到了目标。要讲好课，教员必须十分熟悉课程的主题及其与最终目标有关的内容。讲课必须清楚、准确、多举实例，特别是与课程主题直接有关的实例很有好处。

好的教学方法可以提高学员的学习兴趣和注意力，常用的方法有：

- 提倡讨论的风气，吸引学员参与学习过程。
- 课堂上介绍重要内容时，要勤于向学员提问，以提高他们的兴趣，掌握所教的内容。
- 课程的主题要结合核电厂实际经验。
- 讲话清楚，不要太快。
- 课程不要太长。
- 上课时不应有外界噪声和视觉干扰。
- 不要给学员过重的工作负担，因为这样可能引起他们急躁，分散注意力。
- 实施奖励制度(表扬、奖状等)，提倡个人与个人，小组与小组之间的合作。
- 及时为学员提供培训教材，避免分散精力去记笔记。

为提高培训效率，在课程之间留有足够的时间让学员复习讲过的课程，巩固知识，准备下一堂课的内容。在实施培训中要注意讲课时间与学员自学时间的平衡。另外要注意课堂培训与实践培训(例如在岗培训和模拟机培训)要交替进行。为了提高课堂教学质量可以使用一些视听设备和核电厂部件模型等教学设备。

5.6.5.2 模拟机培训

模拟机培训计划的实施分三部分：

- 操练前介绍。
- 模拟机操练。
- 操练后小结。

全范围模拟机班组集体操练的人数要与实际岗位上的人数相同。不必在全范围模拟机上进行的个人的技能和班组集体能力的培训可在非全范围的模拟装置上进行。

通常参照核电厂的全范围模拟机适用于主控室操纵员和值长的初始培训和复训。

这里所讨论的例子一般指对运行人员的培训，然而也有一些例子是对其他人员的，它也要求类似的模拟装置，例如：反应堆保护系统模拟机就是用来对仪控技术人员进行培训的。

1) 操练前介绍

模拟机培训前，向学员介绍培训目标，复习操作所必要的知识，可提高模拟机培训效果。要使学员清楚所有用到的原理和规程。但是对暗设故障处理的操练或对学员进行考核时，就不可进行这种介绍。

要提醒学员注意模拟机特性与核电厂实际情况的差异。

介绍时要告诉学员核电厂以前的运行情况。最好按照核电厂规程参加交接班，这个规程一般可提供下列信息：

- 核电厂以前的运行功率曲线。
- 核电厂工况。
- 运行情况。
- 停役设备。
- 在线异常设备。

操练前的介绍一般不要在模拟机上进行，最好在配备有适当教具的教室进行。

2）模拟机操练

操练方式各有不同，要考虑：

- 学员岗位。
- 课程在整个培训大纲中的位置。
- 操练是为了培训还是评估。
- 属初始培训还是复训。

在参照核电厂全范围模拟机上进行培训时，应按正常的通信规程和实际的核电厂规程进行。在非复制性的模拟机上进行培训时，可采用具有代表性的通信规程和运行规程进行。章节 5.4.5 的做法就比较好，它把初始模拟机培训分解成若干个培训单元，再把这些单元串插到主控室的在岗培训中去。这样通过在主控室值班，遵守主控室的制度和规程，来强化培训过程。

模拟机教员在操纵员初始培训各个阶段起着辅导、指导和考核的不同作用，对于同一个模拟机基本操练课，这些不同的作用就要有不同的操练指导书。从事模拟机操练培训的教员人数必须足以完成模拟机模拟机运行、讲解、上机演练和学员考核等课程计划规定的培训活动。有些模拟机操练，特别是对学员考核时要求有两个或更多个教员。

在模拟机培训中采用核电厂规程是十分重要的。规程往往有些限制条件，不可盲目执行，规程的使用一定要符合现实的逻辑的思考过程。因此，在初始培训和复训中都要强调班组集体活动和判断能力的培训。可能用参照核电厂模拟机来验证核电厂新的运行规程，从以下三点可以看出它非常有用：

- 运行人员感受对执行运行规程的责任。
- 变更的运行规程（要谨慎）在实施前要进行培训。
- 从人际因素到技术方面来验证规程的有效性。

3）操练后小结

每次操练后要进行小结，以强化收获，找出不足。可以重新操练，或重新观察模拟机监视参数的功能，看在操练中到底发生了什么。在模拟机的操练中，教员要观察学员，加之在小结过程中对学员的提问，可以判断学员的知识水平。不少教员采用的小结方式是先让学员总结操练过程，然后指出学员尚未提到的内容。这样做，就避免小结只是由教员来作。录相是非常有用的，它可以在模拟机上重新演示班组集体工作的情况。

对主控室操纵员培训，在复习应急操练内容时，教员应鼓励讨论可能超出应急的情况，以便强调：

• 主操纵员的必要措施和安全系统响应可以减轻防护屏障的破坏，阻止裂变产物的外逸。

• 事故管理策略和应急计划安排。

• 规程的验证，特别是征兆规程的验证（这对主控室操纵员的复训特别有用，因为它给核电厂提供了反馈运行规程信息的另一种途径）。

5.6.5.3 在岗培训

1）实施在岗培训的人员

实施在岗培训的人员必须是具有有效的上岗资格并在学员培训的岗位上工作的人员。此外，他还必须接受实施这种培训的方法的培训，并且知道在在岗培训中他所起到的作用，应知道：

• 在岗培训的总体概念。

• 编写学员应取得的知识和技能的方法。

• 进行学员考核的方法。

• 学员考核中对已有标准的应用。

• 学员考核不及格时，应采取的措施。

在指派在岗人员当在岗培训教员时，应注意他们的人际因素方面的 KSA 知识，如交际能力、判断能力、个人品德以及对培训和工作的态度。

指派专人（通常是培训部门的）负责在岗培训的协调工作。主要的协调工作有：

• 跟踪培训进度，明确培训进度控制点。

• 监督学员的进步。

• 提供培训教材。

• 协调培训任务，优先培训那些不常干的工作。

• 记录培训过程，并存档。

• 评估培训有效性。

• 保存文件。

在岗培训可分三个阶段：

• 准备。

• 演示与实践。

• 考核。

下面讨论前两个阶段，在岗培训考核在 8.6.3 节讨论。

2）准备参加在岗培训的教员

参加在岗培训的学员应熟悉下列内容：

• 教材的使用。

• 完成各部分培训的日期。

• 在岗培训清单、培训目标和参考书。

• 辅助材料（图表、流程图、规程、系统说明等）。

• 所有必要的工业安全和辐射防护注意事项。

参考材料应包含培训中用到的关于系统和设备的资料（说明书、功能、运行和检修注意事项、安全限值、报警、控制、停堆、闭锁、正常和异常运行方式等）。除了学习教材之外，学员还要与教员一起讨论某些重要的培训问题。

3）在岗培训演示和实践

在岗培训演示之前，教员应说明演示的目的，正当的步骤，行为不当的后果，某项演示任务的实践做法，并回答学员的问题。如核电厂条件允许，教员要演示一遍，学员照着学。

根据在岗培训的性质，操练可包括下列内容：

- 在管理层的指导下执行某项任务（例如启动循环水泵，解体或检修设备和仪表）。
- 在教员的带领下现场见习。

教员指正学员的不当之处，帮助提高技能。当学员和教员都认为学员已掌握了培训大纲规定的某项内容，并且达到了培训目标的要求时，就可以由指定的考核人员进行考核。

5.6.5.4　实验室、模拟体和车间培训

课堂培训和在岗培训的许多方面都适用于实验室和车间培训。在许多情况下实验室、模拟体和车间培训更适应学习技能，例如，找出电子线路的错误，利用这种培训方式就比在岗培训方式为好。与其他培训方式一样，要按计划进行培训，以便达到培训目标，并由有经验的合格教员来培训。整个过程要注意学员的安全，为此培训大纲中要先明确安全要求，学员和教员的比例要适当，以便加强管理。

学员人数要控制好，使得每一个学员都有动手操作的机会。学员单独作业的机会要尽量多，而小组学习也有好处，可以互相帮助，共同进步。此外，如使用的设备和模拟体的费用很高，也可能要求进行小组培训。

与课堂讲课一样，在实验室或车间对课程要作介绍，这一点很重要。在各种情况下讲课的前几分钟对学员的情绪影响很大。无论进行何种培训都要使学员知道课程的目标和课时、课程的构成、提供的操练机会、考核方法和标准。

课程计划的引言中，应复习课前须掌握的预备 KSA 知识。讲课常常在实验室或车间附近的教室进行。教材应包括所有需要的书面材料（或指出从何处可找到参考书），以及要用到的工具和设备清单。有些时候教员要先演示一遍，让学员知道要掌握的知识和技能。

学员动手操练时，教员要时刻关注所有的学员，不断地在学员周围走走看看。为了使学员掌握重要的培训内容，教员要向学员问一些问题。有时教员可以中断操练，把反馈的意见告诉所有的学员。整个培训过程中，教员应对学员进行帮助，给予鼓励，必要时多次演示某些操作。

与在岗培训不同，在课程进行中要经常进行考核，而不是另找时间由别人来考核。因此，事先必须明确教员的观察和发问是不是正式考核的一部分，是不是教员为了达到教学目标的一种手段。

一堂课结束时，教员应进行总结或复习：

- 整个任务及与之联系的其他内容。
- 学员提的问题。
- 操练中出现的问题及解决的办法。
- 进一步学习和操练的建议和意见。
- 课程进度。
- 这节课与下节课的关系。

5.6.5.5 计算机辅助培训

CBT 通常为独立学习而设置。但经验表明，在 CBT 培训时也应该有人辅导。在培训过程中教员的责任是监督学员的进步，及早发现难点，并解决之。

在期中或期末考核中常用到 CBT 软件。因此，教员和学员通过与 CBT 系统的简单对话，知道学习进展的情况。

5.6.5.6 自学

自学培训方式虽然是独立的，也要有教员或同事们的帮助。与其他培训方式一样，自学应根据培训目标，给学员提出明确的学习任务。辅导人员的作用是监督学员的进步，检查他们是否跟得上进度，及早发现问题和难点，并解决之。有多种自学方式，例如：

- 自学培训教材，以强化课堂或其他方式的培训内容。
- 在培训中心或其他培训地点自学。
- 在家自学。
- 在工作场所(如核电厂系统)自学。

自学方式不同，辅导和检查办法也不一样。

指派的辅导人员除了帮助解决难点和问题之外，还要协助安排其他事项，如提供参考材料等。

5.6.6 学员考核

在培训期间或完成培训之后对学员进行考核是培训过程的很重要的环节。通过考核可以确定学员是否达到了培训目标，证实他们是否达到他所培训岗位的能力要求。考核结果也给培训教员和核电厂管理层提供反馈信息，了解培训大纲的效果，如何选择学员进行某项培训。必要时考核的反馈信息可用来修订培训大纲(见 9 章)。

教员经常不断地关注学员在培训期间的表现和所取得的进步，取得进步的依据不仅是考试，也依据平时的讨论、课堂提问和实际工作等。

在每一个培训单元或培训大纲完成之后，必须依据现有标准按培训计划定期进行学员能力考核。考核安排必须事先让学员知道。

不管模拟机考核、现场见习或简单的多重选择考核都必须依据 SAT 设计的培训目标来进行。这个原则同样适用于执照考核和对某些岗位人员的授权考核。

对学员进行考核的项目和内容须在培训大纲的设计阶段就编写出来。学员完成培训之后，确认资格的考核应尽量直接在岗位工作环境中干实际工作的方式来进行(用日常工具和规程等)。考试是衡量教学效果的最方便的方法，可分为培训中的阶段考试和最终考试。

考试后应尽快地把结果告诉学员，再由学员和教员一期审核考试结果。找出不足之处，给学员提出改进意见。学员没有达到预定的标准不允许参加下一阶段的培训，直到所有的不足之处都已改正。

5.6.6.1 课堂培训的考核

下面的考核方式在课堂培训中普遍应用，有适用于几乎所有的培训方式，因此，在这里进行讨论。

1）笔试

笔试的优点在于可使教员同时考核一大批学员，学员有足够的时间写出数字，画出图标和叙述。此外，笔试提供了学员能力的书面文件。笔试的不足之处在于有些人(特别是文化水平低的)很难清楚地表达自己的知识水平，书面表达也没有逻辑性。

笔试常有三种类型的问题：

• 多项选择问题。多项选择问题容易评分，短时间内可测试大量知识内容。它特别适用于记忆性和综合理解能力的考核，但是要注意出题的形式。

• 简要回答。简要答题要求学员写出一个词组、句子，也可能画图。它的优点是不像多项选择题那样有多种提示信息。

• 短文。短文是最好的考核学员高水平知识能力的书面方式。根据培训大纲的培训目标写短文相对比较容易，而判断和评分比其他两种方式困难的多。

2）口试

口试和笔试一样要充分准备和审查，以保证能准确地考核学员在相关方面的能力，并达到培训目标。这就要求事先准备问题，每个问题都和工作有关(即与培训目标相关)。

说明准确答案要点，以示考核的客观性。当学员不能正确回答时给予提示。在回答问题要用到培训材料、核电厂文件、图标、培训器具或其他设备时，必须及时提供给学员，他们知道在回答这些问题时可以利用。

要准备好口试材料。给每个学员准备好考卷，包括答题区域、可接受的答题概要和注意事项。考卷要存档，备案。

口试的优点：

• 它直接让学员用自己的语言表达对题目的理解。

• 使考核人员深入了解学员掌握全面知识的情况，通过附加追问的方式可以更深入地了解学员的理解能力(此时要注意围绕考题)。

• 当学员回答不正确时，可立即指出。

口试的缺点：

• 每个学员的考核时间可能不充分，如，计算或画系统图。

• 口试的质量和效果取决于考官的技巧。因此建议由几个有资格的考官来进行最终取证口试。

• 可能存在个人偏见，提问不当，或与培训标准无关的因素的干扰。

课堂培训最好的考核方式是笔试与口试相结合，吸取两者的优点。

5.6.6.2　模拟机培训的考核

有效的模拟机培训求在培训中和完成培训之后对学员及班组集体能力进行考核。考核中了解到的情况可以来衡量学员是否达到培训目标，找出薄弱环节，以便在下次培训中特别注意。在模拟机操练中的考核应尽量客观。

基本能力目标的考试，可采用下面的若干种考核方式：

• 静态考核　这种考核中，模拟机冻结在某个状态，要求学员查看值班日记、VDU 显示、模拟盘显示等来判断模拟机现在工况，出了什么故障，什么技术规范限值超过了，等等。

• 动态考核　这种考核中要求学员进行一项简单的操作(或保持稳态)。教员注意对学员进行观察，有时引入故障。教员按下列几个方面对学员进行能力评估：

——警觉性。

——事件诊断。

——当即措施。

——盘面操作。

——技术规范和其他文件。

——通信。

——管理能力。

——集体工作能力。

——规程应用。

在培训进展的各个阶段，可采用上述某些或全部考核方式。有些模拟机可用计算机记录学员行为和主要参数，以帮助考核工作。

5.6.6.3 在岗培训的考核

采用工作能力演示来衡量通过岗位(以及通过模拟机、车间和实验室)培训后学员掌握技能和知识的情况。工作能力演示要求学员表现在某项工作中运用规程，工具和必要的设备的熟练程度。能力演示应尽量真实，最好是实际干事情，如果核电厂条件不允许，可用假演示或模拟动作来考核。

指派的考核人员必须是有经验的人员，最好是没有介入被考核在岗培训的人员。考核人员须为学员提供实际工作需要的所有信息，但不得辅导或提供任何种形式的帮助。

考核可分为下列几个阶段：

• 考核人员制定考核进度。

• 考核人员按着事先制定好的评估标准和培训目标考核学员所获得的 KSA 知识。

• 如果考核人员认为学员取得了满意的 KSA，就发给书面证书。如果不是这样，就要指出今后要提高 KSA 方面。

• 考核人员发现的学员的不足之处须反馈到培训部门，以改进在岗培训工作。

5.6.6.4 实验室和车间培训的考核

与在岗培训不同，在实验室和车间培训中要经常进行考核，不是另外找时间由他人考核。事先必须明确教员的观察和提问是不是正式考核的一部分，是不是帮助学员达到培训目标的教学方法的一部分。

5.6.6.5 计算机辅助教学培训的考核

CBT 软件中应包含有阶段和最终考核，以确定是否达到培训目标。CBT 系统常常可以进行预测验，以认定下一步的培训目标，这对复训更为有用。

5.6.6.6 自学的考核

自学考核办法取决于使用的培训媒体。所有培训方法都可用传统的笔试和口试方式，例如自学核电厂系统和布置的知识，辅之以现场见习。在口试和现场见习考核中考官不应是自学的辅导人员。适当地建立和保存学员的资格记录对各种培训方式都是重要的。

5.6.6.7 不及格学员的处理

对不及格的学员要进行补充培训和补考。如经过补充培训还不及格的，不可继续参加培训。学员不及格的处理办法须有书面规定。

学员只有达到了要求标准，才允许进入较高一级的培训。由于培训常常是按班组进行的，对不及格学员的补充培训时间是有限的。

在初始培训中培训难点的原因找到之后，应要采取专门的培训方法进行纠正。要仔细分析原来的培训计划，包括了解学员和结业人员的意见。学员的不足之处也要反馈到整个培训大纲的评估过程当中(见第 9 章)。

同样，在岗工作人员在接受复查人员资格培训或复训中达不到标准的，须脱离岗位，进行补培训。连续考核达不到应有的标准的，不得参加下一阶段培训和上岗工作。

5.6.6.8 培训记录

建立培训记录制度是有效地实施培训大纲的重要组成部分。有两类记录：

- 培训大纲实施记录。
- 学员个人考核记录。

培训大纲的实施记录依核电厂(NPP)的 QA 管理程序要详细记录实际培训进度、学员出席情况、培训设施、教材、课程计划和考试题。

每个学员的资料都要保存，包括培训的完成情况，达到的资格(如辐射防护工人、QA 审查员、在岗培训考核员)，及其与此有关的考核测试结果。

正如第 9 章讨论的，上述资料以及教员和学员的反馈意见都是对培训大纲评估所需要的。应由负责开发培训大纲的教员收集这些资料，并由学员的领导审核。

5.6.7 反馈

学员应该及时、定期并客观地从各种培训考核方法得到他们能力的反馈意见。笔试结果的成绩须在当日，或至迟在一周之内告诉学员。测试结果要进行讲评，找出不足之处，及要改进的方面。

找出学员的薄弱环节相对比较容易，而找出解决办法就不太容易了。增加培训也不是唯一的解决办法。找出学员薄弱环节的方法之一是综合评估口试、笔试和能力测试结果，以指出培训过程和评估方法本身可能的不足之处。如果某个项目回答常常有错，那可能是培训大纲有问题而不是学员的问题。在第 9 章将详细讨论这个问题。

反馈不仅对学员全面工作能力进行评估，也要提出学员还有哪些 KSA 达不到规定要求。

5.6.8 核电厂人员培训质量

5.6.8.1 简介

核电厂人员培训的质量关系到核电厂是否能够培养出足够能够胜任核电厂岗位工作的合格人员；也关系到核电厂是否能够长期安全、稳定和高效运行。然而，由于核电厂人员培训的质量涉及培训的方方面面。因此，很难对核电厂人员培训的质量进行全面、系统的描述，导致培训人员、培训管理人员对核电厂人员培训质量保证体系、控制环节；以及培训的质量是如何贯穿在培训项目、培训大纲、培训体系之中；并如何实现持续地改进等方面的认识模糊不清。

对核电厂人员培训质量进行分析与研究，首先，必须从基于核电厂选址、设计、建造、调试、运行和退役所依据的法规、导则要求入手，明确它们对核电厂人员培训方面提出的原则性要求、推荐方法。同时，需要参考核电厂基于项目特点制定的《质量保证大纲》对人员培训的要求；并据此来制定核电厂人员培训的质量保证体系。

然后，需要明确法规要求的核电厂人员培训需要开展的工作就是，建立核电厂人员培训体系并维持体系的有效运转，找出培训体系与培训质量之间的相关性。

最后，通过分析与研究，明确核电厂质量保证体系的构成和培训质量控制的环节；找出培训质量与培训项目、培训大纲和培训体系有效性关系。对保证核电厂不断培养出能够胜任岗位工作要求的合格人员，促进核电厂人员培训质量的持续改进；并最终保证核电厂的安全、稳定和高效运行具有非常重要的意义。

5.6.8.2 法规对核电厂人员培训质量管理的要求

体现培训质量的关键是培训的针对性与有效性。培训质量管理体系是培训机构为了保证培训质量，实现预期计划目标，而对培训行为采取的若干相互联系的培训质量管理控制方法和措施。

(1) 核电培训法规与标准体系构成

按照由高到低的逻辑顺序，核电培训法规与标准体系构成由法规、导则、行业标准和企业标准四个层次构成，见第 2 章 2.2 节，图 5.6-2 给出了核电培训法规与标准体系详细构成。

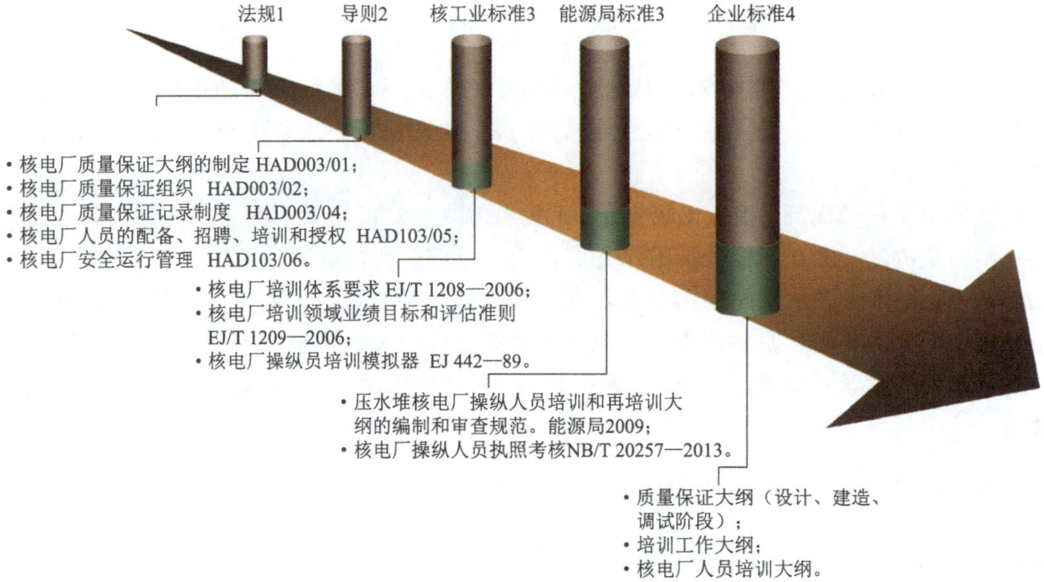

图 5.6-2 核电培训法规与标准体系详细构成

(2) 培训质量管理体系

培训质量管理体系是一个完整的有机系统。核电厂的安全涉及从核电厂选址、设计、制造、建造、安装、调试、运行和退役的全过程。因此，从保证核电厂的安全角度出发，首先要保证核电厂在以上各个环节的质量。为此，《核电厂质量保证安全规定(HAF 003)》规定：核电工程项目必须按本规定制定《质量保证总大纲》，总大纲必须对核电厂有关工作的控制作出规定。其中对从事影响质量活动的人员的配备和培训提出了规定要求。这些规定要求是核电厂建立培训质量管理体系的基础。

所谓培训质量管理，就是在培训过程中，确定质量方针、目标和职责；并使其在质量体系中运行、实施的全部管理职能的所有活动。这一概念的内涵，表现在三个方面：

1）一是培训质量管理的范围必须是培训的全过程。

2）二是为了确保培训质量，既要做到培训质量标准与先进的国际培训质量标准相接轨，又要实事求是、因地制宜，保证质量标准体系的有效运行。

3）三是培训质量标准必须包括对企业培训需求的满足程度，必须建立在全面的管理控制体系的基础上，才能对培训质量进行有效地评估。

(3) HAF 003 对核电厂人员的要求

法规《核电厂质量保证安全规定（HAF 003)》对将从事影响质量活动的人员提出了配备要求，提出了："需要制定相应的计划来保证人员的挑选和培训。挑选的人员有学历、经验和业务熟练程度的要求；而对这些人员的培训，要求制定培训大纲和程序，以便确保这些人员达到并保持足够的业务熟练程度"。

1）人员的配备要求

HAF 003 规定："为了挑选和培训从事影响质量的活动的人员，必须制订相应的计划，该计划必须反映出工作进度，以便留出充足的时间，用以指定或挑选；以及培训所需要的人员"。该要求强调了人员配备的计划要求，以便按计划对人员进行挑选和培训。

2）人员的培训要求

HAF 003 规定："必须根据从事特定任务所要求的学历、经验和业务熟练程度，对所有从事影响质量的活动的人员进行资格考核；必须制定培训大纲和程序，以便确保这些人员达到并保持足够的业务熟练程度"。在某些情况下，必须酌情颁发资格证书，以证明达到和保持的业务水平。核安全导则的《核电厂质量保证组织（HAD 003/02)》列有执行 HAF 003 这一部分要求的可行方法。该要求强调了对所有从事影响质量的活动的人员的多方面的资格要求，包括对学历、经验、业务熟练程度和培训方面的要求。

(4) HAF 103 对人员的资格和培训的要求

《核电厂运行安全规定（HAF 103)》对核电厂执行能影响安全任务的人员的培训作出了详细的规定，归纳起来包括三个方面，分别是：对这些人员的资格及培训要求、培训大纲内容及维护要求和培训资源要求。

1）对执行能影响安全任务的人员的资格及培训要求

• 营运单位必须规定执行能影响安全任务的人员的资格和经验要求；并按有关规定报送国家核安全监管部门。必须挑选合格的人员并给予必要的培训和指导，使他们能在核电厂各种运行状态和事故工况下按照运行规程或应急规程正确地履行职责。承担特定安全重要职能的人员，按规定必须持有国家核安全监管部门颁发的证书。

• 必须制定并贯彻培训大纲，以对将要分配到与安全相关岗位上的人员进行培训。培训必须强调在核电厂运行中"安全第一"的原则。应利用调试活动的有利条件，为核动电厂人员提供进一步的培训；并使其获得第一手经验。培训大纲的有关文件必须可供国家核安全监管部门查阅。

• 营运单位必须保证所有要执行安全相关任务人员充分了解核电厂及其安全设施并具有相关能力(如:监督管理能力),以正确地执行其任务并对安全给予应有的注意。

• 营运单位必须保证执行安全相关任务的外部人员的资格和培训,充分适合其所履行的职责。

2) 培训大纲内容及维护要求

• 培训大纲必须规定对运行人员进行定期考核及定期复训。

• 根据其工作任务及职责,对各类人员必须制定好相应的初始培训和复训大纲,培训大纲的内容应当是系统的。培训大纲必须促进受培训人员注意安全问题。

• 核电厂人员必须接受处理超设计基准事故的教育,对运行人员的培训必须保证他们熟悉超设计基准事故的征兆和事故管理规程。

• 必须制定评估和改进培训大纲的管理程序。此外,必须制定及时改进和更新培训设施和培训教材的制度,以保证培训设施和教材能准确地反映核电厂的状况。

• 必须制定管理程序来保证该核电厂运行事件的经验;以及其他核电厂的有关运行事件的经验已经纳入培训大纲中。此管理程序必须保证培训是针对事件的根本原因和纠正行动的确定与实施,以防止事件再次发生。

3) 培训资源要求

• 培训教员必须在指定其负责的领域中具有相应的技术能力和必要的教学技能。

• 必须为课堂培训和单独学习提供适当的设施,必须提供合适的培训教材,以促进受培训人员了解核电厂及其系统。

• 必须使用有代表性的模拟装置来进行行培训,模拟机培训必须把运行状态和事故工况的培训结合起来。

5.6.8.3 基于法规要求的核电厂人员培训体系的建立

培训体系既是组织内培训资源的有机组合,也是运行培训项目的平台,还是实现培训系统化、规范化、标准化和科学化管理的基础。培训体系的建立和完善,对提升核电厂人员培训的整体效率和质量,做好培训整体规划具有非常重要的意义。

《核电厂培训体系(EJ/T 1208—2006)》是我国核行业的推荐标准,该标准规定了对核电厂培训体系的要求,涉及:培训政策、培训制度、培训/复训大纲、培训资源管理、培训计划管理、培训过程控制、资格管理、培训体系有效性评估等有关的各项活动。

核电厂培训体系需要根据核电厂培训政策所明确的内容来进行构建。通过调研、对标国内、外核电厂的培训体系构成,归纳起来,一个完善的核电厂培训体系应该由培训管理体系、培训方法体系和培训资源体系三个分体系组成。

(1) 培训管理体系

培训管理体系是培训体系的重要组成部分,它明确培训的主体、管理流程及制度、并对培训的有效实施提供监管。培训管理体系由培训的组织机构、管理程序、管理制度及培训监管四个子体系构成。培训体系的建立一方面,需要在培训管理上建立起健全的培训组织机构,作为培训体系运作主体,其职能是对核电厂培训相关工作进行宏观决策、整体协调和全面管理;另一方面,就是开发规范的培训管理程序、制定符合法规要求的培训管理制度,使培训管理工作标准化、系统化，提高培训管理工作的效率，保证培训质量满足相关法规和核电厂质量保证大纲的要求；最后，就是为了保证培训质量和人员资格满足法规要求，还需要制定满足法规要求的培训监督措施及手段。

(2) 培训方法体系

培训方法体系也是培训运作体系，它支持培训项目的运作。采用 SAT，该方法在培养满足核电厂岗位能力要求的合格人员方面已经得到了国际上核电同行的广泛认同和积极推广，并得到国际原子能机构和我国核安全法规的推荐。SAT 由培训需求分析、培训大纲设计、培训课程开发、培训项目实施和培训评估与反馈五个阶段构成，它们形成闭环的体系，该体系的有效运转，能够保证培训质量的持续改进和提高。

(3) 培训资源体系

培训资源体系也是培训的支持体系，它为培训项目的实施提供必要的资源。它分别由培训教员体系、培训课程体系、培训设施体系、培训资料及记录体系四个子体系构成。培训资源体系的缺失或不足，往往制约着培训项目的有效实施，直接影响着人员培训的质量。

(4) 培训体系与人员培训质量的相关性

完善的培训体系是保证人员培训整体质量的前提，核电厂只有建立起了支撑培训项目有效运转的完善培训体系，并在此基础上得到有效运转，才能够保证人员培训的总体质量。培训体系中任何一个环节的缺失或不到位都可能给核电厂人员培训的质量带来潜在的影响，从而，可能影响到核电厂的安全、稳定和高效运行。

5.6.8.4　核电厂人员培训质量保证体系

为了保证核电厂人员培训的质量满足核电厂安全、稳定和高效运行的需要，核电厂必须要建立起严密的、符合法规 HAF 003 和核电厂质量保证大纲要求的核电厂培训质量保证体系，对影响培训质量的重要环节进行规定、管理和控制。核电厂人员培训质量保证体系的建立，必须紧紧围绕核电厂人员培训需要开展的各个方面的活动来展开，主要包括“建立培训工作大纲、构建培训体系、明确培训需求、建立岗位培训大纲并实施培训和进行培训有效性评估构成”，对这些环节的有效控制，将会对核电厂人员的培训质量起到至关重要的作用。因此，也正是它们构成了核电厂人员培训的质量保证体系（见图 5.6-3）。

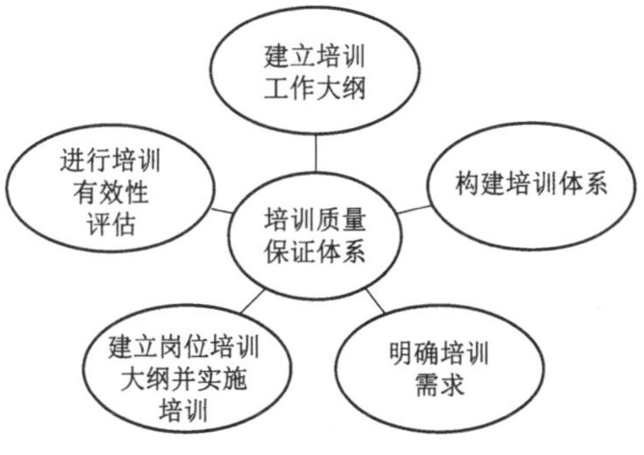

图 5.6-3　核电厂培训质量保证体系

(1) 建立培训工作大纲

《培训工作大纲》是核电厂培训工作的质量保证大纲，它作为核电厂《质量保证大纲》的分大纲并作为核电厂培训领域工作的顶层文件，对培训领域的组织机构、职责、培训政策、制度、方法、监督、评估和管理等方面进行规定，保证各项培训工作都符合法规、行业标准，以及核电厂《质量保证大纲》的要求。全面、详细的《培训工作大纲》的建立，对保证培训的质量至关重要。

(2) 构建培训体系

培训体系是指在企业内实施培训的组织机构、职责、方法、程序、过程和资源等诸多要素构成的整体;也是组织内培训资源的有机组合,是运行培训项目的平台。是实现培训系统化、规范化、科学化管理的基础。建立培训体系是核电厂培训工作的核心,只有在建立了完善、规范及标准的培训体系的基础上,核电厂才能够实现人员培训的标准化、规范化、规模化,才能不断提高培训的效率和质量,使得培训的人员满足核电厂各个生产岗位的要求;并能够根据电厂及各外部情况的变化,实时培养出核电厂所需的合格人员,保证核电厂的安全、稳定和高效运行。

(3) 明确培训需求

核电厂人员的培训需求,一方面,基于他们所要完成的岗位任务,只有通过对岗位任务进行分析,才能够明确学员需要培训的任务,并据此分析完成这些任务所需要的知识、技能和态度,才能据此制订培训目标,开发相应的培训课程及资料,并组织有针对性的培训。

另一方面,核电厂人员的培训需求,来源于绩效不足,需要通过绩效分析法找出培训绩效不足的原因;并据此开发相应的培训来弥补学员在知识、技能和态度方面的不足。

核电厂人员的培训需求还来源于电厂的变更、经验反馈和法规要求改变等,这些内容对维护和提升学员的岗位工作能力至关重要,需要通过对核电厂人员的复训来加以解决。

因此,核电厂人员的培训,必须要明确培训需求的来源,只有在此基础上开发的培训,才具有针对性,才能保证培训的效果和质量。

(4) 建立岗位培训大纲并实施培训

岗位培训大纲是核电厂基于核安全法规和行业标准的规定,对关键岗位人员提出的更高、更严的培训要求或标准。岗位培训大纲明确了岗位人员需要培训的课程、课时、培训方式和考核要求等方面的内容。根据岗位培训大纲培训出的合格人员,代表了相关人员完全具备该岗位要求的全面工作能力。

岗位培训大纲的建立一般基于岗位任务,通过对岗位任务进行分析,明确岗位需要培训的任务。然后,通过对这些任务的分析,确定完成岗位任务相关人员所需要通过培训来获得的知识、技能和态度,据此来开发培训目标和培训课程;从而开发出各类人员的岗位培训大纲。因此,基于岗位任务分析开发的培训大纲,并据此开展对相关岗位人员的培训,完全能够满足相关人员胜任岗位工作任务的需要。

(5) 进行培训有效性评估

为了保证按岗位培训大纲培训的合格人员完全能够胜任岗位工作,需要根据电厂变更、程序及规程变化、法规改变、经验反馈等对培训大纲内容进行定期维护,维护的结果通过核电厂内、外部的有效性评估,来保证培训大纲在造就出合格的岗位人员方面是有效的。内部评估包括核电厂内部的质保监查和自评估;外部评估包括行业审查、NNSA 审查和 WANO、INPO 和 IAEA 等国际组织的同行评估。通过这些评估,发现岗位培训大纲在打造胜任岗位工作的合格人员方面的强项和弱项;从而实现对良好实践的推广和对存在不足的改进。通过对培训有效性进行的评估,可以实现培训质量的不断改进和提升。

5.6.8.5 核电厂人员培训质量控制

核电厂人员培训质量控制主要是对培训需求的产生到培训项目实施后的评估,以及对人员资格与授权管理过程中的一些关键环节进行的控制,通过对这些环节的严格控制,保证培训项目得以有效实施，从而保证培训的质量；并为核电厂安全、稳定和高效运行提供合格人员。核电厂人员培训质量控制包含："确定培训需求、设计和策划培训、开发培训资料、组织和实施培训、评估培训效果、培训监督与观察、培训教员资格要求和人员资格与授权管理"八大控制环节，见图 5.6-4。

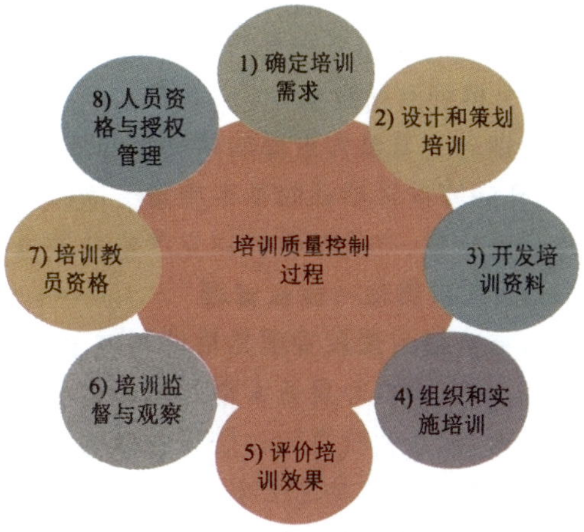

图 5.6-4　培训质量关键控制点

(1) 确定培训需求

培训需求决定着培训项目的目标、内容、方式和方法，是保证培训质量的前提。确定培训需求是企业培训质量管理和控制的重要环节。培训需求是培训项目实施的最前端，只有找出员工真正的培训需求，才能解决培训的针对性；从而提高培训的效率和质量。为此，必须明确培训需求的来源是什么。针对核电员工而言，培训需求应该是来源于岗位任务需求；以及岗位能力的维持和提升，以满足岗位绩效要求。

(2) 设计和策划培训

员工的培训需求需要进行分析，找出满足这些需求员工所需要的知识、技能和态度(KSA)要求，从而转化成培训目标；并据此开发培训课程、明确培训方式和课时；并最终作出培训的规划。完善、合理的规划才能保证相关人员按时完成规定的培训，从而支持电厂的安全、稳定和高效运行。

(3) 开发培训资料

培训资料是培训项目实施的重要资源，也是培训项目能否顺利实施的前提和保障。培训资料包括："课程大纲、课程计划、演示 PPT 和学员用书"等。完善、规范、逻辑清晰的培训资料对培训项目的质量具有重大影响。因此，需要对培训资料的开发环节进行严格的控制。

(4) 组织和实施培训

培训项目的组织实施是培训管理的核心环节，通过该环节，可以把一个不能胜任岗位工作的人员变成一个合格人员。该环节的控制包括："培训前的准备，和培训实施过程的控制"它们直接决定着培训的质量和最终效果。

(5) 评估培训效果

培训的效果需要评估，培训评估包含：教员和学员的反应、培训考核结果、学员行为的变化；以及培训对核电厂绩效的改进情况。通过培训评估，可以找出培训中的薄弱环节；并据此进行改进，使得培训的质量可以得到不断地改进和提高。

(6) 培训监督与观察

为了保证培训活动的顺利开展，需要对培训活动进行监督和观察。培训监督是指培训部门的培训监督工程师，根据年度监督计划的要求，对培训活动进行有目的的、抽样进行的培训检查活动，监督的内容包括文件的一致性审查和培训活动是否按照预先规定的程序得到有效贯彻和执行。

培训观察活动是核电厂管理层人员对培训活动进行的观察，相关人员有年度参与观察活动的频度要求。通过培训观察，从不同的视角发现培训是否满足管理层的期望，找处培训中存在的薄弱环节。同时,通过管理层的培训观察,体现管理层对培训工作的重视,促进培训活动得到有序和高质量的实施。

(7) 培训教员资格

培训教员是最为重要的培训资源之一,各类培训教员都必须满足一定的资格要求,只有这样,才能够保证培训的基本质量。同时,不断提升教员的知识和能力素质,有利于不断改进培训的质量。因此,需要建立严格的教员培训和复训大纲,对教员资格作出详细的规定。

(8) 人员资格与授权管理

人员资格与授权管理是培训管理工作的核心内容,只有满足岗位资格要求的人员才能获得相应的授权,并具备资格开展相关工作。如果资格超过有效期,授权将失效,必须根据相关要求,在重新获得授权后才能继续开展相关工作。只有严格落实人员资格与授权管理,才能尽可能避免人员能力不足给电厂安全、稳定和高效运行带来的不利影响。

(9) 培训质量关键控制点

在明确了核电厂人员培训质量控制的八大关键过程之后,需要掌握住这些控制过程的关键控制点,在这些关键控制点进行严格的审查,实现培训质量的有效控制,从而保证培训的效果和质量,详见表 5.6-1。

表 5.6-1 培训质量关键控制点

序号	培训质量控制过程	培训质量关键控制点
1	确定培训需求	年度培训计划审批 • 需求的针对性 • 培训安排的合理性
2	培训的设计与策划	培训大纲开发的严谨性审查 • 培训大纲的完整性 • 培训目标和对象的针对性 • 培训规划的合理性
3	开发培训资料	培训资料的审批、发布 • 满足审批与发布流程 • 培训资料的完整性 • 培训资料反映最新的机组当前状态
4	组织和实施培训	培训准备审查 • 培训所需资源的满足程度 • 培训试讲
5	评估培训效果	四级培训评估审查 • 教员和学员反馈评估 • 培训考核结果评估 • 学员的行为改变评估 • 培训对电厂绩效改进效果评估
6	培训监督与观察	培训监督与观察活动记录审查 • 相关活动记录审查 • 状态报告及纠正行动记录审查
7	培训教员资格	教员资格审查 • 培训前的资格材料审查 • 教员技能培训记录审查

续表

序号	培训质量控制过程	培训质量关键控制点
8	人员资格与授权管理	关键岗位人员资格审查 • 授权前培训记录的完整性及有效性审查 • 资格授权的有效性管理

(10) 培训体系与培训质量关键控制点之间的关系

表5.6-2给出了培训体系与培训质量关键控制点之间的关系，从该表可以发现：培训的8大关键控制点中，有5个控制点是在培训的方法体系，涉及SAT的5个阶段，然后是在培训管理体系有1个控制点，在培训资源部分有2个控制点。由此也可以看出，培训质量的关键控制环节是保证培训能够按照SAT这个培训项目运作的平台，严格按照从需求分析、大纲设计、教材开发、培训实施及评估反馈的流程进行实施，培训的质量才能得到根本的保证。最终，实现核电厂培训体系的有效运转，使培训紧密结合核电厂生产，满足核电厂安全、稳定和高效运行对合格人员的不断需求。

表5.6-2 培训体系与培训质量关键控制点之间的关系

	分体系	子体系	培训质量关键控制点	控制点审查内容
培训体系	培训管理	组织机构		
		管理制度		
		管理程序		
		培训监管	培训监督与观察活动记录审查	• 相关活动记录审查 • 状态报告及纠正行动记录审查
	培训方法	分析	年度培训计划审批	• 需求的针对性 • 培训安排的合理性
		设计	培训大纲编制的严谨性审查	• 培训大纲的完整性 • 培训目标和对象的针对性 • 培训规划的合理性
		开发	培训资料的审批、发布	• 满足审批与发布流程 • 培训资料的完整性 • 培训资料反映最新的机组当前状态
		实施	培训准备审查	• 培训所需资源的满足程度 • 培训试讲
		评价	四级培训评估审查	• 教员和学员反馈评价 • 培训考核结果评价 • 学员的行为改变评价 • 培训对电厂绩效改进效果评价
	培训资源	培训教员	教员资格审查	• 培训前的资格材料审查 • 教员技能培训记录审查
		培训课程		
		培训资料	关键岗位人员资格审查	• 授权前培训记录的完整性及有效性审查 • 资格授权的有效性管理
		培训设施		

5.6.8.6 培训质量分析与研究

在明确了核电厂人员培训质量保证体系构成和质量控制环节之后，需要明确如何对核电厂人员培训质量情况进行评估。下面将通过培训项目、培训大纲、培训体系的有效性评估，来对核电厂人员培训的质量进行分析与研究。

(1) 培训项目的有效性与培训质量

1) 培训项目的质量

核电厂人员的培训质量是和单个培训项目的培训质量密切相关，单个培训项目的有效性及培训质量是衡量核电厂人员培训质量得以保证的基础。因为，核电厂人员的培训是通过完成一系列培训大纲中一系列的培训项目来实现的。因此，只有保证各个培训大纲中的培训项目都得到有效、保质地实施，才能够保证核电厂人员的培训质量。而决定培训项目培训质量的因素有很多，包括合格的教员、系统而详细的培训资料、适合于培训的场所等。

2) 培训项目的有效性评估

培训项目的培训质量主要通过学员反馈、教员反馈，和培训的考核成绩来进行评估。通过学员反馈，可以直接了解学员对培训课程目标、培训教材、培训内容、培训方式及培训课时安排的满意度；也检验学员对教员的准备充分性、教员授课技能和教员经验等的满意度；同时，还检查学员对培训的组织、管理的认可度给出评判。通过这些反馈为培训改进提供了第一手的信息和资料。

通过教员反馈，可以了解教员对培训安排、培训设施、教学设备等的满意程度；同时，也可了解学员对培训的参与程度，并获得教员对改进培训及管理方面提供的积极建议。

通过培训考核，包括开卷考试、闭卷考试、口试和技能演示等手段，可以确定学员是否很好地掌握了课程中规定的培训目标。

通过培训项目的有效性评估，可以帮助培训教员了解培训课程是否达到了预先制订的培训目标，是否需要对课程内容、考题、培训的教学环节等进行必要的改进。同时，培训课程作为培训大纲的组成部分，课程的有效性评估，也为培训大纲的有效性评估奠定了基础。因此，对培训项目实施进行有效性评估，对保证培训的质量至关重要。

(2) 培训大纲有效性与培训质量

1) 培训大纲与培训质量

核电厂人员的培训质量也是和单一培训大纲的培训质量密切相关，单一培训大纲有效性是衡量相关人员培训质量得以保证的前提。培训大纲是企业人员培训的规范或标准，培训大纲的有效性，决定着基于该大纲的人员培训的整体质量，也决定着该大纲相关人员是否能够全面胜任岗位工作。

2) 培训大纲有效性评估

尽管核电厂人员岗位培训大纲是基于岗位任务建立的；但是，由于核电厂在运行过程中系统及设备可能会发生一些变更；管理程序和规程也可能通过由于各种原因需要进行修订、升版；同时，还存在法规要求改变，以及经验反馈等，这些都促使核电厂工作人员需要岗位能力的保持和提升，才能胜任岗位要求的不断变化。因此，需要对核电人员岗位培训大纲进行定期评估，对不适用或跟实际不符部分进行修订，通过保证培训大纲的有效性来保证相关人员的能力满足电厂实时要求。同时，也保证培训大纲相关人员的培训质量。

(3) 培训体系有效性与培训质量

1) 培训体系与培训质量

由于核电厂是一个涉及多学科的复杂系统。因此,它的建造、调试、运行等都需要多学科的合格人员才能够胜任;而这些多学科合格人员的培养是需要一个系统、全面、规范的,涉及培训管理、培训方法和培训资源的培训体系的有效运转才能够实现。因此,培训体系的有效性决定作核电厂人员培训的整体质量;也决定着核电厂是否能够按时、保质地培养出支持核电厂安全、稳定和高效运行的合格人员。

2) 培训体系的有效性

核电厂需要对其培训体系进行定期评估,以保证培训体系的有效运转;从保证及时为核电厂提供全面胜任岗位工作的合格人员。由于培训体系的构成在国际核电领域还没有形成统一的定论。因此,对培训体系的有效性评估还没有形成专门的评估目标和评估标准;而目前,对培训体系的有效性评估都是通过内部定期的部分自评估、全面自评估;或外部的审查、同行评估来实现。通过这些评估,发现培训体系运转中存在的问题,发起状态报告并采取纠正行动,以此对培训体系进行不断改进和完善,保证培训体系的有效运行,从而保证核电厂人员的培训质量,以满足核电厂安全、稳定和高效运行对人员的要求。

(4) 培训质量的持续改进与提高

核电厂人员培训的质量需要不断改进和提高,人员培训的质量没有最好,只有更好。因此,核电厂人员培训的质量可以通过不断提高考核标准来不断提升培训的质量,考核标准可以通过提高培训绩效指标来实现。

通过对培训项目、培训大纲和培训体系的有效性评估,找出不利于培训质量的薄弱环节发起状态报告,通过状态报告的处理,实现培训相关环节的持续改进,这为保证和持续提升培训质量,起到了积极的推动作用。

5.7 SAT 评估及反馈阶段

评估是系统培训方法的第五个阶段,SAT 评估阶段的目的,在于确定培训大纲的效能、作用和影响,提出是否需要对培训大纲进行修订或改进的方面。图 5.7-1 表示出所有 SAT 各阶段的输入和输出项。应强调指出,没有评估阶段 SAT 过程就不完整。本图还说明,评估阶段与核电厂的输入和输出项有密切的关系。

SAT 评估阶段包括:

- 来自核电厂的运行经验,以及工业范围内的运行经验。
- 来自检查和监查报告。
- 来自核电厂领域科长、已成功完成培训大纲的人员、教员及学员的反馈。
- 培训观察、核电厂活动和其他内部审查。

评估不仅包括营运组织内部的评估,而且还包括运营组织外的独立专家组按同意的标准进行的审查,以及核安全局的监督检查。评估结果用于确认、改进或修订培训大纲和培训流程,改进不足之处;此外,也可以弄清核电厂的重大改进。

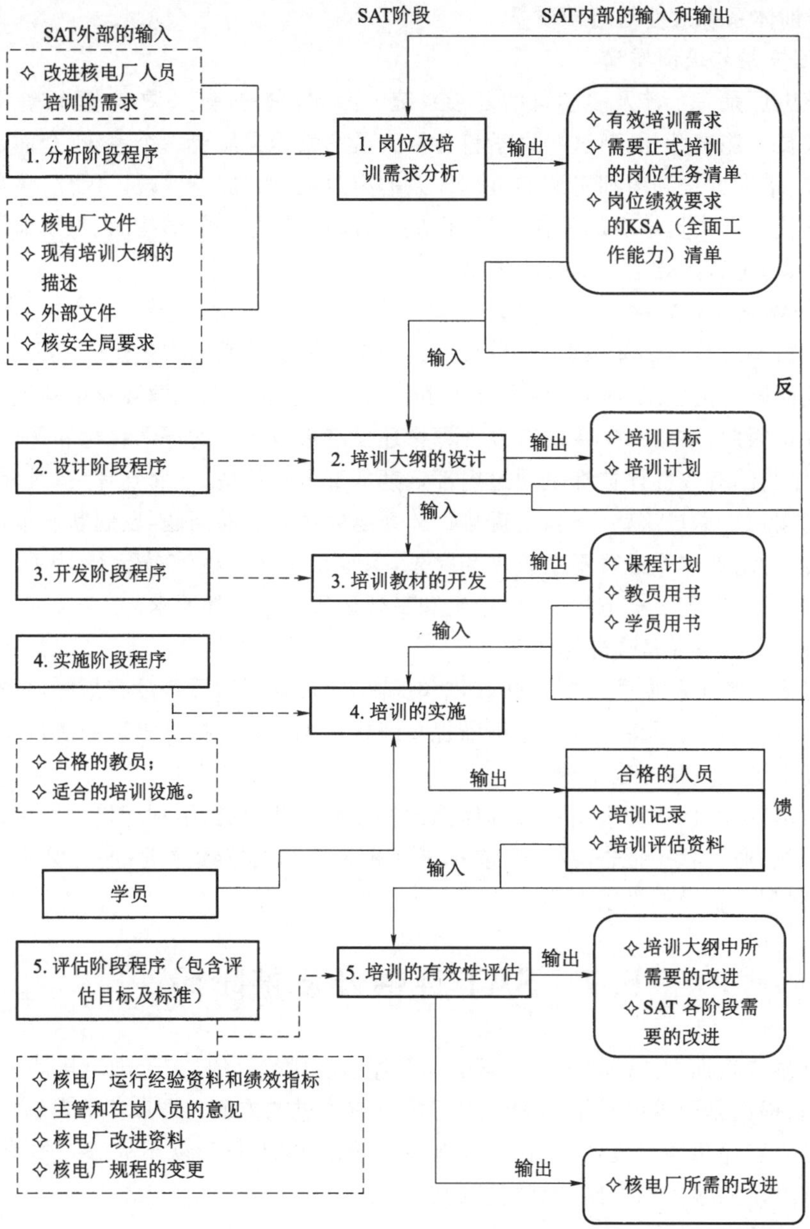

图 5.7-1　包含输入和输出的 SAT 流程图

5.7.1　评估的作用

本节说明评估过程的概要内容，它是通过提高培训质量，改进培训效能的一种手段。这里也说明了评估过程在 SAT 各个阶段，以及在改进核电厂现行功能方面的不可缺少的作用。培训大纲评估有两个互补的方面：

- 核电厂和培训部门的内部评估。
- 外部单位的独立审查。

内部评估要与SAT的其他活动结合起来，使评估过程成为一个经常性的活动。对“是否经常地对培训大纲进行评估?”的理想回答应该是“经常地”。可以在任何时间对SAT的任何阶段进行评估，对现实情况作出诊断，将现实的绩效水平与标准进行比较。如果出现差距，一般采取下列两项措施：

- 判断差距的重要性(是否值得进一步校正?)。
- 分析原因(差距产生的原因)。

第二种培训大纲评估方法(辅助的)是独立的审查。这种独立审查，由核电厂和培训部门之外的人员组团进行的，它包括：WANO或IAEA的国际组织、国内的核安全局和行业部门，以及由核电厂营运机构成立的质保部门或其他独立审查部门。独立审查作为内部审查结论的验证，也是改进培训评估过程的一种方法。

评估活动的主人翁精神(负责并承诺)是很重要的。可以派专家去参加并协调评估工作，但评估过程的主人应该是被评估活动的负责人员(如，专职教员、兼职岗位评估人员)。例如，一名讲过课的教员，他应该更加关心他自己讲课的效果。诚然，教员在收集或分析评估资料时，可以得到他人的帮助，但是他应该意识到是他自己的培训大纲，他自己有责任找出改进培训大纲的方法。

下面是在评估阶段要评估的培训大纲的一些要点：

- 培训要求：培训是否满足预定的培训要求?
- 人员(教员、学员、考核人员)：工作质量是否达到预定标准?
- 教材和教具：它们的质量是否符合要求?
- 过程：培训和取得资格的过程(进度、考核)的实施是否按原设想进行?
- 目的：是否清楚? 值得去做?
- 设施和资源：它是否足以支持培训活动?
- 费用：按取得的利益衡量是否正当?
- 效果：培训是否改进了人员的工作能力?

5.7.2 内部评估

经常地进行内部评估是培训大纲评估的基础，而不只是每一、二年准备一份正式报告而已。这就是说，内部评估是每项培训活动(不管它是分析、设计、开发或实施过程)的组织部分。

已经采用SAT进行人员培训的核电厂的经验表明，对培训大纲评估最有用的信息来源有：

- 核电厂运行经验反馈和绩效指标。
- 其它电厂运行经验反馈。
- 检查和评估报告。
- 核电厂规程变更和核电厂改进说明。
- 核电厂主管的意见。
- 在岗人员的意见。
- 教员的意见。
- 学员的意见。

• 培训和核电厂活动的调查资料。

这些输入项及其在评估中的使用在下一节讨论。

5.7.3 核电厂运行经验和绩效指标

核电厂的绩效很大程度上取决于核电厂人员的绩效，核电厂的绩效指标就是评估培训大纲效能的最好指标。当然，还有其他因素，不仅仅培训可以影响核电厂的绩效，例如，在某个培训方面有薄弱环节，可能由其他因素得到补偿(如规程或严格管理)，核电厂的负荷因子也可能较高。反之，负荷因子降低并不意味着培训大纲很差。另外的因素，如：设备设计，也可能与核电厂绩效下降有关。本文的观点是，核电厂的运行经验评估人员检查培训诸方面问题提供了指标，但不能肯定培训大纲适应或不适应。

核电厂应该尽量分析各种事件，以便找出潜在的人因方面的原因。该分析结果须反馈到有关的培训大纲及其它有关方面(如，规程、设备、设计、机构)。对培训有用的信息可来自于：对异常运行工况和核电厂瞬态处理经验的回顾，以及核电厂停堆次数、设备故障、非计划检修、核电厂可利用率、工作惯例和人员失误频率的资料(特别是那些类似的或有关的事件)。

核电厂一般都会开发一套核电厂专用的培训绩效指标，作为核电厂总体绩效指标的一部分或单独成立。如果有这种指标，就一定要定期检查，并把意见反馈到培训大纲评估中去。

5.7.3.1 培训部门绩效评估指标

为了帮助培训部门经理了解电厂培训总体情况，美国 V. C Summer 核电厂培训部门提出了 9 大指标，进行每个月的定期分析，这些指标以图表的形式进行描述，并用不同的颜色来表示不同的状态，以此直观地反映培训的真实情况。这 9 大指标包括：

1) 有目标的培训观察活动。
2) 人因事件。
3) 电厂任务绩效评估失效。
4) 人员资格状态。
5) 管理层的观察活动。
6) 模拟机状态。
7) 初始取照操纵员的状态。
8) 绩效改进培训。
9) 整体培训绩效。

图 5.7-2 给出了 V. C. Summer 核电厂培训部门在某年 8 月的 9 大绩效评估指标显示，但为了帮助了解趋势，也给出了相关指标在 6、7 月的指标显示。其中颜色代表相关绩效指标在对应月的情况。

• 绿色：代表对该绩效指标表示“满意”；
• 白色：代表对该绩效指标需要“引起注意”；
• 黄色：代表对该绩效指标需要“采取一些行动”；
• 红色：代表对该绩效指标需要“更多的关注，并发起状态报告(CR)”。

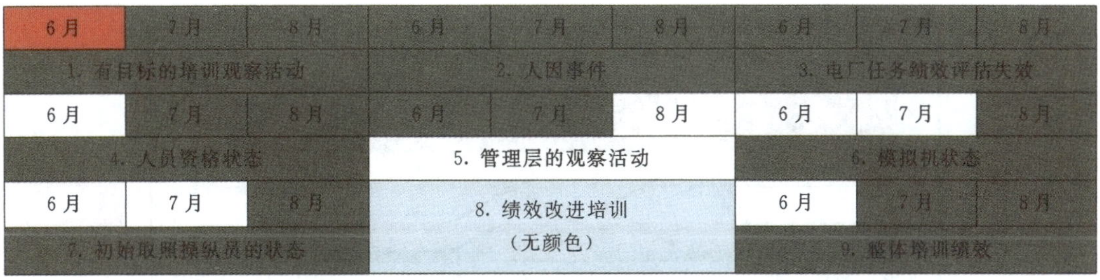

图 5.7-2　V.C. Summer 核电厂培训部门在八月份的绩效指标显示

1）有目标的培训观察活动

“有目标的培训观察”：指对一个专门的培训大纲或培训方式进行的有计划的培训观察活动；而这些大纲或培训方式已经被确认为需要额外的观察数据。

以月份为横坐标，以“有目标的培训观察”活动实际次数占预计次数的百分数为纵坐标，画出折线图，图的上部分为绿色区，下部为红色区。如果某月的折线在绿色区，表示对该月“有目标的培训观察”活动次数表示满意，如果某月的折线在红色区，表示对该月“有目标的培训观察”活动次数表示不满意。绿色和红色区间的分界线在 75%的观察百分数处。图 5.7-3 给出了有目标的培训观察活动实例。

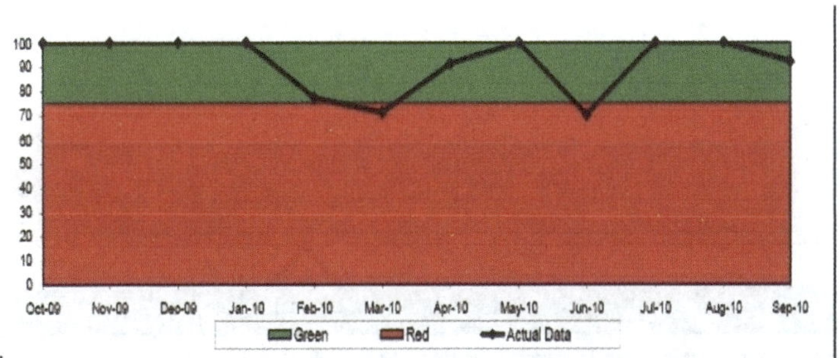

Raw Data

	Oct-09	Nov-09	Dec-09	Jan-10	Feb-10	Mar-10	Apr-10	May-10	Jun-10	Jul-10	Aug-10	Sep-10
Actual Data	100	100	100	100	77	71	91	100	70	100	100	92
Green	100	100	100	100	100	100	100	100	100	100	100	100
Red	75	75	75	75	75	75	75	75	75	75	75	75

图 5.7-3　有目标的培训观察活动实例

2）人因事件

以月份为横坐标，以培训部门每月发生的人因事件数（HPE，次）为纵坐标，画出人因事件数与时间的关系折线图。图形分成绿、白、黄和红四个区（图 5.7-4 给出了人因事件数实例）。各区的含义如下：

- 折线图在绿区：0≤HPE≤1 满意；
- 折线图在白区：1＜HPE≤2 需要注意；
- 折线图在黄绿区：2＜HPE≤3 需要采取一些行动；
- 折线图在绿区：3＜HPE 需要更多的关注，并发起状态报告（CR）。

3）电厂培训绩效评估失效

以月份为横坐标，以培训部门每月发生的状态报告数（CR，个）为纵坐标，画出状态报告数与时间的关系折线图。图形分成绿、白、黄和红四个区（见图 5.7-5）。各区的含义如下：

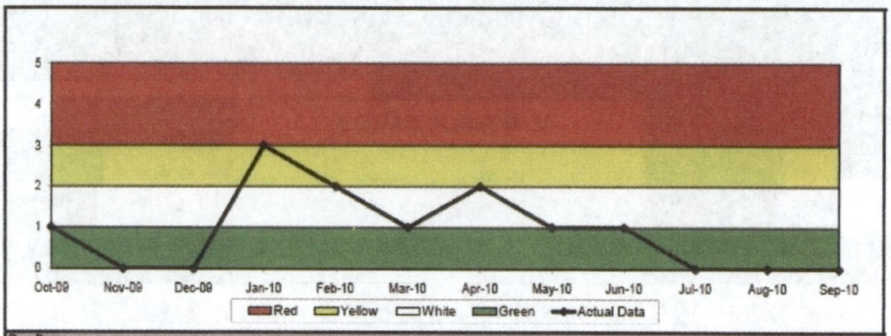

Raw Data

	Oct-09	Nov-09	Dec-09	Jan-10	Feb-10	Mar-10	Apr-10	May-10	Jun-10	Jul-10	Aug-10	Sep-10
Actual Data	1	0	0	3	2	1	2	1	1	0	0	0
Green	1	1	1	1	1	1	1	1	1	1	1	1
White	2	2	2	2	2	2	2	2	2	2	2	2
Yellow	3	3	3	3	3	3	3	3	3	3	3	3
Red	5	5	5	5	5	5	5	5	5	5	5	5

图 5.7-4 人因事件数实例

- 折线图在绿区：0≤CR E≤1 满意；
- 折线图在白区：1<CR≤2 需要注意；
- 折线图在黄绿区：2<CR≤3 需要采取一些行动；
- 折线图在绿区：3<CR 需要更多的关注，并发起状态报告(CR)。

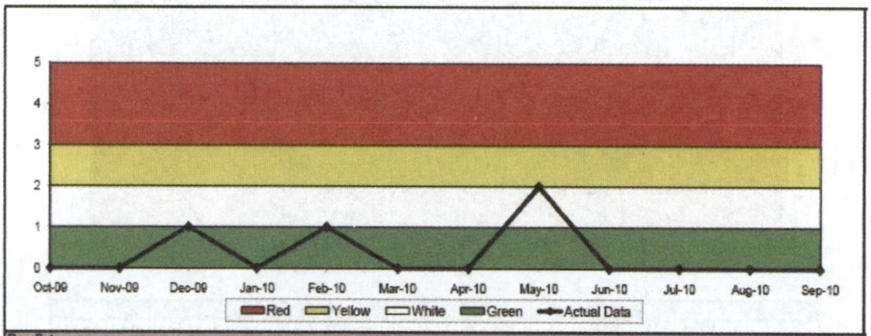

Raw Data

	Oct-09	Nov-09	Dec-09	Jan-10	Feb-10	Mar-10	Apr-10	May-10	Jun-10	Jul-10	Aug-10	Sep-10
Actual Data	0	0	1	0	1	0	0	2	0	0	0	0
Green	1	1	1	1	1	1	1	1	1	1	1	1
White	2	2	2	2	2	2	2	2	2	2	2	2
Yellow	3	3	3	3	3	3	3	3	3	3	3	3
Red	5	5	5	5	5	5	5	5	5	5	5	5

图 5.7-5 电厂培训绩效失效实例

4）人员资格状态

图 5.7-6 给出了培训管理部门人员在 9 月份的人员资格状态，状态显示为白色，说明图 5.7-7 给出的标准中第三项指标 12.8%满足在白色区的标准。各区颜色代表的含义和上节相同。图 5.7-2 中还给了 6 月、7 月和 8 月的人员资格状态情况，供参考。

6 月 10 日	7 月 10 日	8 月 10 日
9 月 10 日		

图 5.7-6 培训部门人员资格状态

记录上个月满足下列标准的人员数	培训部门实际人数（人）	指标状态（%）			
	67	绿	白	黄	红
完成一项工作或任务没有经过要求的课堂培训、计算机辅助培训、熟练程度证明，医疗资格或要求的授权	0	0	—	—	>0
满足当前指派工作的要求资格已经到期；但没有任务得到完成	0	0	—	>0	>10
管理资格要求的培训没有完成，或没有对完成指定工作有直接资格要求	12%（8 个人）		>10	>15	>20

图 5.7-7　培训部门人员资格状态标准

5）管理层的观察活动

以月份为横坐标，以电厂所有部门每月管理层培训观察的次数为纵坐标，画出管理层培训观察次数与时间的关系折线图。图形分成绿、白、黄和红四个区。各区颜色代表的含义和上节相同。图 5.7-8 给出了管理层培训观察实例。

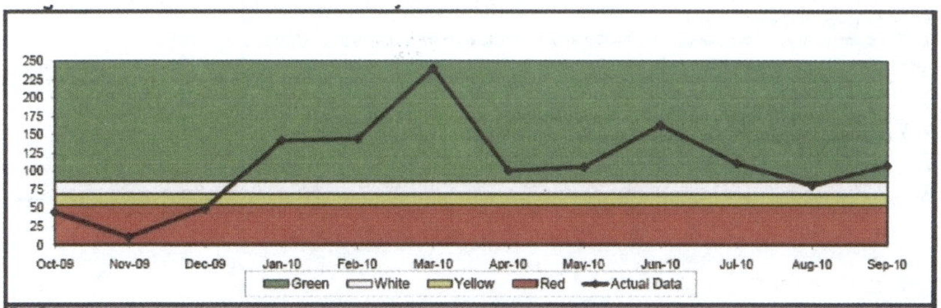

Raw Data

	Oct-09	Nov-09	Dec-09	Jan-10	Feb-10	Mar-10	Apr-10	May-10	Jun-10	Jul-10	Aug-10	Sep-10
Actual Data	44	10	49	142	144	240	101	106	163	111	81	108
Red	54	54	54	54	54	54	54	54	54	54	54	54
Yellow	69	69	69	69	69	69	69	69	69	69	69	69
White	86	86	86	86	86	86	86	86	86	86	86	86
Green	250	250	250	250	250	250	250	250	250	250	250	250

图 5.7-8　管理层培训观察实例

图 5.7-8 中绿色区的下限是 88 次，他是培训部门管理层参加的观察活动次数（要求每人最少每季度 4 次）加上其他部门管理层参加的观察活动次数（要求每人最少每季度 2 次）的和然后除以 3（每季度 3 个月）后得到的每个月最低需要管理层人员参加观察活动的次数。然后白色和黄色区的下限是在该基础上分别考虑观察活动的次数低 20%和 40%。

6）模拟机状态

V. C Summer 核电厂每个月都要对模拟机状态进行评估，模拟机状态采用健康指数来衡量，健康指数由三部分构成，分别是模拟机可用性、模拟机故障（distraction）和模拟机偏离控制室实际（active discrepancies），它们分别占有 30%、30%和 40%的份额。图 5.7-9 给出了模拟机状态指标实例。

7）初始取照操纵员的状态

初始取照操纵员的状态主要用以下方面的数据来进行衡量：

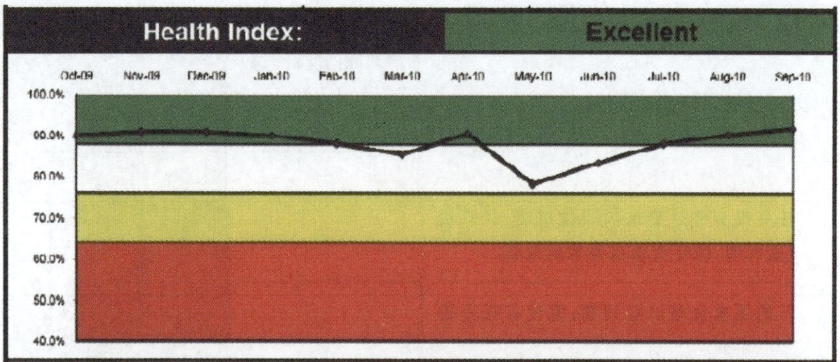

2009-2010	Oct-09	Nov-09	Dec-09	Jan-10	Feb-10	Mar-10	Apr-10	May-10	Jun-10	Jul-10	Aug-10	Sep-10
Health Index	90%	91%	91%	90%	88%	86%	91%	78%	93%	89%	90%	92%
Excellent	100%	100%	100%	100%	100%	100%	100%	100%	100%	100%	100%	100%
Satisfactory	88%	88%	88%	88%	88%	88%	88%	88%	88%	88%	88%	88%
Needs Improvement	76%	76%	76%	76%	76%	76%	76%	76%	76%	76%	76%	76%
Unsatisfactory	64%	64%	64%	64%	64%	64%	64%	64%	64%	64%	64%	64%

The Health Index indicator is a weighted average of the following 3 components.

Simulator Availability

30% of Health Index	Oct-09	Nov-09	Dec-09	Jan-10	Feb-10	Mar-10	Apr-10	May-10	Jun-10	Jul-10	Aug-10	Sep-10
	30.0%	30.0%	30.0%	30.0%	30.0%	27.7%	29.1%	16.9%	22.4%	30.0%	30.0%	30.0%

Performance at Green - "Excellent"
There were **366** hours of scheduled simulator time for the month with **0 hours downtime**.

Distractions to Simulator Training

30% of Health Index	Oct-09	Nov-09	Dec-09	Jan-10	Feb-10	Mar-10	Apr-10	May-10	Jun-10	Jul-10	Aug-10	Sep-10
	30.0%	30.0%	30.0%	30.0%	27.0%	27.0%	30.0%	30.0%	30.0%	27.0%	30.0%	30.0%

Performance at Green "Excellent"
There was **0** distractions to training.

Active Discrepancies & MODs

40% of Health Index	Oct-09	Nov-09	Dec-09	Jan-10	Feb-10	Mar-10	Apr-10	May-10	Jun-10	Jul-10	Aug-10	Sep-10
	30.0%	30.9%	30.9%	30.0%	31.1%	30.9%	31.4%	31.4%	31.1%	31.1%	30.3%	31.7%

Performance at Green - "Excellent"
There are **29** Active Discrepancies and MODs (mods completed in the plant), **6** of which are ready to test.

Activities/Status:

1. Thor RCS/BOP/CONT/HVAC/EX2000 FAT document reviews Joey Brooks, Larry Wagner, Bill Hicks, Linda Stewart
2. Electrical Model Testing - Bill Hicks w/ support from Joey Brooks and Linda Stewart
3. Developing simulator cyber security procedure TQP-1104 - Jody Lawter

图 5.7-9 模拟机状态指标实例

- 处于审查中的新的/修订材料≥在计划的上课时间前 3 周前完成；
- 项目的考试审查≥在计划的考试时间前 3 周前完成；
- NRC/监查考试开发在项目计划的周以内；
- 考试不及格率≤20%；
- 在岗培训(OJT)/(TPE)任务绩效评估完成情况得到跟踪；
- 补考计划按时完成；
- 未来 120 天里程碑得到跟踪；
- 初始取照操纵员的指导符合程序 TQP-802(初始取照操纵员培训课程)的规定。

8) 绩效改进培训项目数

以部门或处室为横坐标，以绩效改进培训项目数(总完成项目数、总新开项目数和新开项目数考核标准)为纵坐标，画出绩效改进培训项目数与部门或处室之间关系的柱状图。以次来反映各个部门或处室培训绩效改进项目的进展情况。图 5.7-10 给出了绩效改进培训实例。

9) 整体培训绩效

见 7.2.2 节。

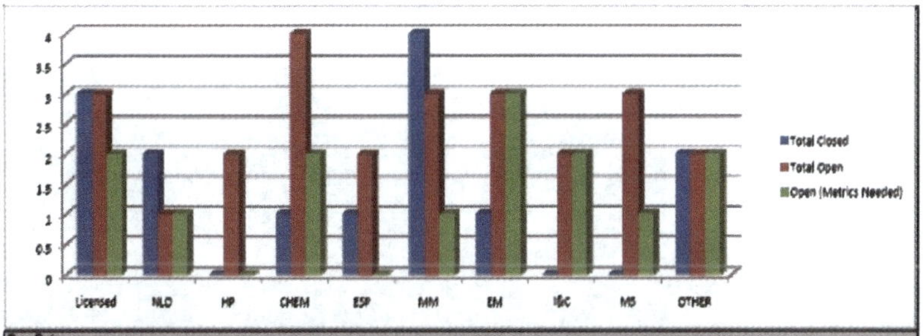

Raw Data

	Licensed	NLO	HP	CHEM	ESP	MM	EM	I&C	MS	OTHER
Total Closed	3	2	0	1	1	4	1	0	0	2
Total Open	3	1	2	4	2	3	3	2	3	2
Open (Metrics Needed)	2	1	0	2	0	1	3	2	1	2

图 5.7-10　绩效改进培训实例

5.7.3.2　电厂培训绩效评估指标

电厂每季度要对整体培训目标是否达到需要进行评估，评估针对所有的生产部门，包括运行、维修主管、机械、电气、仪控、保健物理、化学和工程。评估内容就是评估培训的有关方面（在每一目标下制定了多项评估内容）是否满足 INPO 文件 ACAD02-001 提出的六大培训目标。这六大培训目标是：

- 培训用于改进绩效；
- 培训过程和资源管理；
- 初始培训与资格；
- 继续培训；
- 培训的实施与培训人员评估；
- 培训的有效性评估。

在这六大目标下都制定了详细的标准，评估人员根据电厂各个部门在相关领域的执行情况进行打分，每个问题最高 10 分，然后在每一目标下统计出得分在总分中的百分数作为该目标下的绩效。对绩效百分数代表的涵义：

- 90%～100%，用绿色表示，代表：满意；
- 80%～89%，用白色表示，代表：需要引起注意；
- 70%～79%，用黄色表示，代表：需要采取一些行动；
- ＜69%，用红色表示，代表：需要特别注意，在这种情况下需要发起状态报告（CR）。

图 5.7-11 给出了 V. C. Summer 核电厂 2010 年第二季度培训目标绩效指标。

1）其他电厂的经验反馈

与核电厂运行经验一样，其他电厂的运行经验也可以用到培训大纲的评估中，从别人的经验得到益处。有一种趋势，认为别的电厂与自己的不同就不考虑别人的经验，如果考虑到类似的情况也可能在自己的电厂发生，即便它的设计与自己的完全不同，那么也可以得到有用的信息。因此，建议研究一下本电厂有关的方法和设备，防止类似的情况在本电厂发生。

核工业的信息来源有通过国内或国际渠道（如，业主协会、IAEA、WANO、反应堆供货商协会）提供运行和检修事件报告，以及参加同行审评，核电厂与核电厂之间的访问等活动。显然，行业有关事件的审查，提供了学习所有核电厂活动的机会，不仅仅是学习培训过程。

有些核电厂成立一个中心小组来协调行业事件的审查，并从中吸取教训。

总体培训绩效					
目标1 培训用于改进绩效	目标2 培训过程和资源管理	目标3 初始培训与资格	目标4 继续培训	目标5 培训的实施与培训人员评估	目标6 培训的有效性评估
化学	化学	化学	化学	化学	化学
电气	电气	电气	电气	电气	电气
工程服务	工程服务	工程服务	工程服务	工程服务	工程服务
保健物理	保健物理	保健物理	保健物理	保健物理	保健物理
仪控	仪控	仪控	仪控	仪控	仪控
维修主管	维修主管	维修主管	维修主管	维修主管	维修主管
机械维修	机械维修	机械维修	机械维修	机械维修	机械维修
运行	运行	运行	运行	运行	运行
				模拟机	

图 5.7-11 V.C. Summer 核电厂 2010 年第二季度培训目标绩效指标

2）检查和评估报告

评估核电厂安全和可靠性的检查活动，可以提供有关培训大纲效能的有价值的信息。这里所说的检查和评估活动，不仅仅关注培训。而核电厂的任何评估活动几乎都与人员培训有内在的联系，例如，反应堆保护系统维护的检查可能会得出进行设备标定检查的技术人员，当他们拆除试验设备时损坏了探测器这样的结论。这种问题的出现可能是培训不当，但它也可能由其他原因所致，可能是技术人员工作忙，而操作草率，或因管理不当或态度不好，养成了坏习惯。培训大纲评估应提供工具来明确何时需要培训作为绩效缺陷的解决办法，同样，什么时候需要用培训之外的解决办法。

3）核电厂规程变更和技术改进说明

应建立一个正常的制度，向培训部门提供核电厂技术改进和规程变更的信息，以便在培训中应用。培训大纲应该包括跟核电厂规程和文件（如，规程、技术规格书、技术手册）有关的变更的内容。对初始培训的评估，要保证培训教材是根据核电厂规程和设备规程的现行版本编写的。对复训的评估，要保证在修订后的规程生效前或新（改进）的设备投入使用前，对在岗人员要进行培训。

4）领域科长的意见

定期地征求和接受领域科长关于岗位人员工作情况的反馈意见，应该是培训大纲评估的一个完整部分。领域科长完全能够胜任明确岗位绩效中存在的问题，预计岗位工作要求的变化。应该定期地对新雇员上岗前的培训情况以及对在岗人员的复训情况向他们进行进行咨询。应从领域科长收集的反馈意见有：

- 对最近的毕业生没有做充分准备的任务。
- 在岗人所犯差错的类型。
- 初始培训和复训的改进建议。

5）在岗人员的意见

应实施一个正式的计划，从完成了培训的在岗人员收集反馈意见。通常，培训后 3～6 个月进行一次调查或结构性的面谈。下面是应从在岗人员中收集的专门反馈意见：

- 为正确地完成任务，需要额外增加的培训任务。
- 在进行岗位工作中所经受的困难。
- 工作是怎么做的和培训中是怎么教的之间的差别。
- 上岗工作以来岗位工作的变化。
- 在岗位工作中还没有用到的培训。
- 改进培训的建议。

6）教员的意见

章节 6 描述了评估每个学员是否达到了培训目标的考核办法。本节主聚焦在使用这些资料的综合来评估整个培训流程，不仅仅通过对学员的考核，而且还通过对教员所提供培训的各个环节进行评估。如果有数据表明：针对某个培训目标大部分学员都遇到困难（由学员考试或学员绩效评估得出），就应该发起一项评估来确定是否应该使用额外或替代性的方法对该特殊的培训目标进行培训。

7）学员的意见

学员对他们的培训应提供第一手的反馈意见。因此，他们对培训大纲的评估能够作出很有价值的贡献。他们可提供的反馈意见有：

- 培训的时间分配是否适当。
- 培训的组织是否有利于学习。
- 培训目标是否达到的意见。
- 培训教材、授课和设施是否合适。
- 培训和岗位绩效的关系。

8）培训观察和核电厂活动的资料

不少核电厂有定期观察培训和核电厂活动实施的制度。执行这项观察的人员应具有广泛的代表性，来自核电厂各部门（部处、科室、班组等）。在某些情况下，他们要制定一个自评估计划，这些评估会带来观察报告，提出纠正措施，必须保证这些纠正行动得到及时地实施。有些核电厂没有管理层下基层的制度，这就要求经理和领域科长每周用一定的时间观察他们所负责的工作。

这些计划可能包括或不包括对发现的问题和纠正行动的正式监控和跟踪。有了执行这种观察培训和核电厂活动的制度，就为培训大纲的评级和反馈提供了重要的信息来源。

这种类型的观察为核电厂各部处与培训部门的联合参与提供了很好的契机。采用这种方式，就可以保证在核电厂和其他培训机构使用跟核电厂一样的绩效标准和培训方式。

5.7.4　独立审查

独立审查既为核电厂，也为培训部门提供衡量培训搞得怎么样的一个机会；但不能以独立审查来代替内部评估。独立审查人员从另外的视角来评估培训大纲。因此，他们的观点非常重要。但是，就整个培训大纲而言，他们的结论和建议必须是具有挑战性和份量的。

不可把独立审查团当作崇拜的对象，而应把他们当作客观的互补的具有远见的同事。

如果他们的建议和观察不能明确理解，或认为有错，应积极地进行挑战。同样，如果暂时意见不一，应保留独立审查人员的意见。独立审查团应以积极的方式提出意见，并对不符合要求得地方作出解释。不要有意误导或封闭独立审查人员的意见。独立审查团提出意见的价值大小直接与其专业水平和为审查提供的开诚布公的环境直接相关。正如前面所说，外部审查的结论应与其他的评估结果结合起来考虑，以明确对培训大纲的必要修订和电厂改进。

独立评审的准备工作十分重要。一般独立审查团进行审查的时候有限，他们有可能对他们得到的资料产生误解，或者得到的资料不完整。这就需要独立审查团与核电厂和培训部门紧切合作，交换初步意见，也可要求有关方面进一步提供资料，这样，误解可以早期得到解决，避免资料不完整就下结论。核电厂应保持同独立审查团有专业上的和坦诚的关系。

核安全局的监查是值得尤其一提的独立审查形式，这是由于核电厂往往不太愿意为他们提供资料，这就更容易产生误解。核电厂和培训部门应努力创造一种气氛，有关培训大纲及其涉及它们有效性相关的经验没有什么秘密可保。核安全局和运行组织之间的相互信任是非常宝贵的财富，如果这样做，就更容易解决问题，也会采取正确的纠正行动。向核安全局充分通报核电厂的培训和人员资格方面的情况和现状，那就不需要不断地进行可能消耗大量时间和精力的检查、监督、报告和其他规定的活动。

在一些已经实施 SAT 培训的国家，核电厂和核安全局达成一致意见，对核电厂人员培训采用 SAT。这个意见取代了详细规定培训内容和某科目多少学时的规定。这样，核安全局对培训大纲进行独立审查和监查，以保证 SAT 过程的实施质量。这种检查的频度和力度取决于培训大纲的质量(按上次检查审查/监查确定、核电厂绩效和电厂文件)。

一个典型的基于 SAT 培训大纲的核安全局审查或监查，既要看基于观察和核电厂文件审查的培训大纲结业人员的绩效质量；还要看提供培训的质量。对于发现的任何岗位绩效薄弱环节，检查员应该特别关注与此有关的培训。然后，确定该薄弱环节，是与培训有关，还是与一些其他的核电厂规程或岗位绩效不足牵扯的系统有关。

5.7.5 评估结果反馈

反馈过程是指，把评估结果得到的信息，特别是有关改进工作的信息，提供给负责人员和有关的职能部门。持续进行评估，可以保证这些改进工作能及时另人满意地得到实施。图 5.7-12 表示 SAT 评估过程的主要方面及需要改进的反馈意见。

如果反馈过程经常进行，成为 SAT 所有活动的一部分，其评估结果可以随时自动用来确认、改进或修订培训大纲。当然，这不是说没有其他方法比评估过程能更快地影响培训大纲的修订。相反，如果核电厂人员明白他们的建议得到了认真地考虑，并被用来改进培训和人员资格程序，他们就会更加积极主动地参加以后的培训大纲评估。尤其，把反馈意见告诉给提意见的人，特别是没有采纳他们意见的人们，这一点很重要。如果他们没有得到通知，他们可能认为他们的意见没有价值，将失去继续进行评估的兴趣。

评估除了对培训大纲提出改进和修订之外，还可以对核电厂规程和其他文件、核电厂或培训部门的接口、核电厂和培训设备进行改进。要建立起一种制度，保证提供的信息能传达到有关人员，并且有跟踪检查办法，使之得以成功地实施。

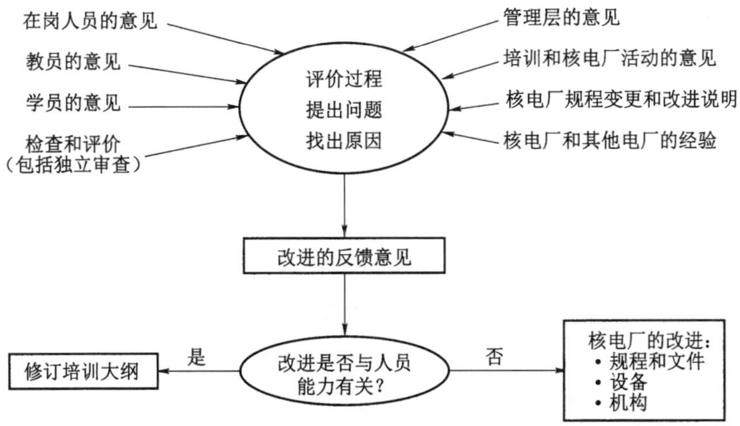

图 5.7-12　评估阶段的关键要素

5.7.6　IAEA、WANO 和 INPO 培训大纲评估的目标和标准

建议使用下列目标作为制定评估基于 SAT 培训大纲的标准。与目标有关的标准，可以作为检查是否达到的准则。

5.7.6.1　IAEA 培训大纲评估的目标和标准

（1）培训大纲的描述和内容

• 评估目标

——建立培训大纲是为核电厂人员提供与其岗位工作有关的、履行其职责必要的、相关技术和人因方面的全面工作能力（KSA）。

——初始培训是培养学员独立开展工作的能力。

——复训是保持和改进在岗人员的绩效。

• 评估标准

——确认使用了系统性培训方法建立、维护培训大纲的内容。明确培训大纲内容应该考虑以导则、规程和培训材料等形式的现有资料。

——初始培训大纲基于所培训岗位的绩效要求。岗位绩效要求方面的考虑应该包括：高的岗位绩效所要求的管理、技术和人因方面 KSAs 的分析。

——复训大纲保持和改进在岗人员的 KSA，其培训内容包括：培训大纲的评估反馈、法规改变、工作范围变化、外部的评估和检查结果、相关工业文件变化、规程改变、机组/电厂系统和设备上的改变、类似机组/电厂经验、根本原因分析结果、设备和人员的绩效趋势和工业经验。

（2）培训的组织机构和管理层

• 评估目标

所有的培训活动都受到运行机构管理层的有效指导和充分支持。

• 评估标准

——电厂管理层对核电厂人员的工作能力负责，并保证他们得到有效的培训并取得资格。

——一线管理层应支持培训工作，保证培养出合格的核电厂人员。

——培训目标清楚，营运机构全力支持。

——人员培训的管理、检查和实施的责任和权利都要以书面的形式确定下来，使培训活动得到有效地管理；

——要制定实施系统性培训方法的政策和程序，作为核电厂人员培训大纲管理的主要手段；

——要有适当的资金和工作人员投入核电厂人员能力的培训和保持；

——各部门经理要保证他们的人员完成要求的培训；

——要求人员在完成了规定的培训之后，才能上岗独立工作。以等效的教育和经验来代替培训要求的，须有文件规定；

——用初始培训大纲的要求，来培训和衡量替换人员；

——承包商或其他非核电厂人员应具有所从事工作的人员资格；

——保存培训记录，备查。

(3) 从事培训工作的人员的培养和资格

• 目标

培训人员(核电厂人员和承包商)应具有履行职务要求得知识、经验和技能。

• 标准

——培训人员应具备并保持其相应职位要求得教育、技术和经验资格；

——要培养和保持适应在各种培训方式下必要的教员人数和质量；

——偶尔，有的培训由未经过如何讲授KSA方法正式培训的人员来讲课时，应有合格的培训人员来监督；

——进行在岗培训和考核的人员应知道进行在岗培训和考核的规定、做法、方式和标准；

——教员的能力要定期考核，以便提高；

——不断地培养人员使其保持和改进需要的技术和教学能力。

(4) 培训需求分析

• 目标

要系统地分析潜在的培训需求，作为培训活动的基础。

• 标准

——由核电厂人员、培训人员、相应专业的工程师进行岗位任务分析，编写出特定的工作任务清单和人员全面工作能力清单；

——要分析工作范围的变化、核电厂或机组的变化、其它电厂运行经验以及其它电厂的反馈资料，用来增补、减少或修订工作任务和人员全面工作能力清单；

——系统性地选择工作任务和人员全面工作能力，用于初始培训和复训；

——分析工作任务和人员全面工作能力，用来开发培训教材；

——培训教材与核电厂特定的工作任务和人员全面工作能力清单密切相关，对每一项工作任务和能力，都要有相应的培训大纲来支持。

(5) 设计和开发

• 目标

明确培训内容和规定令人满意学员绩效的培训目标来源于岗位绩效要求和运行经验的反馈。

• 标准

——开发培训目标时，要考虑学员的入门水平要求；

——开发培训目标并维持建立的基本培训内容，期望的学习进度和学员的绩效标准到当前状态；

——培训目标要恰当排序和分组；

——无论是按书面、口头和岗位绩效检测标准或模拟形式管理的题库，都是开发来有效检测要求的、跟岗位相关的、学员的全面工作能力，包括高水平的认知能力，如：分析和诊断；

——课程计划、实验室导则、模拟机课程计划、岗位绩效检测标准、个人学习导则、在岗培训导则以及其它相关的培训材料都得到准确开发和维护，以支持培训目标、保证质量和培训实施的一致性；

——开发有效的考试，并使用题库来进行管理，用“通过/不通过”标准来保证学员的全面工作能力。

(6) 支持培训的设施、设备和材料

• 目标

培训设施、设备和教材足以满足培训需求。

• 标准

——包括模拟机在内的培训设施和设备满足培训要求，并得到适当地维护。

——用于培训的核电厂实验室和车间充分支持培训工作。

——培训人员有必要地培训手段和设备。

——具有现行的核电厂规程和图纸等技术性参考资料，可随时提供给学员和教员使用。

——模型、模拟体和部分任务培训模拟机反映核电厂实际情况。

(7) 课堂培训和个别辅导的实施及考核

• 目标

有效地进行课堂教学和个别辅导，学员考核一致可信。

• 标准

——按经批准的、组织好的现行教材进行培训；

——鼓励学员直接参与学习过程；

——教员应充分备课，以保证有效的、一致的授课；

——教员的教学方法适合培训目标和课程内容；

——在进行个别辅导时，要提供充分的指导和支持性材料，以达到培训目标；

——定期用笔试和口试考核，以考核学员掌握培训目标的情况；

——进行笔试、口试考核和测验时，评分要一致；

——口试前，要事先定下合格标准；

——当出现不及格时要进行补充培训和补考。

(8) 在岗培训及考核

• 目标

有效地进行在岗培训，对学员的考核要一致可信，确保学员在上岗独立工作之前就具备岗位要求的技能和知识。

• 标准

——应用经过批准的、组织好的现行教材进行在岗培训；

——在岗培训只能由具有岗位资格，能进行有效的培训和考核的人员来承担；

——按计划好的有逻辑的教学顺序实施在岗培训；

——不能操作的工作，但是可以模拟或现场见习的工作，其工作条件、参考资料、工具和设备要反映真实情况；

——教员要有适当的岗位教学方法；

——要用已定标准对学员进行考核，保证学员在独立上岗工作之前就具备岗位工作有关的知识和技能。要由其他合格的考核人员进行考核；

——不及格的要补培训和补考：

(9) 运行人员模拟机培训及考核

• 目标

——运用能复现主控制室的适当的模拟机进行操作培训，演示核电厂运行特点，了解并控制核电厂正常、异常和应急工况；

——如果培训不是在本核电厂的参照模拟机上进行的，对这种培训要进行适当的调整，以适应学员所在电厂的情况；

——承包商模拟机培训要按照核电厂认可的培训教材进行，并由营运机构的培训人员进行监督，以保证达到规定的培训目标。承包商的培训要求培训教员熟悉模拟机与学员所在核电厂的区别；

——培训前，要向学员说明模拟机与学员所在核电厂的区别；

——在模拟机培训中尽可能地使用学员所在核电厂的运行规程；

——模拟机培训要强调诊断能力和班组集体工作能力；

——应用操练指导书、操练讲评和自我考核来提高培训效果。操练讲评和自我考核巩固收获，找出并校正个人的班组集体工作中德薄弱环节；

——在模拟机培训中，要特别强调遵守核电厂的运行规程；

——按批准的培训教材进行模拟机培训，组织良好，现实可行；

——教员对模拟机培训要做好充分准备，以使培训效果好，保持培训的一致性；

——教员对操练课要有适当的教学技巧；

——由一线管理层和培训人员定期地根据既定的培训目标，采用适当的考核方法和能力标准对每个学员和班组集体工作能力进行考核；

——考核成绩不及格要补培训，并补考；

(10) 实验室培训及考核

• 目标

有效地进行实验室培训，对学员的考核要一致可信。

• 标准

——按照批准的培训教材进行实验室培训，组织严密现实可行，能进行实际操作；

——工作条件、参考材料、使用工具和设备反映实际情况；

——鼓励学员直接参与培训过程；

——教员准备充分，使培训工作保持高效率、一致性；

——教员使用的教学方法适应于学习目标和课程内容；

——采用适当的考核方法和能力标准，对照培训目标考核学员的工作能力；

——承包商的培训要进行考核，保证学员达到规定的培训目标；

——考核不合格的要补培训，并补考。

(11) 通过对培训有效性的系统评估来进行反馈

• 目标

——有效地实施对培训的完成情况和培训效果的系统性评估；

——评估结果用于改进培训大纲，及核电厂的改进。

• 标准

——采纳管理层、经理、教员、学员和在岗人员的意见来评估和改进培训大纲；

——对各种培训方式进行定期监督检查和评估；

——在培训中，对学员能力进行考核，来评估和改进培训大纲；

——考虑 NNSA 管理规定的变化、工作范围的变化、外部评估和考查结果、有关电厂文件的变化、规程、核电厂系统和设备的变化、类似核电厂的经验、事故原因分析结果、设备和人员能力变化趋势，以及其他电厂运行经验等，用到初始培训和复训大纲之中；

——及时系统地对初始培训和复训大纲进行改进和变更，有开始，有检查，有协调；

——经常地或定期地对个人培训计划进行评估，以指出强项和薄弱环节；

——评估承包商的培训是否满足岗位工作能力要求，使承包商的培训质量达到规定的培训标准。

5.7.6.2　WANO 培训大纲评估的目标和标准

(1) 培训及资格认证的组织与管理

1) 业绩目标

培训经理通过引导、承诺和示范，建立高标准的业绩目标，使培训部门能协调一致地有效实施和控制培训活动。

2) 评估标准(33 条)

A. 领导权与义务(6 条)

• 培训经理要求：培训经理对其所负责领域有丰富的知识，能将培训部门的活动与电厂其他部门和合作机构的职能、活动相结合。

• 培训经理要求：培训经理通过鼓励创新，克服困难，激发员工提高业绩。

• 总体要求：组织全体人员都能为了共同目标达成一致。

• 培训与电厂业绩目标：如：培训经理能不断地用实例，说明他们改进电厂绩效和达到电厂目标和目的所做的承诺。

• 培训管理层要求：培训管理层负责培训人员的培训、资格及业绩。

• 制定高标准的绩效指标：针对培训活动，制定并强化高标准的业绩指标，培训部门的员工负责落实这些标准。对在满足期望方面的不足进行评估、分析并及时通报解决。

本部分对培训经理、培训管理层、培训人员和基层培训管理部门提出具体的目标要求；同时，明确了高标准培训目标的制定、落实、评估、分析和问题的通报解决。

B. 管理期望及导向(8 条)

• 运行管理期望：有效使用目标、创新、期望及优先顺序等运行管理导向，以帮助员工作出决策，采取措施，实施改进，从而有利于核电厂的安全可靠运行和业绩提升。

• 培训工作目标：制定培训工作目标，促使组织持续改进。其结果应能度量并定期评估，以确定其有效性。

• 培训业绩政策导向：建立改进培训业绩的政策导向，清楚地向培训人员传达长期和近期目标的优先顺序。

• 日常活动的优先顺序：向有关人员明确传达日常活动的优先顺序。

• 人员授权：培训经理通过对人员授权，增强员工的主人翁意识。积极鼓励员工主动报告差错，必要时寻求帮助，对自己的决定和行为承担责任，不断探索新方法来提高安全性、可靠性、质量和效率。

• 培训质量控制：对影响电厂安全可靠运行的培训活动有效实施管理控制，如模拟机配置控制。

• 培训部门工作的承包商人员要求：在培训部门工作的承包商和其他非电厂人员使用与电厂培训人员相同(或相当)的、经电厂批准的政策、程序及控制措施，并采用相同的质量标准。

• 同行评估：NTOL(即将运行取照的核电厂)：在燃料装载前实施培训部门启动准备评估。

该部分明确了运行管理期望、培训工作目标、培训业绩政策导向、人员资格授权、培训质量控制、装料前的同行评估等内容提出了原则性的要求。

C. 培训规划与实施(7 条)

• 人员与培训资源配备：培训管理层确定人员配备和资源的充分性，包括培训人员完成任务所必要的知识、技能和熟练程度，以确保电厂安全可靠运行。

• 培训组织机构与职责：明确规定培训的组织机构，使每一人员知道其岗位职责和权限。

• 非电厂人员：明确规定非电厂人员的任务、职责、权限、业绩期望和接口，并使其充分了解。

• 培训接口：明确规定并了解与支持单位(包括上级部门)的接口。

• 培训资源与计划：明确将来所需资源如：人员、资金、设备及零件以及信息等，并将其纳入工作计划。

• 培训变更：系统地策划和实施对培训设备、程序和过程的变更，改进电厂运行的安全性和可靠性。将变更目标、责任和实施进度要明确传达给相关人员并提供相应的培训。

• 培训工作内容：

培训工作包括以下内容：

——评估学员的基础知识与技能；

——确定哪些工作任务包含在培训范围内，并形成文件；

——制定与修订大纲；

——计划并安排培训活动；

——实施岗位培训；

——对考试和业绩评估进行管理和控制；

——人员免予培训的规定；

——提供补充培训；

——保持培训材料的更新；

——将内外部运行经验教训纳入培训课程，学员所在电厂的实际事件或类似事件用以强化学习效果；

——监督并验证初始培训和复训的完成情况，包括：

在电厂人员承担任务前进行初始培训，传授他们完成任务所需的基本知识与技能；

进行复训以保持和提高电厂人员的能力。

该部分明确了核电厂的培训要做好培训组织机构、人员职责、培训接口、培训变更和培训资源的规划；并明确培训工作的相关内容。

D. 培训监督和评估(3 条)

• 培训负责人：培训负责人经常监督、观察和评估培训活动，保持和强化高的业绩标准。这些活动包括：

——监督并验证初始培训和复训的完成情况。

——监督并验证管理期望强调人因绩效管理工具和安全实践。

——监督并验证对于工业安全项目需求具有较高期望。

——监督外来组织的服务，例如：供应商和承包商。

• 建立有意义的业绩指标，用以监督和提高培训业绩。

• 培训管理层经常与培训人员进行交流，指导他们发展。

该部分对培训负责人通过培训监督、观察和评估活动，业绩指标的建立，以及培训管理层跟培训人员的交流提出了在培训监督与评估方面的具体要求。

E. 培训跟踪、改进和反馈(9 条)

• 培训持续改进：培训管理层利用变更和纠正措施，提高员工绩效，改进工作过程的有效性和设备运行情况；

• 培训管理层要求：培训管理层肯定他人的成绩，重视个体对整体业绩的贡献，强化改进业绩的行为；

• 培训记录：妥善保存每个人参加培训及其成绩的原始记录；

• 培训大纲维护：系统地评估和修订培训大纲，以保持并提高培训效果。通过工作业绩的反馈信息对培训大纲进行评估和优化。

• 承包商人员培训要求：对临时雇员、承包商人员及临时工要制定与其承担的任务相适应的培训要求；

• 培训评估关注：评估厂外培训或承包商人员的培训，以确保电厂培训目标的实现；

• 培训方法改进：积极鼓励培训人员改进培训方法，以满足培训目标和电厂目标；

• 培训监督：培训部门的各级管理层对培训人员的培训进行监督，保证培训充分适宜，并确保培训效果。

• 人员资格：NTOL：培训部门有效地提供培训，保证人员资格要求，满足电厂试验和启动的需求。

通过培训跟踪、改进和反馈实现培训的持续改进，保证人员资格满足核电厂要求。该部分对培训大纲维护、培训记录的妥善保管提出了要求，同时，为了达到电厂的培训目标，对承包商人员培训、员工外出培训、培训方法的改进和培训监督提出了相应的要求。

(2) 培训人员的知识和技能

1) 业绩目标

培训人员的知识、接受的培训和具备的资格以及人员绩效足以保证培训活动的有效开展。

2) 评估标准(5 条)

• 教员资格:由有资格的人员、或在这些人员的监督下开展培训活动。

• 培训人员知识要求:培训人员具备下列与工作相关的知识:

——一般信息和功能,如:电厂布局、报告流程、联络方式、文件和规程的发布和修订、记录管理、材料采购、设计和状态变更、工业安全实践等。

——辐射防护理论和方法,包括 ALARA 原则的应用;

——核电厂技术、基本概念及其应用;

——教学的基本概念及其应用、教学方法、教材开发、学习方法及其它相关内容;

——所教课程的专业知识和技能;

——外部运行经验反馈;

——在管理期望与标准中适当利用人因管理工具;

——对于超设计基准事件和相关事件,开展技术支持人员的培训。

• 承包商教员要求:承包商教员具有必需的专业知识、经验和教学技能。

• 教员评估:定期对教员进行评估,以评估并提高其教学的有效性。

• 教员复训:对教员进行复训,以保持和提高他们的教学水平和专业水平。

(3) 培训方法

1) 业绩目标

采用系统化的培训方法(SAT),使员工的知识、技能和业绩达到一高水线上,并得以维持和提高。安全在培训中占主导地位。

2) 评估标准(11 条)

• 一线部门管理层职责:电厂各部门(如运行、维修及工程管理)的管理层负责本部门人员的培训和资格取证。

• 培训提高绩效:通过培训提高员工绩效。

• 状态报告:培训管理部门通过不断了解当前存在的培训问题、识别类似问题的前期特征并采取预防纠正行动,为各部门提供支持。

• 复训内容:复训包括定期对基础知识的复习。

• 部门负责人和值长的培训要求:采用系统化的评估程序,确定各部门负责人和值长的培训要求,包括领导、管理、技术、行政和决策能力方面的培训需求。

• 承包商人员的培训与授权:厂外人员,如:承包商或其他公司的人员,在独立工作之前进行适当培训和工作授权。

• 一般人员的基本安全培训:对一般人员,如电厂人员、承包商和参观者进行一些基本知识培训,如人员职责、工业安全以及与工作相关的辐射防护等必需的知识和技能。

• 对从事放射性工作的人员的要求:从事放射性工作的人员(包括非电厂人员)具有充分的与工作有关的知识和技能。

• 对应急响应人员的要求:对应急响应人员(包括协调支持人员、现场人员和应急公众信息发布人员）进行相应的培训，保持和提高他们有效响应和缓解应急状态的知识和技能。

- NTOL：培训部门的程序准备进度满足电厂运行的需要。
- NTOL：培训设施满足培训活动要求。

（4）培训的实施

1）业绩目标

培训活动的实施支持电厂安全可靠运行的要求。

2）评估标准（25 条）

- 培训方式：采用多种培训方式，如：课堂教学、模拟机培训、实验室培训、岗位培训和个别指导等。
- 教员要求：教员具有完成教学任务的专业知识和能力。
- 管理期望的落实：各级管理层的期望和要求切实贯彻于培训活动中。
- 培训资源：培训设施、设备和材料满足培训活动的需要，如：

——有足够的教室、模拟机和实验室设施以便开展有效的集体培训；

——有足够的参考资料，并便于获取；

——具备开发培训材料所需的设备；

——具备实际操作培训所需的教学辅助设施；

——培训教材满足培训大纲的要求；

——提供开展个别辅导的场所。

- 培训教材：培训突出要点，培训教材组织有序并是最新版本。
- 学员交流：鼓励学员在学习过程中相互交流。
- 教案准备：教员准备合格的教案。
- 教学方法：教员根据教学目的和教学内容选择合适的教学方法。
- 培训考核：利用笔试和口试定期评估学员对课堂教学、模拟机培训、实验室培训及个别辅导的理解程度。根据考试结果，提供补充培训和重新考试，验证是否达到培训标准的要求。
- 实验室培训要求：实验室的培训条件（包括学员和教员的操作、参考资料、工具和设备）尽量符合实际工作情况，以提供有效的培训和实践经验。
- 模拟机培训：有效利用模拟机练习，开发、强化和评估以下各方面与工作相关的知识和技能：

——理论结合实践；

——内部和外部运行经验（包括实际发生的事件）；

——电厂规程和技术规范；

——机组控制的保守决策原则；

——在正常、异常和应急工况期间，判断核电厂工况；

——控制室人员的团队工作能力；

——控制室人员处理紧急事件的能力；

——电厂变更对运行的影响。

- 模拟机复训：模拟机培训的频度和练习时间足以保持运行人员的技能。
- 教员与学员态度要求：学员和教员的态度和行为符合实际工作环境。

• 工前会与工后会:重视利用练习前简述和通过练习后评论实际工作状态,和发现并纠正重要的不足之处。

• 补充培训和复训:各级管理层和教员根据相应的标准定期评估个人和团队的操作技能。当不符合操作标准时,进行补充培训和复训。

• 模拟机培训与更新:有效利用模拟机进行操作培训,演示电厂运行特性;并通过模拟机,识别和控制电厂正常、异常和应急工况。在培训期间注意模拟机与电厂配置之间存在的差异。

• 模拟机培训使用程序:模拟机培训使用的程序与电厂实际使用的程序保持一致。

• 软件模拟:通过各种途径,确保在模拟机培训时发现的程序缺陷能反馈给电厂,以便及时处理。

• 培训模拟机与参考电厂:如果模拟机培训所用的模拟机不是以学员所在电厂为参考电厂,则培训方案应尽可能地针对学员所在电厂作相应的调整。

• 应急演习模拟:应用模拟机进行应急演习,包括事件等级和应急计划实施程序的使用。

• 岗位培训教员和评估人员资格:指定合格人员开展岗位培训和培训效果评估。

• 在岗培训评估:对学员的在岗培训进行评估,验证学员是否具备了基本的操作技能。当不满足要求时,进行补充培训和重新评估。

• 培训材料和设施选择:根据学员实际情况选择培训材料和设施,进行个别辅导。

• NTOL:进行启动操作的运行人员在执行任务前进行了相应的模拟机培训。

• NTOL:在开发运行人员初始培训大纲时考虑了业界类似电厂的调试经验。

5.7.6.3 INPO培训大纲评估的目标和标准

(1) 培训的目的

1) 业绩目标

培训作为战略性工具,为电厂的安全、可靠运行和支持绩效改进,提供高技能和知识型人才。

2) 评估标准

• 电厂总体的战略目标强调培训和用来支持绩效和劳动力投放的资源,这些目标整个都结合到培训的计划和进度安排中。

• 部门经理辨别完成绩效改进所必需的培训支持。

• 对培训需求进行了预计,培训材料得到开发,并且培训得到了按时进行来支持电厂活动。

• 控制人员及电厂的绩效,保证培训贡献于安全和电厂的可靠运行,识别培训机会,以及帮助达到预期绩效改进的解决办法。

• 使用自评和纠正行动过程来识别加强安全和可靠运行的培训解决办法。

• 在人员绩效问题原因分析期间,使用培训专门技巧来帮助识别和区分培训和非培训解决办法。

• 在开发培训前,对确定培训有效性的方法要进行考虑。

(2) 培训过程与资源管理

1) 业绩目标

管理层承诺并负责开发、维持满足电厂需求的培训大纲,培训过程使用的资源和基础设施保持跟需求一致，以支持培训大纲的持续性。

2）评估标准

• 培训实施政策规定 SAT 的使用，提供培训过程灵活性的程序和方法要跟工作的复杂性以及对核安全的重要性和可靠性相匹配。

• 资源（人员、设施、设备和材料）有效地支持培训活动，并提供一个专业的学习环境。

• 包括完成岗位培训和任务绩效评估的教员和评估员都具备完成他们指定职责的知识和技能，当使用专业工程师提供教学的时候，合格的培训人员提供支持来保证培训的有效性。

• 管理层和工作责任人参加课程的开发，培训大纲的有效性审查，来核实是否达到预期的培训结果。

• 模拟机硬件和软件的配置控制过程使模拟机展现电厂部件和系统的运行特点。

• 管理层建立并加强对培训人员有关出勤、绩效、补考和及时补充的预期。

• 建立培训时间安排，支持电厂需求，和资源的有效使用。

• 对考试进行控制和管理，维持整体评估，避免折中。

• 保持培训记录，对人员岗位任务安排资格评定进行成文，培训大纲文件支持管理层的信息需求。

（3）初始培训与资格评定

1）业绩目标

初始培训大纲使用 SAT 来提供给人员完成其岗位任务所需要的知识和技能。

2）评估标准

• 初始培训大纲内容基于岗位绩效要求、标准，以及入门（entry-level）要求、工业指南和法规要求上的分析。

• 识别岗位绩效要求和必备的知识和技能，并形成学习目标的基础。恰当时，要包含高认知的对人因改进技术和其他管理层预期的岗位要求（如：分析和诊断活动），学习目标要得到开发。

• 维持岗位绩效要求和学习目标到当前状态，分析新的或修正绩效要求来识别要补充到培训大纲的知识和技能。

• 开发教学策略和培训材料来支持培训授课，培训材料在使用前要进行核实是当前状态。

• 评估从运行经验中学习到的东西，选择信息包含到培训材料中。

• 进入初始培训大纲的人员要满足入门要求。

• 在其他核电厂已经完成了一个认证培训大纲人员的资格评定基础包含在工作绩效要求中的一个类似性评估。

• 人员，包含合同人员及非电厂人员，在安排独立工作前，需要满足培训和资格要求。

（4）复训

1）业绩目标

继续培训使用系统性培训方法来翻新并改进知识和岗位相关技能的应用，并满足管理层对人员和电厂绩效的预期。

2）评估标准

• 继续培训大纲是基于对翻新知识、岗位相关技能、新的或修正的绩效要求、标准和法规要求的培训需求分析。

• 从运行经验学到的教训被包含在继续培训中来增加理解深度和对知识、岗位相关技能的应用。

• 继续培训学习目标提供信息来翻新和改进基础知识，岗位绩效技能，人因技巧。较高认知的学习目标被用于分析和诊断技能。

• 开发教学策略和培训材料来支持培训授课，培训材料在使用前，需要核实其保持当前状态。

• 继续培训的及时应用，如：选择岗位的临时（just in time）培训及评估，优化人员绩效、资源分配和风险管理。

（5）培训实施与学员评估

1）业绩目标

使用支持培训人员达到岗位相关知识和技能的培训方法和方式来进行培训，学习的成果用可靠而有效的评估方法来进行确认。

2）评估标准

• 培训需要按顺序并按照促进学习和培训人员达到学习目标的方式。

• 培训活动对亲自参加实践的知识、技能在学习环境中的应用提供机会。

• 控制室模拟机用于培训、评估各个持照操纵员和控制室班组的绩效。

• 使用批准的，基于岗位绩效所需要的知识和技能学习目标来进行培训。

• 培训及评估加强基础知识、人因绩效改进技巧和管理层预期在学习方式上的应用。

• 评估方法确定准备在生产部门预计的层面独立完成的人员。

• 培训及评估使用电厂程序、参考资料、工具、设备和在实际范围内反映实际工作条件的任务绩效。

• 使用可靠及有效的试验方法来评估学习目标的达到。

（6）培训的有效性评估

1）业绩目标

系统性使用培训方法来评估培训的有效性，并修正培训来改进人员和电厂的绩效。

2）评估标准

• 对培训大纲进行连续和周期性的自评，来弄清强项和弱项。

• 管理层监控、评估培训过程、授课来弄清培训大纲的强项和需要改进的领域。

• 培训期间的人员绩效及反馈是用于评估和修订培训大纲。

• 管理层及责任人参加培训后的评估来测量培训大纲有效性。培训有效性测量，如：岗位绩效、管理层的观察活动、趋势指标、来自主管、受训人员和岗位负责同行（支持这些不评估）。

• 影响培训和资格评定的变更。如：工作范围、电厂设计与设备、程序和法规都要求要评估，并掺入到初始及继续培训大纲。

5.7.7　WANO、INPO 和 IAEA 评估目标分析与研究

本章通过对 WANO、INPO 和 IAEA 各自采用的评估目标、评估准则进行比较分析，找出不同评估方法的特点，便于核电厂培训人员对不同的外部评估加深理解。表 5.7-1 给出了 WANO、INPO 和 IAEA 评估目标比较结果。

表 5.7-1　WANO、INPO 和 IAEA 评估目标比较结果

培训体系	评估目标/评估准则数		
	WANO	INPO	IAEA
培训管理	培训及资格认证的组织与管理,33	绩效改进培训,7	培训大纲的描述及内容,3
		培训流程和资源管理,7	培训的机构及管理,11
培训资源	培训人员的知识和技能,5	培训流程和资源管理,2	培训教员的培养与资格,6
			支持培训的设施、设备和教材,5
培训方法	培训方法,11	初训与资格授权,8	培训需求分析,5
		复训,5	设计和开发,6
	培训实施,25	培训实施与学员评估,8	课堂培训与个别辅导的实施及考核,9
			岗位培训及考核,7
			运行人员模拟机培训及考核,13
			实验室培训及考核,8
		培训有效性评估,5	培训有效性评估及反馈,7
评估目标总数	4	6	11
评估准则总数	74	42	80
SAT 相关评估目标所占比例	50%	66.7%	63.6%
SAT 相关评估准则所占比例	48.6%	61.9%	68.8%

1）评估目标与评估准则数目比较分析

从评估目标数目来看：WANO 有 4 条评估目标，INPO 有 6 条评估目标，IAEA 有 11 条评估目标，由此可以看出，WANO 评估目标更为简洁，INPO 次之，IAEA 评估目标最为复杂。

从评估准则数目来看：WANO 有 74 条评估准则，INPO 有 42 条评估准则，IAEA 有 80 条评估准则，由此可以看出：IAEA 评估准则数最多，达到 80 条；WANO 评估准则数次之，也多达有 74 条。INPO 评估准则数最少，仅仅是超过 WANO 或 IAEA 评估准则数的一半左右。由此可以看出，IAEA 评估准则最为详细。

2）评估目标与培训体系相关性分析

WANO、INPO 和 IAEA 的评估目标都涉及培训体系的三个分体——即培训管理体系、培训方法体系和培训资源体系。但在 INPO 评估中，培训方法体系涉及的培训目标数所

占比例最高，达到 66.7%，IAEA 评估次之，达到 63.6%，WANO 评估最低，占 50%。由此也可以看出，核电厂外部评估主要集中在运用 SAT 对生产关键岗位人员培训大纲的建立、实施和有效性维护。

3）针对 SAT 评估目标分析

通过详细分析评估准则发现：基于 SAT 的评估准则条目数 IAEA 占 68.8%，INPO 占 61.9%，WANO 占 48.6%。因此，IAEA 和 INPO 更加关注的是核电厂对 SAT 的运用，更加关注基于 SAT 的培训大纲在核电厂人员培训中的效力和作用；而 WANO 关注的要点在培训体系的三个构成分体系中的分布更加均匀，它更加强调整个培训体系的有效运转来实现核电厂对合格人员的培养。因此，可以看成是保证核电厂安全、稳定运行对合格人员的最低的通用要求。

4）培训实施环节分析

WANO、INPO 和 IAEA 三大评估都重点关注了培训实施，因为，这是培训的核心环节，这一环节在 WANO 和 INPO 评估中各只有 1 条评估目标；但在 IAEA 评估中有 4 条评估目标。从培训实施环节所占的准则数来看：WANO 有 25 条，INPO 有 8 条；而 IAEA 评估有多达 37 条。因此，IAEA 在该部分的评估最为详尽。

5）培训教员及资格要求分析

无论是 WANO、INPO，还是 IAEA 评估，在培训资源部分都把教员的要求作为评估目标；并建立了相应的评估准则，由此也可以看出，培训教员是核电厂培训中最为重要的培训资源。因此，对它们提出了资格、能力及培养要求。

6）分析结论

通过对核电厂外部 WANO、INPO 和 IAEA 评估的分析与研究，可以得出以下几点结论：

• WANO、INPO 和 IAEA 评估都是对核电厂培训体系有效运转的全面评估，评估内容主要集中在基于 SAT 的生产关键岗位人员培训大纲的建立、实施及有效性维护；

• 从评估目标及评估准则条目数来看：IAEA 评估目标最多，达到 11 条，INPO 次之 6 条，WANO 最少，只有 4 条。IAEA 评估准则数也最多，达到 80 条；WANO 评估准则数次之，有 74 条；INPO 评估准则数最少，只有 42 条；

• 针对核电厂是否采用系统培训方法进行培训，是评估的重点，三大评估的评估目标数所占比例都达到了 50%或以上；

• 培训实施是培训的核心环节，在三大评估中都设置了专门的评估目标，并且 IAEA 评估的该部分最为详尽；

• 培训教员是最为重要的培训资源，对培训教员的资格及培训要求，是三大评估都关注的内容，需要引起核电厂的高度重视。

复习题

一、选择题

1. 保持或提高特定工作岗位所需知识和技能的培训活动是（　　）。

A. 影子培训　　B. 课堂培训　　C. 岗位培训　　D. 再培训

2.(　　)在实施任务或活动(如:电厂大修)前开展的培训。该类培训一般对中等重要程度且较低实施频率的任务实施。

A. 初始培训　B. 即时培训　C. 岗位培训　D. 模拟机培训

3. 以下不属于分析阶段的输出结果的是(　　)。

A. 岗位任务清单　B. 需要培训的任务清单

C. 全面工作能力清单　D. 培训目标清单

4. SAT 设计阶段确定培训目标有许多好处,下面(　　)不是。

A. 作为培训大纲和教材评估的工具　B. 提供培训一致性

C. 确定培训方式　D. 设计课程计划

5. 选择培训方式考虑的条件(　　)。

A. 学员水平和能力　B. 教材类型

C. 要求的资源(人、财、物)　D. 以上全是

6. 有关培训大纲与教学单元、课程的关系下面(　　)说法是错误的。

A. 一个培训大纲包含多个教学单元　B. 一个教学单元包含多门课程

C. 一个培训大纲包含多门课程　D. 一个教学单元涉及多个培训大纲

7. 有关培训计划的构成,下列哪种说法是错误的(　　)。

A. 培训目标　B. 培训方式　C. 培训任务　D. 培训资源

8. PPT 开发经验法则(　　)。

A. 每分钟可展示 2 页或更多　B. 每页可展示两个或多个观点

C. 突出要点　D. 每页文字少于 8 行

9. 课程计划的构成包括(　　)。

A. 封面及文件控制页　B. 概述页

C. 培训目标页和陈述页　D. 以上所有

10. 下面试讲的目的不正确的是(　　)。

A. 确认培训材料有效可用和技术方面的准确性　B. 验证培训材料的正确性

C. 评估培训的学习效果并获得最终批准　D. 帮助教员确定课时

11. 培训考核的目的是(　　)。

A. 确定学员是否达到了培训目标　B. 证实学员是否达到培训岗位的能力要求

C. 了解培训大纲的效果,并用于修订培训大纲　D. 以上全是

12. 对教员的选择、培训和评估包含(　　)。

A. 教员的资质

B. 教员除了最初的资格鉴定外,还应建立继续培训大纲

C. 具备资格的评估人员直接观察教员的上课情况

D. 以上全是

13. 以下评估信息的来源不正确的是(　　)。

A. 核电厂运行绩效指标和经验反馈　B. 检查及评估报告

C. 岗位任务分析数据　D. 培训观察

14. 以下对培训观察活动的描述不正确的是(　　)。

A. 体现了培训的重要性

B. 执行观察的人员应具有广泛的代表性

C. 为培训大纲的评估和反馈提供信息来源

D. 为电厂各处、室和培训部门提供了联合参与的机会

二、填空题

1. 需求分析的目的就是确定是否存在一个____________的过程。

2. JTA 就是针对某个岗位工作，列出要完成的____________，再把任务分解成分项任务，然后确定每个单元要求的 KSA 的过程。

3. 培训任务的选择是基于工作任务的难度、______和执行____不同来确定是要进行初始培训、复训、即时培训或不用培训。

4. 培训目标指明学员完成了某个阶段培训之后能够干什么，在什么____下达到什么____。

5. 培训大纲是学员达到并满足岗位要求的________清单和培训途径和培训要求的总和。

6. ________是员工在实际工作环境(或接近实际工作的环境)中获得岗位要求的 KSA 的培训方式。

7. 按照其模拟的范围可分为__________、部分任务模拟机、基本原理模拟机和多功能模拟机等。

8. 课程计划是用于勾画教员和学员活动一个详细计划，明确________、考题，以及为实施该计划所要用到的培训材料。

9. 试讲是对________进行评估的最简单、最适用的方法。通过试讲，可以在正式授课前测试课程计划、培训材料；以及授课是否准确，并对不足之处做出改进和提高。

10. 教学计划是由________计划和课程计划组成。

11. 模拟机复训为了复习已经学过的知识、锻炼________能力；并通过经验反馈等来提升岗位工作能力。

12. 对模拟机培训考核，可以采用____考核和____考核方式对学员基本能力和培训目标进行考核。

13. 培训记录包括以下两类：________实施记录和学员个人考核记录。

14. 针对“运行人员模拟机培训及考核”的评估标准，要求运用能复现主控制室的适当的模拟机进行操作培训，演示核电厂运行特点，了解并控制核电厂正常、____和____工况。

15. “柯氏评估模型”分成：反应层、______、行为层和______四级。

三、判断题

1. 态度指对某一事实或情形的精神立场、感觉或感情。如：安全意识、保守决策和职业道德。（ ）

2. 需求分析可能会产生不需要培训的解决办法。（ ）

3. JTA 分析方法对复杂的，非重复性的特殊任务的分析，还是可以确定工作标准。（ ）

4. 分析阶段得到的全面工作能力(KSA)以及工作绩效评判标准要求确定出需要培训的目标、课程名称及内容。（ ）

5. 笔试题从认识型的目标来开发，目的是要充分测试学员对培训目标的掌握。（ ）

6. 题库开发原则只要保证每个目标至少开发一道测试题和每道测试题至少须与一个目标有关。（ ）

7. 为了达到培训目标，培训教材可以全文照搬教科书。（ ）

8. 培训教材开发原则主要是明示各个培训目标，不要遗漏；深度适当，适合学员入学水平；并必须清楚、准确、简明。（ ）

9. 课程计划内容来源主要是现有培训教材、电厂程序、技术手册等。（ ）

10. 培训实施期间，可以使用多媒体来做授课。（ ）

11. 模拟机操练后的小节是为了强化收获，找出不足。（ ）

12. 课堂培训最好的考核方式是笔试。（ ）

13. 培训后的评估一般在培训后 3～9 周内。（ ）

14. 进行岗位培训和考核的人员只需要适当了解岗位培训和考核的政策、惯例、方法和标准。（ ）

15. 行为层评估指受训人员对培训项目的看法，包括对培训教材(或材料)、教员、设施、方法和内容等等的看法。（ ）

第6章 培训资源体系

培训资源体系是核电厂培训体系的重要组成部分，缺乏培训资源的培训，往往难以顺利进行，或培训的效果和质量大打折扣。因此，针对核电厂不同的培训需求，必须要有充分的培训资源作为保障，才能保证培养出完全胜任岗位工作，满足核电厂建设质量和核电厂安全、稳定、高效运行的合格人员。核电厂培训资源体系由培训教员体系、培训课程体系、培训资料体系和培训设施体系四部分组成，它们各自又形成独立的体系。

6.1 培训教员体系

培训教员是培训工作的关键力量，教员队伍的整体素质直接影响培训质量的好坏。建设一支素质优良的教员队伍，是搞好培训的必要条件。因此，培训教员体系是指对教员队伍的建设和管理。

根据美国核电厂人员培训的先进经验，核电厂培训教员队伍建设最好采用以专职为主，兼职和外聘教员为辅的模式；如果在电厂建设期由于缺乏有经验的人员，则可以先以兼职为主；并随着工程项目的逐渐完工和人才队伍的成长、壮大，逐渐过渡到跟美国核电厂一致的全面专职教员的培训及管理模式。培训教员体系构成见图6.1-1。

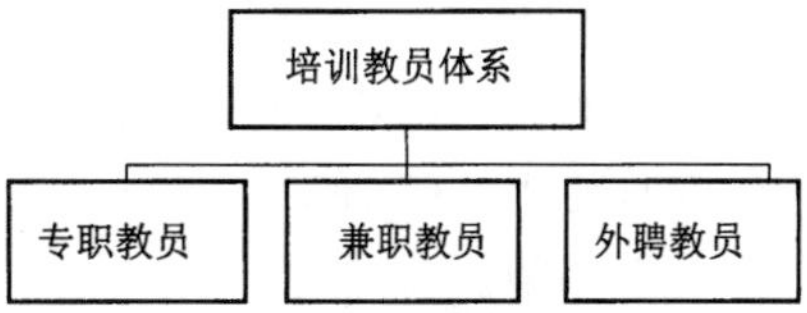

图6.1-1 培训教员体系构成

6.1.1 培训教员的培养与管理

6.1.1.1 教员的选拔

核电厂在进行教员队伍的组建时，对内部兼职教员的选拔应该考虑部门的管理层，包括处长、副处长或主任工程师，他们一般都是所在领域具有丰富管理经验和技术能力的人员，其次考虑领域的科长、主管或专业工程师，他们都是学科领域的骨干，具有较为丰富的理论和实践经验；而对内部专职教员，则根据培训部门的统一规划和安排，除了从专业部门抽调一些领导干部来构建培训团队外，也可以选拔一些技术专工来形成教员队伍，或直接从分配的高校毕业生中按专业、领域需求进行培养。

对外部教员，可以从供货商、客户、培训机构或高等院校，根据课程的性质，选择具有一定资质的人员作为外部教员。

营运单位应针对教员的选拔、培训和颁证制定一个正式的程序。教员的选拔标准应根据所教课程和学员今后拟任职的岗位确定，并包含技术方面的KSA要求。此外，备选人员应具备：

- 对培训的良好态度。

- 良好的沟通技能。
- 基本的教学素质。

6.1.1.2 教员分级

培训教员按国际标准分成初级培训教员、专业培训教员、课程开发专员和培训专家四级，见图6.1-2。

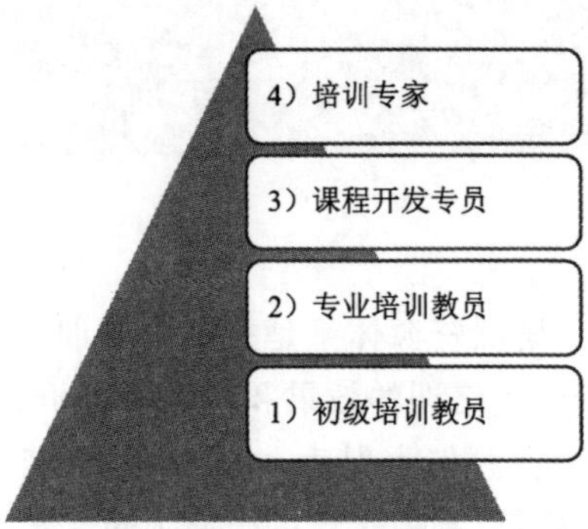

图 6.1-2 培训教员分级

（1）初级培训教员

主要培训对象是新员工和一线的基层员工。初级教员需要明确教员角色、教员的素质与能力要求，掌握成人学习特点、培训目标使用和基本的教学方法。同时，需要掌握有效的表达技巧和两个辅助工具：第一是白板，它是提问的辅助工具，培训员要及时地把学员分享的内容反映到白板上去；第二是演示文稿（PPT）。主要是帮助培训教员自己更好地表达自己的思想。最后，是要明确核电厂的管理期望。主要培训课程如下：

- 教员的角色。（1课时）
- 教员的素质与能力要求。（2课时）
- 成人学习的特点。（2课时）
- 培训目标使用。（2课时）
- 教学方法。（4课时）
- 有效的表达技巧。（2课时）
- 教具使用。（2课时）
- 管理期望。（2课时）

（2）专业培训员

学员更多的是老员工和经理层级的员工，在这个层级的培训里，一个培训教员至少要用到5～6种不同的教学方法，而且更多的是演示和演练。提问、小组讨论、案例分析、游戏是专业培训教员最重要的几个技巧。相对初级培训员来说，提问技巧对专业培训员来说尤为重要。主要课程包括：

- 培训开场与结尾。（1课时）
- 提问技巧。（2课时）
- 培训实施技巧。（2课时）
- 课程计划。（2课时）
- 核电厂人员培训大纲。（1课时）
- 培训大纲。（2课时）
- SAT方法概论。（2课时）

（3）课程开发专员

负责核电厂培训课程的开发，需要掌握SAT，以及课程的开发与设计方面的技巧。课程开发专员需要掌握课程开发要经历以下6个步骤：第一步：评估员工是否需要培训；第二步：分析培训需求；第三步：设定培训目标；第四步：收集、整理培训内容；第五步：发培训教材；第六步：评估培训效果。课程开发专员需要参与的培训课程主要有：

- 培训课程开发与设计。(3 课时)
- 培训课程编制技巧。(2 课时)
- 培训需求分析。(4 课时)
- SAT 综述。(2 课时)
- SAT 分析。(4 课时)
- SAT 设计。(4 课时)
- SAT 开发。(4 课时)
- SAT 实施。(4 课时)
- SAT 评估。(4 课时)
- SAT 应用。(4 课时)

(4) 培训专家

是核电厂具体培训课程标准的制定者。培训专家可能自己不一定要实施具体的培训，但要解决核电厂中各个培训教员的困惑，培训专家掌握促进学习的技巧。引导、帮助核电厂员工学习，相对应的就是建立学习型组织，让组织中每个人都有学习欲望；培训专家掌握教练技术。运用教练技术、方法、去帮助核电厂在培训转化中做得更好。培训专家是核电厂培训体系的构建者，也是培训体系的主持维护者，主要课程包括：

- 核电厂培训体系。(4 课时)
- 核电厂培训课程体系。(2 课时)

6.1.1.3　教员淘汰机制

首先，建立一套不同级别的内部培训教员的任职能力标准。从专业水平、教案编撰、课件制作、授课技巧等方面区分培训教员的素质能力，使他们追有目标，赶有方向。

其次，依据任职标准，建立一套操作性较强的初级培训教员试讲及论证程序。必要时，培训管理部门还应在教案撰写、授课技巧等方面实施指导、帮助和培训。

最后，制定内部培训教员的级别升降和资格取消办法。培训管理部门要在定期评议内部培训教员的基础上，适时组织观摩活动，切实落实内部培训教员级别的升降机制，真正达到“鼓励冒尖，拒绝平庸”的激励目的。

6.1.2　培训教员资格

核电厂人员培训的质量很大程度上依赖于合格教员的使用。教员必须对所讲的课程的实践及理论，以及课程和核电厂运行之间的关系有全面的了解。因此，教员在核电厂与自己负责教学相关的领域保持一个岗位是最好的。例如：主控室模拟机教员应该在同样设计的核电相应级别保持一个运行倒班岗位。

培训部门的教员有专职的，也有轮换的，这样是有好处的。轮换教员来自培训部门所服务的核电厂，应该安排他们干 1～3 年专职教员，这样就能够：

- 为培训部门带来最新的经验。
- 为培训大纲提供反馈信息。
- 增加信任感，特别是对进行复训的人员。

所有教员都必须具有或通过培训获得加强培训或学习所需要的教学全面工作能力。此外，教员还要经过 SAT 的使用培训，尤其是他们要用到的 SAT 阶段的培训(业已发现，最好是参加所有 SAT 阶段)。

对兼职教员,包括在核电厂提供培训的教员在内,也需要教学全面工作能力,这些教学 KSA 培训要进行适当调整成为兼职教员将参加的特殊培训方式。

运行人员的模拟机教员不仅要有主控室运行的经验和其他相关运行经验,而且还必须在模拟机上进行过培训。这种培训应该包括模拟机的运行和模拟机作为培训和评估手段的的使用。教员必须会操纵模拟机(初始化、冻结、快速搜索等)、会引入故障、理解模拟边界的有效性边界、会使用支持培训的辅助教学设备,如摄像机、记录仪等。与模拟机培训有关并要写入教员培训大纲的唯一方面有:

- 诊断能力的培养。
- 运行值内的团队工作。
- 对学员压力的介绍和管理。

6.1.3 培养教学能力

大多数教员要通过完成为此目的设计的培训大纲来获得教学的全面工作能力。需要建立教员的初始和复训大纲来维持教员的全面工作能力。基本的教学能力的培训大纲,应培训强调下列能力,详见表 6.1-1 培训教员的能力素质。

- 了解教员的作用。
- 进行课堂(或其他方式)教学安排。
- 了解成人学习的特点。
- 使用恰当的教学技巧。
- 使用课程计划和教材。
- 讲课。
- 讨论。
- 实际演示。
- 帮助学员解决跟学习有关的问题。
- 考核学员。
- 保存和查阅学员个人培训记录和培训大纲记录。

表 6.1-1 培训教员的能力素质

序号	培训教员的能力素质	达标	优秀
1	课前准备	发布课程信息、布置课前专业、布置教室,准备资料和设备	赢得管理层支持、发布课程信息、布置课前专业、布置教室、准备资料和设备
2	建立课堂氛围	学习前破冰、介绍学习背景、课程大纲,以及学习目标	学习前破冰、介绍学习背景、课程大纲,以及学习目标,使用合适的音乐、用图形描述课程大纲、设立学员及培训教员名牌、分发学员手册、公布学习纪律
3	使用成人学习方法	与学员互动	与学员互动、根据学习内容的特点使用不同的教学策略
4	演讲	使用演讲大纲、分发相关材料、使用演示设备	针对大众演讲并互动、回答问题

续表

序号	培训教员的能力素质	达标	优秀
5	组织讨论	给出大纲、提问、总结	给出大纲、提问、由学员总结
6	引导	引导学员完成任务	引导学员完成复杂的任务、如:案例分析、游戏及模拟等
7	示范	完成动作或流程	完成动作和流程、使用检查表
8	使用角色扮演	使用观察表	使用观察表、拥有同理心
9	给出反馈	批评式反馈	积极反馈、批评式反馈
10	使用演示设备	演示内容与学员手册内容相对应	演示内容与学员手册内容相对应
11	测评		考试、完成学员绩效评估表并及时反馈给学员
12	控场	忽略或清楚问题学员	改变问题学员的态度或行为
13	使用设备	使用与调试培训设备	使用与调试培训设备
14	促使学习成果的转化	在课堂上把学习与工作实际联系起来	在线上课后推动学员学以致用
15	指导在线学习	在线授课	在线授课
16	改进课程	提出改进要求	提出改进建议

下面是基础教学方法培训的培训目标的例子：

受训教员能够运用一项已准备好的教学计划，包括配套教材，进行讲课。课程跟培训大纲内容一致，教学方法合适于培训方式、教具和预定的学员。

为获得更高级教学任务的资格，教员应该展示课堂教学的全面工作能力，并应该完成额外的下列培训：

- 设计培训大纲。
- 计划和开发课程。
- 开发课程计划。
- 选择、开发和修订培训教材。
- 进行实验室教学。
- 个别辅导。
- 见习和现场参观。
- 模拟机培训。
- 监督在在岗培训。
- 明确学员的压力。

高级教学技能的培训目标可以如下所述：

受训教员利用某些给定的有关培训资料，能制定一项至少包括下列要素的课程计划：

- 核电厂系统和任务（或能力）。
- 培训目标。
- 培训教材和教具。
- 学员考核。

• 估计的时间。

6.1.4 教员的认证

核电厂培训经理或有关培训部门的经理，会同有关人员一起，确认教员在技术上是否有资格讲课，是否具备某一特定岗位的教学技能。

根据教员在所教授领域具备的技术性 KSA，来确认其技术方面的能力，而教学 KSA 的能力要根据执行某个岗位教学任务的表现来认证。最后，通过观摩几次培训过程，对教员的工作能力进行评估，来最终认证教员资格。

6.1.5 教员复训大纲

对已取得资格教员制定一个复训大纲，以保持、改进和提高其技术能力和教学能力。教员复训大纲应包括两部分，即技术培训和教学技能培训。

6.1.5.1 技术方面的复训

该培训的目的是使教员保持技术上的资格，熟悉岗位要求、核电厂变化、运行经验、核电厂文件等。教员应完整地参加所教领域的复训大纲的培训，以保持其岗位工作的资格。所有的教员都要定期地到核电厂自己的专业和所教学的岗位工作。有些核电厂利用计划停堆的时间，进行这种培训。模拟机教员在核电厂期间要参加倒班，参加与换料有关的停堆和启动工作。不少营运单位定期地让教员回到核电厂工作，或是让核电厂人员当一段时间的培训工作人员（如 1～2 年）。

6.1.5.2 教学能力的复训

保持教学方面 KSA 的复训的目的在于改进和提高教员的教学能力。该培训包括复习某些初始培训大纲的内容，对某些教学内容的深入研究，学习新的教学方法和手段，与培训有关的规程和制度的变更，观摩和评估其他教员的教学活动。培训内容也应考虑对教员的考核和培训大纲评估的反馈意见。

教员的培养与培训是提高教员综合素质不可缺少的环节和有效途径；也是教员队伍建设的一项具有战略意义的工作。因此，需要制定教员培训大纲，开发相应的培训计划，对教员资格进行授权及资格的延续管理。

6.2 培训课程体系

培训课程是核电厂人员培训的重要资源之一。核电厂课程体系的建立，一方面，通过岗位任务分析找出需要培训的任务，然后对这些任务进行分析，明确完成这些任务所需要的全面工作能力，在此基础上确定培训目标，再根据培训目标来开发出培训课程；另一方面，也可由经验丰富的专家组直接给出岗位人员的全面工作能力要求，再在此基础上开发培训目标，开发培训课程。一般而言，核电厂可以将培训课程分成以下十类来进行管理，见图 6.2-1。

6.2.1 概述

课程体系是培训规划中，对培训目标的具体描述。它回答的是需要什么方向的课程。

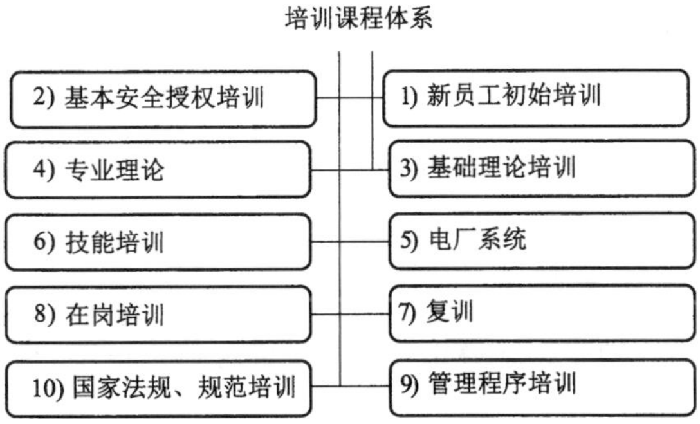

图 6.2-1　培训课程体系

它必须明确课程类别划分、设定培养目标、规定所有课程方向、以及寻找课程间的逻辑关系。

核电厂培训课程体系也是核电厂知识积累的系统，该系统不但汇集了核电厂相关的理论知识、管理知识，更汇集了员工自身在实践中摸索体验出来的经验教训和智慧结晶，形成了真正适合核电厂员工能力快速提升的体系，有了完善的该体系，核电厂不会因为有经验员工的流失造成一些专门的知识、技能无法快速复制和传承，给核电厂安全和生产带来不利的影响。

核电厂培训课程体系建立工作主要是由核电厂各个部门共同完成，培训部门来启动、实施及管理，并对全过程负责。工作核心目标是以课程体系的形式来回答系统需求，而不是具体学什么组合、课程内容等问题。具体说，这个课程体系是方向性指导、积极反映组织发展要求、工作需求和学员个人的发展需求。

在课程体系建设中，培训主管部门应结合核电厂岗位设置，在人力资源部门的配合下，从岗位分析入手，对所有岗位进行岗位资格认证和现在岗员工的综合测评。最后，建立和开发出系统的岗前、岗上和提升的课程体系基本框架，为培训需求分析奠定了基础。

核电厂培训课程体系是核电厂培训体系的重要组成部分。它的建立和完善是一个长期的过程，需要进行不断的积累和评估，要以核电厂战略为导向，以岗位为基础，以员工的职业生涯发展为路径；并按步骤来构建。核电厂的培训课程体系的建立能够促进核电厂培训工作的有序开展，提升培训工作的有效性和针对性。

核电厂培训课程体系建设是在挖掘核电厂培训需求的基础上，实现从培训需求到培训课程的转换，为核电厂人才的培养与开发设计出不同层次和不同阶段的学习和能力提升的课程，促进和提升员工在组织不同发展阶段的综合能力，进而发挥提高组织绩效和实现核电厂战略目标的潜在作用。

6.2.2　培训课程体系建立方法

培训课程体系是由一系列具有内在逻辑性和一定关联度的培训课程相互作用、相互联系而形成的有机整体。从核电厂培训课程体系的内在逻辑性和关联度来看，一个科学、系统的培训课程体系需要以核电厂战略为导向，确保培训课程体系的动态性；以领域岗位为基础，确保培训课程体系的系统性；以员工的职业生涯发展为路径，确保培训课程体系的递进性。

基于核电厂培训课程体系的内在要求，为了实现培训课程体系的动态性、系统性和递进性，提出按“五步法”来构建核电厂培训课程体系，见图 6.2-2。

图 6.2-2 核电厂培训课程体系建立流程

6.2.3 确立培训课程体系框架

根据核电厂的岗位族，初步构建核电厂的培训课程体系框架，从而为构建培训课程体系指明方向。

6.2.3.1 划分岗位族

把具有相同工作性质和相似能力要求的不同岗位组成一个集合。首先，以核电厂的发展战略为导向，通过分析核电厂价值流程，剖析核电厂核心业务流程以及相应岗位所需要的素质要求，将核电厂所有岗位划分为不同的岗位族类。根据运行核电厂工作领域，通常可以把岗位分为运行、维修、技术支持、保健物理、培训、化学和其他类别。

其次，根据核电厂对员工在不同阶段的岗位任职素质要求，将不同的岗位族类划分为不同的岗位层级。根据岗位的高低，通常可以把岗位划分为见习工程师、辅助工程师和工程师，当员工完成了相应岗位工程师培训课程并考试合格时，将能够获得该岗位的授权，表明该员工具备了该岗位的全面工作能力。员工在获得工程师岗位授权过程中，需要经历新员工引导培训，见习工程师和辅助工程师岗位培训，并获得相应的授权。见习工程师和辅助工程师岗位授权属于获得工程师岗位授权的阶段授权。

6.2.3.2 组建培训课程体系框架

根据岗位族的划分结果，将三个岗位类型、三个岗位层级进行组合，就构成了一个核电厂二维培训课程体系框架，见表 6.2-1。

表 6.2-1 核电厂二维培训课程体系框架

岗位层级	岗位类型						
	运行	维修	保健物理	技术支持	培训	化学	其他
见习工程师							
辅助工程师							
工程师							

课程体系的纵向发展，需要从动态人力资源开发的角度来设置课程，主要分为新员工引导培训课程、岗位基本技能培训课程、岗位技能提升培训课程、职业拓展和管理能力培训课程，这些课程分布在员工职业发展的各个层级中。其中新员工(引导)培训、岗位(基本技能)培训和岗位能力维持与提升培训(复训)是核电厂需要根据自身的岗位设置、任务安排和电厂实际来开发的课程。

(1) 通用培训

1) 入厂培训

新员工主要是刚刚走出大学的毕业生，为了让他们在较短的时间内了解企业的文化、安全要求、管理制度；以及一些基本的管理及技术知识，实现从大学毕业生到企业员工的转变，需要进行新员工引导培训，培训课程主要涉及企业文化、基本安全、管理制度、团队建设、工程管理和核电厂基础等。

2）基本安全

安全在核电厂生产及建设中都是首要的任务。因此，核电员工都必须掌握核安全、工业安全、辐射防护等方面的相关知识和技能，才能保证核电厂设备、工作人员、周围环境及其公众的安全。核电员工需要根据工作性质的不同，参加不同等级的安全培训，并获得授权，才能进入相关区域开展工作，基本安全授权是员工获得岗位授权的前提。

(2) 岗位(基本技能)培训

根据岗位胜任能力确定的基础性培训课程，从事各类、各级岗位需掌握的应知应会知识、技能和态度要求。岗位调动、岗位晋升和绩效考核反应出知识技能有欠缺者，都需要根据任职资格及个人能力，进行岗位技能课程培训。岗位技能培训课程包括法规及标准、程序及规程、核电厂系统、基础理论、专业技术和操作技能等。

1）法规及标准

涉及核安全法规、导则的要求；也包括专业领域规范、标准要求；以及技术规格书的要求。

2）程序及规程

涉及内容包括相关核电厂大纲程序及管理程序、部门管理及工作程序，以及接口部门的相关程序要求。同时，也包括相关领域的规程、导则等文件。

3）基础理论

核电厂许多领域都有基础理论，如：操纵员基础理论、机电仪维修基础理论等，这些课程的培训，将为后续更深层次的专业技术培训打下基础。

4）核电厂系统

核电厂运行、维修和调试等领域人员都要求对核电厂系统构成、功能、布置及运行等方面有明确的了解，核电厂系统包括核岛系统、常规岛系统和BOP系统。

5）专业技术

该类培训内容是各专业领域的核心内容。如：操纵员的岗位培训、模拟机理论培训、主控室的影子培训等；以及针对维修人员的相关设备理论技术培训等。

6）操作技能

涉及跟动手有关的技能。如：操纵人员模拟机培训；维修人员的设备拆卸培训；以及专业技术人员的软硬件操控培训方面的课程内容。

(3) 岗位能力维持与提升培训(复训)

这类培训统一纳入各类人员的复训类课程，其目的是通过复训使人员的岗位能力得到有效的维持和不断提升。根据核电厂变化，管理层对员工岗位绩效的预期；以及企业发展目标做出培训分析后确立的动态培训课程。内容涉及电厂程序、设备的变更，经验反馈和法规变化等。

(4) 职业拓展

根据员工的职业生涯规划，员工可以参加跨专业、跨领域课程的培训；同时，也可以参加学历、学位教育课程，非岗位要求的取证类培训课程等。前者课程就是在岗位培训和岗位能力维持与提升培训中的课程;而后者主要都是通过外出培训来解决。因此,对该来培训不设置专门的课程。

(5) 管理能力培训

核电厂主管层、中层和高层管理干部需要不断进行管理能力提升方面的培训,以满足不同管理岗位的工作需要,这类课程统一归入管理提升类课程,具体课程包括:执行力、有效沟通、团队建设等,相关课程教材一般都是通过外购教材或参加外部管理培训课程来解决。

6.2.4 分析能力要求

根据组织、部门和领域三个层面的信息和资料,分解每个领域岗位的职责、任务和运作等内容,解析和提炼胜任每个领域岗位需要普遍具备的知识、技能和态度。

(1) 识别能力项

根据核电厂的发展战略,结合职业生涯发展规划的要求,以岗位需求或者胜任能力模型为基础,收集、整理岗位信息,从知识、技能和态度方面将岗位信息转化成胜任本岗位应具备的能力要素。在识别能力要素时,既不能漏项,又要高度概括,从整体上满足岗位能力的要求。

(2) 划分能力层级

由于不同层级人员在能力要素的要求上存在差异。因此,根据不同层级人员岗位要求和工作重点的差异,逐一划分各个层级人员应具备哪些相应的行为要点,使得不同层级人员的能力呈现连续性和递进性。

6.2.5 能力与课程的转换

(1) 培训课程设计

培训课程体系建设的关键在于有效地实现能力与课程的转换;也就是要立足于能力要求分析,按照领域岗位和层级的划分,整理和分析每个层级、每类人员应具备的各类能力和行为要点,使之没有缺失。将能力模块转换为培训目标,然后,对目标进行分类、排序,再根据分类、排序后的培训目标来开发培训课程;并落实具体教学内容。

(2) 培训课程模块

根据岗位的需要,对培训课程进行排序。其中,关键点在于,第一,形成的培训课程内容必须覆盖此岗位、此层级人员所应该具备所有的能力要求和行为要点,不能存在遗漏。第二,能力要点向培训目标的转换,以及培训目标与培训课程之间的转换要准确,同一岗位不同层级之间的课程要具有衔接性和递进性,形成相应的培训课程模块。

6.2.6 开发培训课程

6.2.6.1 确定课程对象和课程类别

一是明确为谁开发培训课程,他们属于核电厂中哪一个层级?哪一个领域岗位的人员?二是明确岗位职责内容,履行这个岗位需要的岗位能力;三是此课程属于知识类课程还是技能类课程。

6.2.6.2 确定培训课程目标

课程目标是对学员经过学习后应当达到的标准做出的概括说明,它指明了学习的方向和需要达到的最终要求;课程目标要满足能力项集合的要求;在培训上具有可操作性;可根据每门课程所对应的能力,确定若干项课程目标,每项课程目标具有相对的独立性,以便根据课程目标设置相应的模块。

(1) 设定课程体系目标原则

- 课程目标必须明确,有益于评估标准的确定。
- 在课程体系总目标确立之后,要继续确定各门培训课程的分解目标。
- 课程内容、教学活动的编排应切实保证课程的相关性、有效性。
- 要求具有灵活性、适应性。

(2) 课程目标描述用词

一般的认知行为目标常用“了解”“熟悉”“掌握”等来表述;对于较高级的认知行为目标常用“分析”“应用”“评估”等来表述;对于技能操作常用“能”“会”“熟练”等来表述。

6.2.6.3 开发课程内容

培训课程内容是由与课程培训目标的相关知识、技能和态度(行为规范、价值观念、职业素养等)构成。开发培训内容就是根据相应培训标准要求,寻找和确定能够实现培训目标的培训内容,并进行科学选择和合理组织。

(1) 课程内容的确定原则

- 能够使培训目标具体化,前提是:得以实现。
- 以目标为导向,在岗位任务分析基础上完成。
- 把岗位任务分析要求的知识、技能、态度与受训者的认识、学习过程结合起来。
- 把基础性、专业基础性和专业性内容有机结合起来,组成综合课程和模块式课程。
- 根据核心内容和非核心内容来确定培训方式和考核要求。

(2) 知识类课程

不仅要充分体现以“必备”“够用”和为技能的提高打基础的思想,还要关注学员对所学内容的理解和掌握,以及对所学知识的运用。

(3) 技能类课程

要制定分阶段的目标和实施步骤,还要突出案例和模拟环境下的实际训练项目,使学员在实际训练中获得处理各种复杂问题的思维过程、解决方法和行动方案。课程内容的确定,以“能”和“会”为中心。

在课程内容的选择上要注重顺序性和连续性。注重整合性和关联性。培训内容整体上应是统一完整的,各部分内容要有机结合,相互连接。注重均衡性,内容要分配得当,各自占有合理的比重。

6.2.6.4 选择教学方法

培训课程采用何种教学手段与方法,课程的时间规划,以及课前课后的准备、练习与考核等,都是在做课程设计时必须考虑的内容。选择什么样的教学方法取决于培训内容,不同的教学方法效果迥异,要积极运用不同的教学方法去培训。

根据成人学习的规律,培训课程应该摆脱以往的单纯的讲授式,要注意将课程的内容线与学员的理解线两线并行。引入多种灵活的互动式,让学员更多地参与,充分调动学员的学习积极性,让学习充满乐趣。这样有助于内化态度的转变率,提高知识的吸收量,增强能力的提高度。不同类别课程与需要选择的教学方法之间的关系，见表 6.2-2。

表 6.2-2 课程类别与教学方法

课程类别	教学方法
理论知识类	讲授、阅读、讨论、案例分析、练习等
技能类	观摩、示范、练习、角色扮演、模拟练习、现场参观等
观念态度类	演讲、现场参观、角色扮演、案例研究、电影、录像、自我分析等

6.2.7 构建培训课程体系

通过对已开发的各类课程进行结构化整合，就能够形成运行、维修、保健物理、技术支持、培训、化学和其他类人员的三个层次的培训课程体系。

根据对核电厂员工的能力要求，可以把核电厂员工需要培训的课程分成如图 6.2-3 所示的 10 个类别。分别是针对新员工入厂培训和全体员工基本安全培训的通用培训类；针对员工岗位培训的法规及标准、程序及规程、基础理论、电厂系统、专业技能和操作技能类；针对员工岗位能力提升的复训类；和针对管理干部管理能力培训的管理提升类。

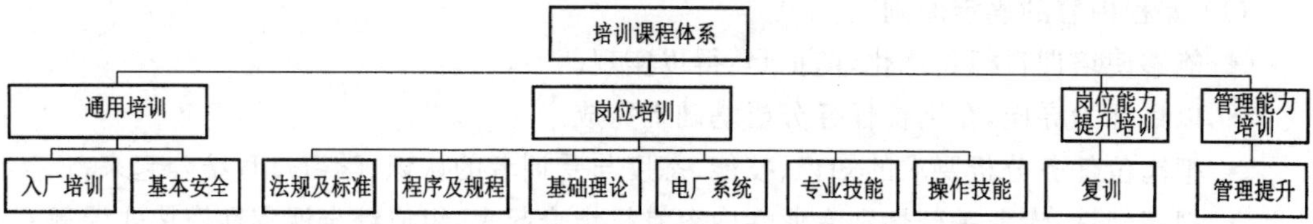

图 6.2-3 培训课程体系

(1) 课程体系结构的构建原则

• 课程的排序应根据个体的学习心理规律和职业活动系统原则来组织。

• 从简单到复杂，从具体到抽象。

• 工作经验是一线生产人员最重要的知识，不一定按文化课、专业基础课、专业课的顺序学习。

• 在教学安排中，不应单纯以教员讲、学员听；而应让受训者独立按职业活动的基础程序（确定任务—制订计划—作出决定—完成任务—自查自纠—评估总结）积极主动地学习。

(2) 设计培训实施方案

根据培训对象的培训层级，开发包含培训目标、培训内容、培训周期、培训计划安排等要素的具体培训实施计划，从而确保培训活动得到有效组织、落实和实施。

(3) 构建培训通道

以领域岗位族为主线，按照培训梯次，将培训实施方案进行排列，构建一个符合领域员工职业生涯成长的培训模块通道，形成培训阶梯，见表 6.2-3。

表 6.2-3　核电厂人员培训阶梯

<table>
<tr><td colspan="7">高级管理层培训</td><td rowspan="3">管理技能</td><td rowspan="3">管理提升</td></tr>
<tr><td colspan="7">中级管理层培训</td></tr>
<tr><td colspan="7">基层主管层培训</td></tr>
<tr><td colspan="7">岗位能力维持与提升培训</td><td rowspan="7">岗位技能</td><td>再培训</td></tr>
<tr><td rowspan="6">运行人员
岗位培训</td><td rowspan="6">维修人员
岗位培训</td><td rowspan="6">保健物理
人员
岗位培训</td><td rowspan="6">技术支持
人员
岗位培训</td><td rowspan="6">化学人员
岗位培训</td><td rowspan="6">培训教员
岗位培训</td><td rowspan="6">其他人员
岗位培训</td><td>操作技能</td></tr>
<tr><td>专业技能</td></tr>
<tr><td>核电厂系统</td></tr>
<tr><td>基础理论</td></tr>
<tr><td>程序及规程</td></tr>
<tr><td>法规及标准</td></tr>
<tr><td colspan="7" rowspan="2">通用培训</td><td rowspan="2">基本技能</td><td>基本安全</td></tr>
<tr><td>人司培训</td></tr>
<tr><td colspan="7">培训阶梯</td><td>能力要求</td><td>课程类别</td></tr>
</table>

(4) 完善培训课程体系

通过对培训模块通道的整合、更新和动态管理，逐步构建和完善核电厂的培训课程体系。在建设核电厂的培训课程体系时，应承担着对学员进行岗位能力培养的任务，形成具有动态性和系统性的知识和技能结构体系；并形成符合核电厂发展要求和员工培训特点的科学的课程体系，以确保教育培养目标的实现。

6.3　培训资料体系

培训资料体系包括两部分，一是培训资料库，二是员工培训记录档案。

6.3.1　培训资料库

(1) 建立培训资料库的重要性

核电厂建立培训资料库具有以下三个方面的重要性：

1) 建立知识沉淀

作为一个新建的核电厂，除了一些核电厂的通用知识外，还有与本核电厂相关的专门的知识，这些都需要核电厂培训部门来负责不断收集，归类整理和权限管控，让这些与本核电厂相关知识沉淀下来，为本核电厂人员的培养发挥其应有的作用。支持核电厂的安全、稳定和高效运行。培训资料库包括案例库、课件库、教材库和考题库四部分，见图 6.3-1。

2) 经验传承

核电厂无论是在建设阶段、还是在调试或生产运行阶段，各类人员都积累了大量的经验，而这些经验或教训都可以以案例的形式或课件、教材的形式记录下来，可以供后续人员学习、参考或传承，既可以帮助和指导学员学习，还可以避免一些类似事件的再次发生。

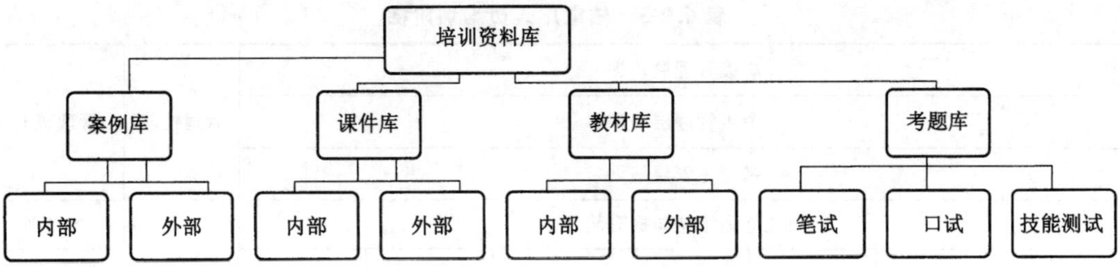

图 6.3-1 核电厂培训资料库构成

3）内部分享

核电厂的各类知识、技能、经验或教训，都可以通过知识库得以实现内部不同组织和人员之间的分享，这极大地促进了内部人员整体素质或能力的提升。

（2）培训资料库的有效管理

建立详细的培训资料库目录，以方便课程开发及员工自我学习。同时，为了实现培训资料库的有效管理，需要注意对以下三个方面的工作：

- 多种渠道、方式收集培训资料。
- 归类管理。分类归档，并按照使用频率分级。
- 权限控制。

6.3.2 员工培训记录档案

建立详细的员工培训记录档案，作为员工岗位资格授权的依据。详细的培训记录，作为员工培训质量的证明文件，这些文件必须满足要求，并且有效，才能作为员工培训合格的质量证明文件。员工培训记录包括项目培训记录和个人培训记录两部分。项目培训记录包括经批准的培训计划、使用的培训教材、培训签到表、考核成绩统计表和项目总结报告等。个人培训记录包括：考试试卷、总结报告和培训结业证书等。

6.4 培训设施体系

培训设施是核电厂培训必不可少的重要工具，借助培训设施，各类培训得以顺利开展，先进、完备的培训设施对保证培训的效果具有重要意义。

核电厂培训设施分别包括培训教室及配套设施、全范围模拟机、技能培训实验室及配套设施、电化教学系统、教学模型，以及培训信息化系统等。

6.4.1 培训教室

培训教室主要是课堂培训的场所，核电厂培训包含了大量的课堂培训。因此，需要配备足够的培训教室。培训教室的配备需要考虑课堂培训规模、种类。如操纵员模拟机课堂培训，每班一般在 6～12 人。因此，教室的面积不宜过大，一般在 40～60 m^2 范围。又如新员工入厂培训期间的课堂培训，每班一般在 30～40 人。因此，教室面应该在 80～100 m^2 范围为宜。

6.4.2　教学模型

教学模型是非常有效的直观教具，它可以使教学形象化，提高学员的兴趣，加深、加快学员对培训内容的理解和掌握。在核电厂培训领域得到广泛的使用，比较常见的教学模型有：反应堆系统模型、回路流程演示模型、控制棒驱动机构演示模型、燃料组件模型、蒸汽发生器模型、汽轮机模型等。

6.4.3　模拟机培训中心

全范围模拟机系统由硬件系统和软件系统组成。硬件系统由计算机网络和控制室盘台仪表组成；而软件系统由系统软件、实时支持软件、模型软件、模型软件开发工具软件、计算机过程仿真系统软件、教控台和软平台软件、主控室 I/O 控制及管理软件、图形界面开发工具软件组成。

全范围模拟机是核电厂培训的最重要的设施之一，主要用于运行人员培训，以及取照和换照考试，运行程序和技术改进方案的验证、开发，机组各种瞬态和事故的分析、研究，以及核电厂的应急演习等活动。因此，为了实现操纵员的初始取照模拟机培训和操纵员取照后的定期复训，核电厂需要根据自己的需求建立相应的模拟机培训中心。

6.4.4　技能培训中心

技能培训实验室用于调试、生产维修人员的技能培训。包括机、电、仪维修培训教室，辐射防护教室，工业安全，防人因失误/安全文化/应急实验室，消防急救教室，在役检查及性能试验、反应堆与换料技能培训场所等。

6.4.5　培训信息化系统

核电厂培训信息化系统的建立，可以把成熟的管理制度形成流程，并通过计算机的信息化，实现培训相关信息在培训的各个管理环节或人员之间的快速传输。员工还可以借助该系统进行公共及个人培训信息的随时查询，了解核电厂的培训政策、制度和培训部门开设的各种课程及内容；并且还可以进行培训需求调查，提交、审批；发布培训相关信息和对各类培训资料的保存等。

通过信息化平台，还可以对一些需要经常举行的培训或复训的课程实现网上教学、考核，减少培训的工作量。因此，借助具备培训管理和人员培训两大功能的培训信息管理系统，可以提高培训管理的效率，改进培训的质量。

培训信息化系统由信息发布、培训管理和网络教学 3 个子系统构成。其中信息发布子系统包含个人信息（查询）、公共信息（查询）和知识库（共享）3 个模块；培训管理子系统包含系统资源、培训需求、培训计划、培训课程及体系、培训实施和培训评估 6 个模块；网络教学子系统包含在线学习和在线考试 2 个模块。

复习题

一、选择题

1. 以下不属于培训教员体系构成是(　　)。

A. 专职教员　　B. 兼职教员　　C. 外聘教员　　D. 业余教员

2. 培训教员按国际标准分成初级培训教员、专业培训教员、课程开发专员和(　　)四级。

A. 培训顾问　　B. 培训专家　　C. 培训规划师　　D. 培训经理

3. 一般而言,核电厂可以将培训课程分成(　　)类来进行管理。

A. 7　　B. 8　　C. 8　　D. 10

4. 培训课程体系建立一般可以采用(　　)法。

A. 3 步　　B. 4 步　　C. 5 步　　D. 6 步

5. 核电厂建立培训资料库具除(　　)以外的三个方面的重要性。

A. 建立知识沉淀　　B. 经验传承　　C. 便于管理　　D. 内部分享

6. 培训资料库包括(　　)和考题库。

A. 案例库　　B. 课件库　　C. 教材库　　D. 以上全是

二、填空题

1. 培训资源体系是培训体系的重要组成部分,主要起培训的支持作用。它分别由(　　)体系、______体系、________体系和________体系和培训记录体系构成。

2. 核电厂通过培训课程体系的建立可以实现自身人员能力满足岗位要求;并实现核电厂战略目标;以及员工职业生涯发展的______的建立和不断完善。

3. 核电厂培训设施主要由课堂培训设施、____培训设施、______培训设施和培训管理设施构成。

4. 核电厂培训信息化系统的建立,可以把成熟的管理制度形成____,并通过计算机的信息化,实现培训相关信息在培训的各个管理环节或人员之间的快速传输。

参考文献

［1］ 国务院．中华人民共和国民用核设施安全监督管理条例：HAF 001．1986.

［2］ 国家核安全局．核电厂质量保证安全规定：HAF 003．1991.

［3］ 国家核安全局．核电厂运行安全规定：HAF 103．1991.

［4］ 国家核安全局．核电厂质量保证大纲的制定：HAD 003/01．1998.

［5］ 国家核安全局．核电厂质量保证组织：HAD 003/02．1998.

［6］ 国家核安全局．核电厂质量保证记录制度：HAD 003/04．1998.

［7］ 国家核安全局．核电厂人员的配备、招聘、培训和授权：HAD103/05．1998.

［8］ 国家核安全局．核电厂安全运行管理：HAD 103/06．1998.

［9］ 国防科学技术工业委员会．核电厂培训体系要求：EJ/T 1208—2006.

［10］ 国防科学技术工业委员会．核电厂培训领域业绩目标和评估准则：EJ/T 1209—2006.

［11］ 中国核工业总公司．核电厂操纵员培训模拟器：EJ 442—89.

［12］ 国家能源局．压水堆核电厂操纵人员培训和复训大纲的开发和审查规范．

［13］ 国家能源局．核电厂操纵人员执照考核：NB/T 20257—2013.

［14］ IAEA. 核电厂人员培训及其评估（TRS-380）．1996.

［15］ 核电厂安全许可证件的申请和颁发：HAF 001/01．2006.

附录　复习题答案

第二章

一、选择题：1. B；2. B；3. D；4. C；5. C；6. D；7. D；8. D。

二、判断题：1. T；2. F；3. T；4，T；5. T；6. F。

第三章

一、选择题：1. C；2. B；3. D；4. B；5. A；6. D；7. D；8. D。

二、填空题

1. 知识、技能、态度。
2. 核心、运作主体。
3. 方针、流程、步骤。
4. 规定、准则。

三、判断题：1. T；2. F；3. F；4，F；5. T；6. T。

第四章

一、选择题：1. D；2. C；3. D；4. D；5. D；6. D；7. D；8. A。

二、填空题

1. 安全、稳定、经济。
2. 安全、复训。
3. 基本安全、工作授权。
4. 设备、人员、环境、公众。
5. 安全授权。
6. 核安全。
7. 质量、核安全。
8. 人员、设备。
9. 放射性。
10. 国家核安全局、操纵员、高级操纵员。
11. 基本安全、培训大纲、岗位授权。
12. 授权。
13. 培训质量。
14. 符合性、有效性。
15. 培训大纲。
16. 国际原子能机构、WANO。
17. 知识库。

18. 技能、模拟机。

第五章

一、选择题:1. D; 2. B; 3. D; 4. C;5. D; 6. D;7. C; 8. C;9. D;10. D;11. D; 12. D;13. C;14. A。

二、填空题

1. 有效培训需求。
2. 培训任务清单。
3. 重要性、频度。
4. 条件、标准。
5. 培训课程。
6. 在岗培训。
7. 全范围模拟机。
8. 培训目标。
9. 课程计划。
10. 教学单元。
11. 团队工作。
12. 静态、动态。
13. 培训大纲。
14. 异常、应急。
15. 学习层、结果层。

三、判断题:1. T;2. T; 3. F;4. T;5. T;6. F;7. F;8. T;9. T;10. F;11. T;12. F;13. F;14. F;15. F。

第六章

一、选择题:1. D; 2. B; 3. D; 4. C;5. C; 6. D。

二、填空题

1. 培训教员、培训课程、培训资料、培训设施。
2. 知识库。
3. 技能、模拟机。
4. 流程。

索　　引